高职高专"十三五"规划教材

# C 语言程序设计

## ——项目教学教程

## （第三版）

主　编　张佰慧　樊建文

副主编　王　聪　赵　敏　章国华

西安电子科技大学出版社

# 内 容 简 介

本书系统地介绍了 C 语言编程知识，全书共 11 章，内容包括：C 语言概述、数据设计、顺序结构程序设计、选择结构程序设计、循环结构程序设计、数组、模块化程序设计、指针、用户自定义数据类型、文件、C 语言综合实训。

本书以"班级学生成绩管理系统"为主线，将项目细化为若干个子模块，并将每个子模块的相关知识分散到各个章节中，每个章节又以任务为驱动展开知识点。每个任务需要用到的相关理论知识分为知识必备和知识扩展两个层次，可以满足不同层次读者的需求。另外，在第三版教材中，新增加了第 11 章(C 语言综合实训)，给出了用 C 语言开发的四个经典游戏作为综合实训项目，便于读者更好地理解 C 语言的图形处理知识，以提高实际编程能力。

本书注重基础，突出应用，采用项目教学方法，先以任务为驱动对每个子项目进行分析讲解，再学习相关理论知识，最后进行任务实施。全书内容设计注重能力的培养，易教易学，读者可学以致用。

本书可作为高职高专各相关专业的程序设计课程教材，也可作为编程开发人员培训、自学的参考书。

**图书在版编目(CIP)数据**

C 语言程序设计：项目教学教程 / 张佰慧，樊建文主编. —3 版. —西安：西安电子科技大学出版社，2018.8

ISBN 978-7-5606-5032-6

Ⅰ. ① C… Ⅱ. ① 张… ② 樊… Ⅲ. ① C 语言—程序设计—高等学校—教材 Ⅳ. ① TP312.8

**中国版本图书馆 CIP 数据核字(2018)第 179134 号**

策划编辑 杨丕勇

责任编辑 宁晓蓉 杨丕勇

出版发行 西安电子科技大学出版社(西安市太白南路 2 号)

电 话 (029)88242885 88201467 邮 编 710071

网 址 www.xduph.com 电子邮箱 xdupfxb001@163.com

经 销 新华书店

印刷单位 北京虎彩文化传播有限公司

版 次 2018 年 8 月第 3 版 2018 年 8 月第 6 次印刷

开 本 787 毫米×1092 毫米 1/16 印张 19

字 数 450 千字

印 数 9501～11 500 册

定 价 38.00 元

ISBN 978−7−5606−5032−6 / TP

XDUP 5334003−6

# 前　言

　　C 语言是一种优秀的结构化程序设计语言，其结构严谨、数据类型完整、语句简练灵活、运算符丰富。近年来许多高校把 C 语言作为理工类非计算机专业学习程序设计的第一语言和计算机专业必修的程序设计语言。C 语言教材种类繁多，而且不乏规划教材和优秀教材。自 20 世纪 90 年代以来，我国的高职高专教育取得了很大的发展，为国民经济建设培养了大批急需的专门人才，高等职业技术教育呈现出勃勃生机，而与之形成鲜明对比的是适应高职高专教育水准及特色的教材编写工作相对滞后。到目前为止，全国统一的符合高职高专教育特点的基于工作过程的优秀的 C 语言规划教材仍比较少，因此编写一本适合高职高专计算机类及其他理工类专业的实践类教材已迫在眉睫，并且十分必要。本书为作者结合多年来教学实践的经验体会编写而成。《C 语言程序设计——项目教学教程》第一版于 2010 年出版，此次修订更新了部分程序案例，并增加了第 11 章(C 语言综合实训)，给出了用 C 语言开发的四个经典游戏作为综合实训项目，更加突出了教程的实用性。

　　针对项目教学的特点，本书共分为 11 章。

　　第 1 章是 C 语言概述，介绍 C 语言出现的历史背景，C 语言的特点，C 程序基本结构和 C 程序的上机步骤。

　　第 2 章介绍 C 语言的数据类型(常量和变量，整型、实型和字符型数据)，各种数据类型之间的混合运算，算术运算符和算术表达式，逗号运算符和逗号表达式，关系运算符和关系表达式，逻辑运算符和逻辑表达式。

　　第 3 章介绍顺序结构程序设计，包括数据输入/输出的概念，字符输入/输出库函数，格式输入/输出库函数的格式，格式指示符的应用方法等内容。

　　第 4 章介绍选择结构程序设计，包括关系表达式和逻辑表达式在选择结构中的应用，if语句和 switch 语句，单分支结构和多分支结构的程序设计。

　　第 5 章介绍循环结构程序设计，包括 goto 语句及用 goto 语句构成循环，while 语句、do-while 语句、for 语句，三种循环语句之间的差别，break、continue 语句。

　　第 6 章介绍数组，包括一维数组、二维数组的定义和引用，字符数组的定义和引用，字符数组的输入/输出和字符串处理函数，字符串和字符串的结束标志，使用数组进行程序设计等内容。

　　第 7 章介绍模块化程序设计，包括函数的定义形式，函数的参数和函数的返回值，函数的调用和嵌套调用，函数的递归调用，数组作为函数的参数，变量的存储类型，利用函数进行结构化程序设计，宏定义与文件包含的概念与应用。

　　第 8 章介绍指针，包括地址和指针的概念，变量的指针和指向变量的指针变量，数组的指针和指向数组的指针变量，字符串的指针和指向字符串的指针变量，函数的指针和指向函数的指针变量，返回指针值的函数，指针数组和指向指针的指针，使用指针进行程序设计等内容。

第 9 章介绍用户自定义数据类型，包括结构体类型的定义，结构体变量的引用和初始化，结构体数组，指向结构体类型的指针，共用体数据类型的定义和引用，枚举类型，使用结构体进行程序设计等内容。

第 10 章介绍文件，包括文件类型的指针，文件的基本操作，文件的打开与关闭、文件的读写，文件的定位，使用文件进行程序设计等内容。

第 11 章为 C 语言综合实训，介绍基于图形库的实训平台搭配以及基于平台的四个综合实训项目，帮助读者熟悉 C 语言图形下的编程。

本书由多年从事一线计算机教学工作的教师编写，为突出高职高专学生技术应用能力的培养，营造职业氛围，缩小在校学习与生产岗位需求之间的距离，故采用了项目化的方式组织教材内容。

本书以"班级学生成绩管理系统"为主线，将项目细化为若干个子模块，并将每个子模块的相关知识分散到各个章节中，每个章节又以任务为驱动展开知识点。本书涵盖的知识点有：C 语言的基础知识、顺序结构程序设计、选择结构程序设计、循环结构程序设计、数组、模块程序设计、指针、用户自定义数据类型和文件。

本书由平顶山工业职业技术学院张佰慧、樊建文担任主编，王聪、赵敏、章国华担任副主编。第 1、2 章由平顶山工业职业技术学院张佰慧编写，第 4~6 章由平顶山工业职业技术学院王聪编写，第 7~9 章由平顶山工业职业技术学院樊建文编写，第 10、11 章由平顶山工业职业技术学院赵敏编写，第 3 章由武汉船舶职业技术学院章国华编写。全书由张佰慧统稿。

为方便教师的教学工作，本书附有全套电子课件，需要者可从出版社网站免费下载。

由于时间仓促，加之水平有限，书中难免会有不足之处，敬请专家和读者批评指正。

编　者

2018 年 5 月

# 目　　录

# 第 1 章　C 语言概述

本章的主要任务是对"班级学生成绩管理系统"进行初步的总体规划设计。在本章学习中，主要培养学生掌握 C 语言的基本概念。学习本章后应能正确画出"班级学生成绩管理系统"总体结构图。在本章的学习中，学生将要达到如下的知识目标和能力目标：

**知识目标**

➢ 了解 C 语言的特点、C 语言程序开发步骤。

➢ 初步了解 C 程序的组成结构、主函数的作用。

➢ 初步掌握 C 语言流程图、N-S 图图例特点与属性。

**能力目标**

➢ 能够启动 Visual C++ 6.0，并能正确进入编程窗口。

➢ 学会与人打交道，完成任务调查。

➢ 能初步掌握"班级学生成绩管理系统"工作模块构成。

➢ 能调查了解本校学生成绩管理系统的工作流程，画出本校学生成绩管理系统工作模块图。

## 一、C 语言的发展历史及特点

### 1. C 语言的发展历史

C 语言是目前世界上较为流行、使用非常广泛的高级程序设计语言。对于操作系统和系统应用程序以及需要对硬件进行操作的场合，C 语言明显优于其他高级语言，许多大型应用软件都是用 C 语言编写的。C 语言具有强大的绘图能力，可移植性好，并具备很强的数据处理能力，因此适于编写系统软件，同时它也可用于数值计算。

C 语言的原型是 ALGOL 60 语言(也称 A 语言)。

1963 年，剑桥大学将 ALGOL 60 语言发展成为 CPL(Combined Programming Language)语言。1967 年，剑桥大学的 Matin Richards 对 CPL 语言进行了简化，产生了 BCPL 语言。

1970 年，美国贝尔实验室的 Ken Thompson 将 BCPL 进行了修改，并为它起了一个有趣的名字"B 语言"。意思是将 CPL 语言煮干，提炼出它的精华，他用 B 语言写了第一个 UNIX 操作系统。而在 1973 年，B 语言也给人"煮"了一下，美国贝尔实验室的 Dennis.M.Ritchie 在 B 语言的基础上最终设计出了一种新的语言，他取了 BCPL 的第二个字母作为这种语言的名字，这就是 C 语言。为了使 UNIX 操作系统得以推广，1977 年 Dennis M.Ritchie 发表了不依赖于具体机器系统的 C 语言编译文本《可移植的 C 语言编译程序》。1978 年 Brian W.Kernighian 和 Dennis M.Ritchie 出版了著名的 "The C Programming Language" 一书，从而奠定了 C 语言成为目前世界上最广泛流行的高级程序设计语言的基础。

1988 年，随着微型计算机的日益普及，出现了许多 C 语言版本。由于没有统一的标准，使得这些 C 语言之间出现了一些不一致的地方。为了改变这种情况，美国国家标准学会 (ANSI)为 C 语言制订了一套 ANSI 标准，成为现行的 C 语言标准。

C 语言发展迅速，而且成为最受欢迎的语言之一，主要因为它具有强大的功能。主流的三种操作系统 Windows、Linux、UNIX 其内核都是用 C 语言和汇编语言编写的，几乎所有的网络游戏、百度搜索引擎(Baidu.com)等许多应用软件也是用 C 语言编写的。

目前广泛使用的 C 语言编译器有以下几种：

- Microsoft C 或称 MS C
- Borland Turbo C 或称 Turbo C
- Win-TC

这些 C 语言版本不仅实现了 ANSI C 标准，而且在此基础上各自作了一些扩充，使之更加方便、完善。

在 C 的基础上，1983 年贝尔实验室的 Bjarne Stroustrup 推出了 C++。C++ 进一步扩充和完善了 C 语言，成为一种面向对象的程序设计语言。C++ 目前流行的最新版本是 Borland C++ 6.0、Digital Mars C++ 8.50 和 Microsoft Visual C++ 2012。C++ 提出了一些更为深入的概念，它所支持的面向对象的概念容易将问题空间直接地映射到程序空间，为程序员提供了一种与传统结构程序设计不同的思维方式和编程方法，因而也增加了整个语言的复杂性，掌握起来有一定难度。

## 2. C 语言的特点

一种语言之所以能存在和发展，并且具有较强的生命力，总是有其不同于其他语言的特点。C 语言的主要特点如下：

(1) 简洁紧凑，灵活方便。标准的 C 语言一共只有 32 个关键字，9 种控制语句，程序书写自由。它把高级语言的基本结构和语句与低级语言的实用性结合起来。

(2) 运算符丰富。C 语言的运算符包含的范围很广泛，共有 34 个运算符。C 语言把括号、赋值、强制类型转换等都作为运算处理，从而使 C 语言的运算类型极其丰富，表达式类型多样。灵活使用各种运算符可以实现在其他高级语言中难以实现的运算。

(3) 数据结构丰富。C 语言的数据类型有整型、实型、字符型、数组类型、指针类型、结构体类型、共用体类型等，能用来实现各种复杂数据结构的运算，并引入了指针概念，使程序效率更高。另外，C 语言具有强大的图形功能，支持多种显示器和驱动器，且计算功能、逻辑判断功能强大。

(4) C 语言是结构式语言。结构式语言的显著特点是代码及数据的分隔化，即程序的各个部分除了必要的信息交流外彼此独立。这种结构化方式可使程序层次清晰，便于使用、维护以及调试。C 语言是以函数形式提供给用户的，这些函数可以方便地调用，并具有多种循环、条件语句控制程序流向，从而使程序完全结构化。

(5) C 语言的语法限制不太严格，程序设计自由度大。一般的高级语言语法检查比较严格，能够检查出几乎所有的语法错误。而 C 语言允许程序编写者有较大的自由度。

(6) C 语言允许直接访问物理地址，可以直接对硬件进行操作。C 语言既具有高级语言的功能，又具有低级语言的许多功能，能够像汇编语言一样对位、字节和地址进行操作，可以用来编写系统软件。

(7) C语言程序生成代码质量高，程序执行效率高。C语言生成的代码一般只比汇编程序生成的目标代码效率低 10%～20%。

(8) C语言适用范围广，可移植性好。C语言适合于多种操作系统，如 Windows、DOS、UNIX，也适用于多种机型。

## 二、C 程序的基本结构分析

为了说明 C 语言源程序结构的特点，先看以下几个程序。这几个程序由简到难，表现了 C 语言源程序在组成结构上的特点。虽然有关内容还未介绍，但可从这些例子中了解到一个 C 语言源程序的基本组成部分和书写格式。

【例 1.1】 一个最简单的 C 语言程序。

程序代码如下：

```
01  #include<stdio.h>
02  void main()
03  {
04      printf("Good Morning!\n");
05  }
```

　　　程序第 02 行 main 是主函数的函数名，表示这是一个主函数。每一个 C 源程序都必须有且只能有一个主函数(main 函数)。第 04 行是函数调用语句，printf 函数的功能是把要输出的内容送到显示器去显示。printf 函数是一个由系统定义的标准函数，可在程序中直接调用。

例 1.1 是一个最简单的 C 语言程序。main 前面的 void 表示此主函数是"空类型"，void 是"空"的意思，即执行此函数后不产生一个函数值。每一个 C 语言程序都必须有一个 main 函数。每一个函数要有函数名，也要有函数体(即函数的实体)。函数体由一对花括号{ }括起来。本例中主函数内只有一行。printf 是 C 编译系统提供的标准函数库中的输出函数(详见第 4 章)。程序第 04 行是一个 printf 语句，圆括号中引号内的字符串按原样输出。"\n"是换行符，在执行程序时，输出"Good Morning！"，然后执行回车换行。语句最后有一个分号。

在使用标准函数库中的输入/输出函数时，编译系统要求程序提供有关的信息(例如对这些输入/输出函数的声明)，程序第 01 行"#include<stdio.h>"的作用就是用来提供这些信息的。stdio.h 是 C 编译系统提供的一个文件名，stdio 是"standard input & output"的缩写，即有关"标准输入/输出"的信息。开始时对此可暂不必深究，以后会有详细介绍。在此只需记住：在程序中用到系统提供的标准函数库中的输入/输出函数时，应在程序的开头写这样一行：

　　　　#include<stdio.h>

【例 1.2】 任意输入两个数，求两个数中较大者。

程序代码如下：

```
01  #include<stdio.h>
02  int main()
```

```
03    { int x,y,z;                           /*变量说明*/
04       int max(int a,int b);               /*函数声明*/
05       printf("input two numbers:\n");
06       scanf("%d%d",&x,&y);                 /*输入 x、y 值*/
07       z=max(x,y);                          /*调用 max 函数*/
08       printf("max=%d\n",z);                /*输出*/
09    }
10    int max(int a,int b)                    /*定义 max 函数*/
11    {
12       if(a>b)
13          return a;                         /*把结果返回主调函数*/
14       else
15          return b;                         /*把结果返回主调函数*/
16    }
```

　　程序中第 03 行是变量说明，说明变量 x、y、z 的数据类型。程序第 04 行是函数声明。第 06 行为输入语句，调用 scanf 函数，接收键盘上输入的数并存入变量 x、y 中。程序第 07 行调用了 max 函数。程序第 10~16 行是一个用户自定义的 max 函数。

　　例 1.2 中程序的功能是，由用户输入两个整数，程序执行后输出其中较大者。本程序由两个函数组成，主函数 main 和 max 函数，函数之间是并列关系，但可从主函数中调用其他函数。本例中的主函数体又分为两部分：说明部分(第 03、04 行)和执行部分(第 05~08 行)。在程序的说明部分中，不仅可以有变量说明，还可以有函数说明。

　　max 函数的功能是比较两个数，然后把较大的数返回给主函数。程序第 04 行是在主函数中对被调用函数 max 的声明。由于在主函数中要调用 max 函数，而 max 函数的定义却在 main 函数之后，为了使编译系统能够正确识别和调用 max 函数，必须在调用 max 函数之前对 max 函数进行声明，以通知编译系统："在 main 函数中，max 是一个函数名"。关于函数的详细内容将在第 7 章介绍。程序的每行后用 "/*" 和 "*/" 括起来的内容为注释部分，程序不执行注释部分。

　　上例中程序的执行过程是，首先在屏幕上显示提示信息，请用户输入两个数，回车后由 scanf 函数语句接收这两个数送入变量 x、y 中，然后调用 max 函数，并把 x、y 的值(称为实际参数)传送给 max 函数的参数 a、b(称为形式参数)。在 max 函数中比较 a、b 的大小，把大者返回给主函数的变量 z，最后在屏幕上输出 z 的值。

　　程序运行结果如下：

　　input two numbers:

　　<u>8，5✓</u>

　　max=8

　　为了在分析运行结果时便于区别输入和输出的信息，本书对输入的信息加了下划线，如上面的运行结果的第 2 行表示：从键盘输入 8 和 5，然后按 Enter 键。第 3 行是从计算机输出的信息，显示在屏幕上。

本例用到了函数调用、实际参数和形式参数等概念，在此只做了很简单的解释。读者如对此不大理解，可以先不予以深究，在以后的章节中会学到这部分知识。在此介绍该例，主要为使读者对 C 程序的组成和形式有一个初步的了解。

通过以上几个例子，可以看到 C 源程序如下的结构特点：

(1) 一个 C 语言源程序可以由一个或多个源文件组成。

(2) 每个源文件可由一个或多个函数组成。

(3) 一个源程序不论由多少个函数组成，都有一个且只能有一个 main 函数，即主函数。

(4) 源程序中可以有预处理命令(include 命令仅为其中的一种)，预处理命令通常应放在源文件或源程序的最前面。

(5) 每一个说明、每一条语句都必须以分号结尾。预处理命令、函数头和花括号 "}" 之后不能加分号。

(6) 标识符、关键字之间必须至少加一个空格以示间隔。若已有明显的间隔符，也可不再加空格来间隔。

# 三、程序设计时的算法描述

## 1. 程序的三种基本结构

一个程序包含一系列指令，每一条指令使计算机完成一种操作。程序中的指令不是任意书写而无规律的。1966 年，Bohra 和 Jacopini 提出了三种基本结构，用这三种基本结构作为一个良好算法的基本单元，任何一个复杂程序都可由这三种基本结构组成，即顺序结构、选择结构和循环结构。

### 1) 顺序结构

在顺序结构中程序是一条语句接一条语句顺序地往下执行的。顺序结构的程序是最简单的程序。图 1-1 为顺序结构示意图。

### 2) 选择结构

在选择结构的程序执行过程中，程序的流程由多路分支组成，根据不同的条件去执行不同的任务。图 1-2 为选择结构示意图。

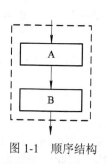

图 1-1　顺序结构

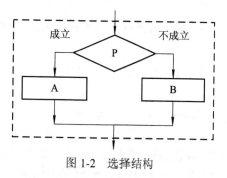

图 1-2　选择结构

### 3) 循环结构

若在程序中需要根据某项条件重复地执行某项任务若干次，或直到满足或不满足某条件为止，这就构成了循环结构。图 1-3 为循环结构示意图。

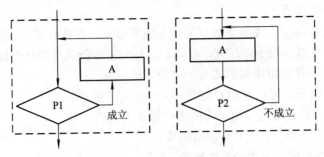

图 1-3 循环结构

这三种结构是程序设计中最基本的问题，也是程序设计的基础。

**2. 程序的算法描述**

1) 算法的概念

计算机所进行的一切操作都是由程序决定的，而程序是程序员事先编写好并输入计算机的。从前面的程序中可知，一个程序包括以下两个方面的内容：

(1) 对数据的描述，在程序中要指定数据的类型和数据的组织形式，即数据结构(data structure)。

(2) 对操作的描述，即操作步骤，也就是算法(algorithm)。

数据是操作的对象，操作的目的是对数据进行加工处理，以得到期望的结果。例如，厨师制作菜肴，需要有菜谱，菜谱一般应包括：① 配料，指出应使用哪些原料；② 操作步骤，指出如何使用这些原料按规定的步骤加工成所需的菜肴。没有原料是无法加工成所需菜肴的，但是用同一些原料可以加工出不同的菜肴，作为程序设计人员，必须认真考虑和设计数据结构及操作步骤(即算法)。著名计算机科学家沃思(Nikilaus Wirth)提出了一个公式：

$$数据结构 + 算法 = 程序$$

那么什么是算法呢？我们从事各种工作和活动，都必须事先想好进行的步骤，然后按部就班地进行，才能避免产生错乱。广义地说，为解决一个问题而采取的方法和步骤，就称为"算法"。

对同一个问题，可以有不同的解题方法和步骤。例如，求 $1 + 2 + 3 + \cdots + 100$，即 $\sum_{n=1}^{100} n$，有人可能先进行 $1 + 2$，再加 3，再加 4，一直加到 100，而有的人采取这样的方法：

$$\sum_{n=1}^{100} n = 100 + (1 + 99) + (2 + 98) + \cdots + (49 + 51) + 50 = 100 + 49 \times 100 + 50 = 5050$$

还可以有其他方法。当然，方法有优劣之分，有的方法只需很少的步骤，而有些方法则需要较多的步骤。一般来说，希望采用简单、运算步骤少的方法。因此，为了有效地进行解题，不仅需要保证算法正确，还要考虑算法的质量，选择合适的算法。

2) 算法的表示

构思好一个算法后，可以选择不同的方式表示。

(1) 用自然语言表示。

自然语言就是人们日常使用的语言，可以是汉语、英语或其他语言。用自然语言表示通俗易懂，但文字冗长，容易出现歧义。自然语言表示的含义往往不太严格，要根据上下文才能判断其正确含义。假如有这样一句话："张先生对李先生说他的孩子考上了大学"，请问是张先生的孩子考上了大学，还是李先生的孩子考上了大学呢？仅仅从这句话本身难以判断。此外，用自然语言来描述包含分支和循环的算法不很方便。因此，除了那些很简单的问题以外，一般不用自然语言描述算法。

(2) 用传统流程图表示。

流程图是用一些图框来表示各种操作。用图形表示算法直观形象，易于理解。美国国家标准学会(ANSI)规定了一些常用的流程图符号，如图 1-4 所示，已为世界各国程序工作者普遍采用。

起止框　　输入/输出框　　判断框　　　处理框　　　流程线　连接点

图 1-4　流程图的常用符号

【例 1.3】　任意输入两个数，求两个数中的较大者。

用传统流程图表示此题的算法如图 1-5 所示。

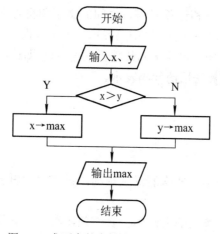

图 1-5　求两个数中较大者的传统流程图

(3) 用 N-S 流程图表示。

1973 年美国学者 I.Nassi 和 B.Shneiderman 提出了一种新的流程图形式。在这种流程图中，完全去掉了带箭头的流程线。全部算法写在一个矩形框内，在该框内还可以包含一些从属于它的小矩形框，或者说，由一些基本的框组成一个大的框。这种流程图又称 N-S 结构化流程图(N 和 S 是两位美国学者英文姓氏的首字母)。这种流程图适于结构化程序设计，而且作图简单，占用面积小。三种基本程序结构的 N-S 流程图如图 1-6～图 1-8 所示。

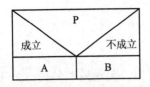
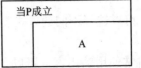
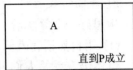

图 1-6　顺序结构　　　图 1-7　选择结构　　　　图 1-8　循环结构

【例 1.4】 将例 1.3 的算法用 N-S 流程图来表示。

结果如图 1-9 所示。

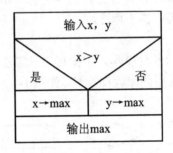

图 1-9　求两个数中较大者的 N-S 流程图

(4) 用伪代码表示。

用传统流程图和 N-S 图表示算法直观易懂，但画起来比较费事，在设计一个算法时，可能要反复修改，而修改流程图是比较麻烦的。为了便于设计算法，常用一种称为伪代码(pseudo code)的工具。

伪代码是用介于自然语言和计算机语言之间的文字和符号来描述算法。它如同一篇文章一样，自上而下地写下来。每一行(或几行)表示一个基本操作。它不用图形符号，因此书写方便、格式紧凑、比较好懂，也便于向计算机语言算法(即程序)过渡。

【例 1.5】 将例 1.3 的算法用伪代码表示。

> if　x>y　then
> 　　x→max
> else
> 　　y→max

用伪代码写算法并无固定、严格的语法规则，只需把意思表达清楚，并且书写的格式清晰易读即可。

总之，在以上几种表示算法的方法中，具有熟练编程经验的专业人士喜欢用伪代码，初学者则喜欢用传统流程图或 N-S 图，比较形象，易于理解。

至今为止，我们只是描述算法，即用不同的形式表示操作的步骤，而要得到运算结果，就必须实现算法。我们的任务是用计算机解题，也就是要用计算机实现算法。计算机是无法识别流程图和伪代码的，也就是说用流程图和伪代码描述的算法是无法在计算机上实现的，只有用计算机语言编写的程序才能被计算机执行(当然还要编译成目标程序才能被计算机识别和执行)。因此，在用流程图或伪代码描述出一个算法后，还要将它转换成计算机语言程序。

用计算机语言表示算法必须严格遵循所用语言的语法规则，这是和伪代码不同的。

## 四、Visual C++ 6.0 环境下调试 C 程序实例

### 1. C 程序的编译

通过前面两个例子我们已经了解了 C 语言的程序结构。所谓程序，就是一组计算机能识别和执行的指令，每一条指令使计算机执行特定的操作。用高级语言编写的程序称为源程序。源程序文件只可以存储，不能运行，因为计算机并不能直接理解源程序中的语句。要让计算机直接运行，还要将它翻译成计算机可以直接辨认并执行的机器语言程序，这一过程称为编译。对于 C 语言程序来说，这一过程一般分为四步，如图 1-10 所示。

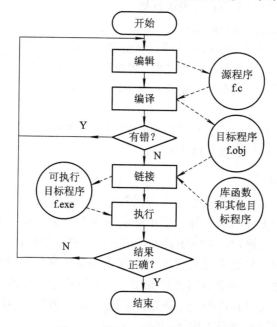

图 1-10　运行 C 语言程序的流程

第一步：编辑源程序。

编辑源程序就是用高级语言编写并修改源程序。源程序的编辑要在编辑器中进行。编辑器具有字符的修改、添加等功能。编辑好的源程序可以先以源程序文件的形式保存起来。如前所述，C 语言源程序的文件名后缀为 .c。

源程序仅仅是按照 C 语言的词法和语法编写的，并能被编辑器处理的文字字符的集合。它还不能被计算机执行。

第二步：编译。

编译就是把用 C 语言描述的程序(或程序模块)翻译成计算机可以理解并执行的机器语言命令组成的程序(或程序模块)。C 语言的编译过程分为两个阶段：首先是编译预处理，系统要先扫描程序，处理所有预处理命令，如把文件包含命令要求的文件包含(嵌入)到程序(或程序模块)中，然后才开始编译。文件包含的示意图如图 1-11 所示。

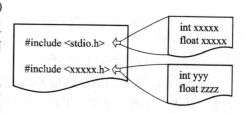

图 1-11　文件包含的示意图

编译后得到的文件称为目标文件，目标文件就是用机器语言描述的文件。C语言目标文件的后缀为 .obj。目标文件的主文件名一般与源程序文件名相同。

在编译过程中，还要对源程序中的语法和逻辑结构进行检查。编译任务是由被称作编译器(compiler)的软件完成的。在编译程序过程中，也可能发现错误，这时要重新进入编辑器进行编辑。

目标程序文件还不能被执行，它们只是一些在内存中可重定位的目标程序模块。

第三步：链接。

链接是将与当前程序有关的、已经存在的几个目标模块链接在一起，形成一个完整的程序代码文件。这些已经存在的目标模块包括：

- 库函数，如前面使用的 printf；
- 对于大的程序，常常分成几个模块，分别编写、编辑和编译，形成不同的目标模块。

正确链接所生成的文件才是可执行文件。可执行文件的文件名后缀为 .exe。程序在链接过程中也可能发现错误，这时也要重新进入编辑器进行编辑。

第四步：执行。

链接后得到的可执行文件对操作系统来说相当于一条命令。在操作系统提供的命令界面上输入该命令，就可以开始执行这个程序。

## 2. C 语言程序的运行

为了编译、链接和运行 C 语言程序，必须要有相应的 C 语言编译系统。目前使用的大多数 C 语言编译系统都是集成开发环境(IDE)的，它把程序的编辑、编译、链接和运行等操作全部集中在一个界面上进行，功能丰富、使用方便、直观易用。

本课程的学习目的主要是掌握 C 语言并利用它编制程序和运行程序。写出源程序后可以用任何一种编译系统对程序进行编译和链接，只要用户感到方便、有效即可。不应当只会使用一种编译系统，而对其他的一无所知。无论用哪一种编译系统，都应当能举一反三，在需要时会用其他编译系统进行工作。

目前学习 C++ 的人大多使用 Visual C++ 6.0 集成环境，因此不少人在学习 C 语言时也使用 Visual C++ 集成开发环境，这样有利于今后方便地学习 C++。本节主要介绍在 Visual C++ 6.0 中怎样编辑、编译、链接和运行 C 程序。本书中的程序都是在 Visual C++ 6.0 环境下调试和运行的。

1) 进入 Visual C++ 6.0 集成开发环境

Visual C++ 6.0 是在 Windows 环境下工作的，分为英文版和中文版，二者使用方法相同。本节介绍的是 Visual C++ 6.0 中文版。

为了能使用 Visual C++ 6.0 集成开发环境，必须事先在所用的计算机上安装 Visual C++ 6.0 系统。安装后最好在桌面上设立 Visual C++ 6.0 的快捷方式图标，以方便使用。

双击桌面上的 Visual C++ 6.0 图标，进入 Visual C++ 6.0 集成开发环境，屏幕上出现 Visual C++ 6.0 的主窗口，如图 1-12 所示。

Visual C++ 主窗口的顶部是 Visual C++ 的主菜单栏，其中包含 9 个菜单项：文件、编辑、查看、插入、工程、组建、工具、窗口、帮助。

主窗口左侧是项目工作区窗口，右侧是程序编辑窗口。工作区窗口用来显示所设定的工作区的信息，程序编辑窗口用来输入和编辑源程序。

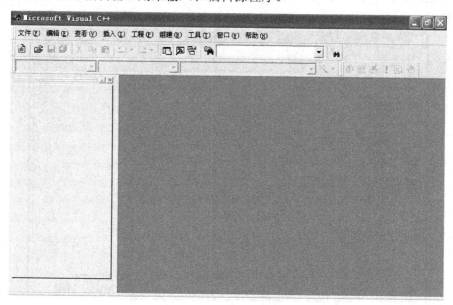

图 1-12　Visual C++ 6.0 主窗口

2) 输入和编辑源程序

新建一个源程序可采取以下的步骤：在 Visual C++ 主窗口的主菜单栏中选择"文件"，然后选择"新建"，如图 1-13 所示。

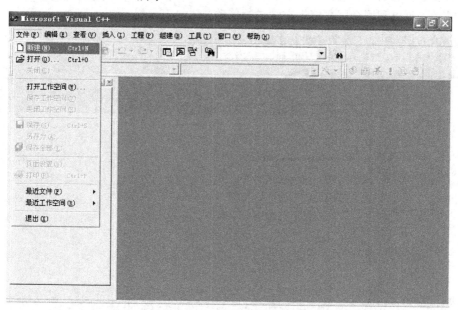

图 1-13　Visual C++ 新建文件窗口

屏幕上出现一个"新建"对话框(见图 1-14)。单击此对话框左上角的"文件"选项卡，选择 C++ Source File 项，表示要建立新的 C++ 源程序文件，然后在对话框右半部分的位置文本框中输入准备编辑的源程序文件的存储路径(今假设为 E:\ZC)，表示准备编辑的源程序文件将存放在 E:\ZC 子目录下。在其上方的文件名文本框中输入准备编辑的源程序文件的名字(今输入 c1_1.c)。

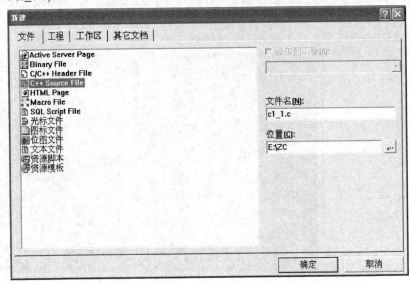

图 1-14    Visual C++新建文件对话框

这样，即将进行输入和编辑的源程序就以 c1_1.c 为文件名存放在 E 盘的 ZC 目录下。单击"确定"回到 Visual C++ 主窗口，可以看到光标在程序编辑窗口闪烁，表示程序编辑窗口已激活，可以输入和编辑源程序了。输入例 1.1 中的程序(见图 1-15)。在输入过程中如发现有错误，可以利用全屏幕编辑方法进行修改。

图 1-15    源程序编辑窗口

如果检查无误，则将源程序保存在前面指定的文件 c1_1.c 中，方法是：在主菜单栏中选择"文件"，并在其下拉菜单中选择"保存"项，如图 1-16 所示。

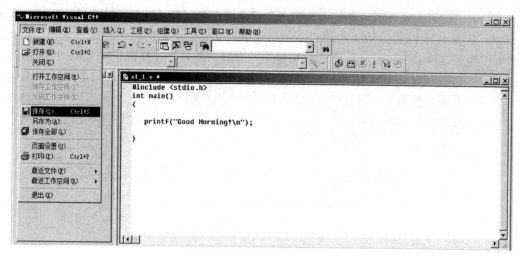

图 1-16　保存文件窗口

说明：Visual C++ 6.0 可以编译后缀为 .c 的 C 源程序，也可以编译后缀为 .cpp 的 C++ 源程序。

如果已经编辑并保存过 C 源程序，而希望打开所需要的源程序文件，并对它进行修改，方法是：

(1) 在"我的电脑"中按路径找到已有的 C 程序名(如 c1_1.c)。

(2) 双击此文件名，则进入 Visual C++ 集成开发环境并打开了该文件，程序已显示在编辑窗口中。

(3) 修改后选择"文件"→"保存"，保存在原来的文件中。

3) 程序的编译

在编辑和保存了源文件(如 c1_1.c)以后，若需要对该源文件进行编译，应选择主菜单栏中的"组建"，在其下拉菜单中选择"编译[c1_1.c]"项，如图 1-17 所示。由于刚才建立(或保存)文件时已指定了源文件的名字 c1_1.c，因此在"组建"菜单的"编译[c1_1.c]"项中自动显示了现在要编译的源文件名 c1_1.c。

图 1-17　编译菜单

在选择"编译"命令后，屏幕上出现一个对话框，内容是"This build command requires an active project workspace. Would you like to create a default project workspace?"(此编译命令要求一个有效的项目工作区，你是否同意建立一个默认的项目工作区？)，如图 1-18 所示。单击"是"按钮，表示同意由系统建立默认的项目工作区，然后开始编译。

也可以不用选择菜单，而直接按 Ctrl + F7 键来完成编译。

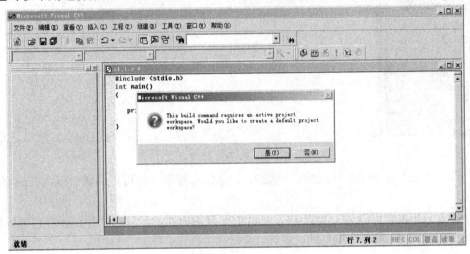

图 1-18　编译文件对话框

在进行编译时，编译系统检查源程序中有无语法错误，然后在主窗口下部的调试信息窗口输出编译的信息，如果无错，则生成目标文件 c1_1.obj，如果有错，则指出错误的位置和性质，提示用户改正错误。

4) 程序的链接

在得到后缀为 .obj 的目标程序后，还不能直接运行，还要把程序和系统提供的资源(如函数库、头文件)建立链接。此时应选择"组建"→"组建[c1_1.exe]"，如图 1-19 所示，表示要求链接并建立一个可执行文件 c1_1.exe。

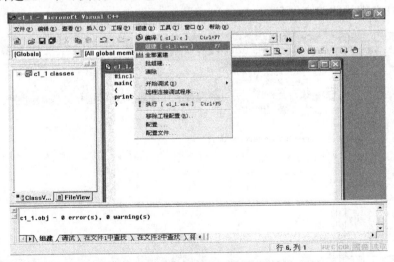

图 1-19　组建菜单

执行链接后，在调试输出窗口中显示链接时的信息，说明没有发现错误，生成了一个可执行文件 cl_1.exe。如图 1-20 所示。

图 1-20　生成可执行文件窗口

以上介绍的是分别进行程序的编译与链接，也可以选择菜单"组建"→"组建"(或按 F7 键)一次完成编译与链接。对于初学者来说，还是提倡分步进行程序的编译与链接，因为程序出错的机会较多，最好等到上一步完全正确后再进行下一步。对于有经验的程序员来说，在对程序比较有把握时，可以一步完成编译与链接。

5) 程序的执行

在得到可执行文件 cl_1.exe 后，就可以执行了。选择"组建"→"！执行[c1_1.exe]"，如图 1-21 所示。

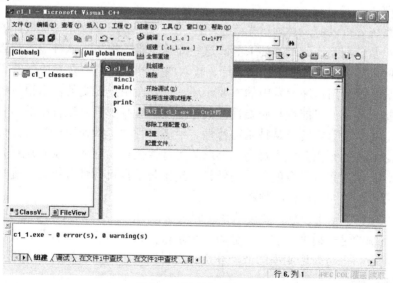

图 1-21　执行程序菜单

选择"！执行[c1_1.exe]"项后即开始执行 c1_1.exe；也可以不通过选择菜单，直接按 Ctrl + F5 键来执行程序。程序执行后，屏幕切换到输出结果的窗口，显示运行结果，如

图 1-22 所示。

图 1-22　输出窗口

可以看到，输出结果窗口中的第 1 行是程序的输出：

　　Good Morning！

第 2 行的"Press any key to continue"并非程序所指定的输出，而是 Visual C++ 在输出运行结果后由系统自动加上的一行信息，通知用户"按任意键继续"。当按下任一键后，输出窗口消失，回到 Visual C++ 主窗口，可以继续对源程序进行修改补充或其他工作。

如果已完成对一个程序的操作，不再对它进行其他处理，应当选择"文件"→"关闭工作区"，以结束对该程序的操作。

## 五、"班级学生成绩管理系统"初步总体规划设计

### 1. 应用程序的开发过程

应用程序的开发过程一般分为三个阶段：分析、设计、实施。

#### 1) 系统分析

系统分析主要完成三个任务，一是需求报告，二是可行性分析，三是系统详细分析并建立逻辑模型。

在进行系统分析以前，必须首先确定用户究竟需要应用系统完成什么样的工作，达到什么目标，以及预期完成的时间要求等。这些即称为需求报告，这种需求报告应该由用户写出，其中应包括系统的名称、预期目标、输入/输出格式说明以及完成时间等。

可行性分析是应用程序开发中的重要一环，它是在用户提交的需求报告的基础上实事求是地分析提出需求的可能性与必要性，其作用是尽量减少开发过程中的盲目性，避免不必要的损失。可行性分析应该从技术可行性、经济可行性、操作可行性等方面进行分析。可行性分析之后，必须由开发人员写出书面的可行性报告，它应该反映这样几个问题：系统简述、系统目标、系统开发的条件与结论。结论是根据可行性分析对所提出的应用系统研制工作是否可以继续进行作出判断。

在可行性报告被认可以后，就要从系统的组织、功能、业务等各个方面进行调查分析，以确定应用系统的逻辑模型，它一般分为三个阶段：调查研究、综合分析、编写系统说明书。工作的重点在于对数据流程的调查分析，在说明书中应包含数据流程图，因为这是建立逻辑模型的基础。

#### 2) 系统设计

系统设计是在系统分析的基础上规划系统规模、设计系统结构，最终提出系统的实施方案，建立系统的物理模型。

这一阶段是系统开发的核心，主要的工作任务包括绘制系统结构图、代码设计、输入/输出设计、数据库设计、模块处理流程设计等。

- 绘制系统结构图实际上是进行系统的结构设计，也就是进行模块化设计。所谓的模块化设计，是指将一个系统按功能自顶向下、由抽象到具体、由粗到细逐层分解，一直分解到功能明确、大小适中、彼此独立且能用程序实现的模块为止。系统结构图一般是在数据流程图的基础上变换而来的。

- 代码设计是指将系统中涉及的实体的名称、属性、状态等用一定的符号(数字或字母不同组合)来定义，使数据标准化、系统化，便于计算机对其进行处理。代码设计应具有唯一性、可扩充性、通用性、便于记忆与识别等特性。代码的编码方法很多，如顺序码、层次码、组码、多面码、助记码、缩写码等。例如：一个学生的学号可以这样编：20000102002，其中前四位 2000 表示该学生入学的时间，01 表示所在的系，02 表示该系所属的专业，002 表示该学生的顺序号，这种码就是多面码。

- 输入/输出设计一般是先进行输出设计，再进行输入设计。输出设计确定了输出信息使用情况、输出信息内容、输出介质和设备、输出格式等。输入设计即确定原始信息的输入方式，主要有菜单法、表格法、应答法等。这三种方法可以混合使用，取长补短，其目的是为了简化操作，提高输入速度。在确定了输入方式以后还要设计数据校验方法，对输入的数据应进行校验以保证数据输入的正确性。

- 数据库设计包括数据库的逻辑设计与数据库的物理设计。逻辑设计的任务是建立数据模型，物理设计的目的是确定数据库的物理结构如字段的类型、宽度等。通常在一个数据库中往往要包含多个表，物理设计还要确定数据库中应包含哪些表，各个表之间的关系等。

- 模块处理流程设计的任务是分析各个模块内的信息流动情况，选择信息处理的方法并组织处理。

3) 系统实施

系统实施是继系统分析与设计之后最重要的开发阶段。这个阶段的主要任务是将前两个阶段所完成的"做什么、怎么做"真正付诸实现。其主要工作包括程序设计、系统的调试与测试、试运行与维护、系统评价等。

- 程序设计是利用程序设计语言实现各个功能模块的要求。要广泛使用面向对象的程序设计方法，在程序设计过程中实现功能要求是不言而喻的，但更要强调程序的可靠性、可维护性及界面的友好性。

- 系统调试是开发人员为了排除程序错误，检查能否实现模块功能而进行的工作，可分为子系统分调和应用系统联调。分调重点在于程序的功能与数据处理的正确性，而联调则侧重于整个应用系统中相关模块的相互影响、参数传递的正确性及程序整体控制的正确性检查。

- 系统维护主要是指针对应用系统在运行过程中出现的各种问题进行纠正、修改、升级等，可以分为纠正性维护、完善性维护和适应性维护三种。系统维护主要包括数据维护、程序维护、硬件与系统软件维护等。

- 系统评价是指在系统运行了一段时间后，对系统的性能指标、经济指标和管理指标作出一个公正而又准确的评价。

### 2. "班级学生成绩管理系统"总体规划设计

学生成绩的统计与管理是学校教学管理中的重要内容，它关系到学生是否能正常毕业。随着学校规模的扩大和管理要求的提高，传统的手工管理方法已不适应当前学校教学管理的需要，应当采用计算机自动化管理。学生学习成绩的计算机自动化管理也是衡量一个学校管理水平的标志。

要开发一个班级学生成绩管理系统软件，可以先走访本校的教务管理部门，了解学生成绩管理方法，经过分析得出管理流程后，再按管理流程设计出管理模块。如果是正式开发管理软件，这个工作要经过与用户单位充分地讨论、论证，最后得出一致意见。下面就"班级学生成绩管理系统"的主要功能说明如下：

班级学生成绩管理系统共设计了6大模块：

(1) 打开文件模块：能够打开保存在磁盘上的学生成绩文件。

(2) 保存文件模块：能将一个班40个学生的学号、姓名、三门课程学习成绩和总成绩以及平均成绩全部保存在磁盘文件中。

(3) 编辑成绩模块：能编辑学生信息和学生成绩，并能进行相应的增加、删除、修改等操作。

(4) 显示成绩模块：能显示全部学生信息、指定的学生信息、不及格学生信息和按总成绩排序后的学生信息。

(5) 计算模块：能对学生成绩进行总成绩与平均成绩计算，能找出全班学习成绩最好和最差的学生。

(6) 程序说明模块：能对软件的版本、功能、使用方法、开发者信息等进行相应说明。

另外，本系统只有一个出口，程序只能通过该出口正常结束，以保证安全退出系统。6大功能模块如图1-23所示。

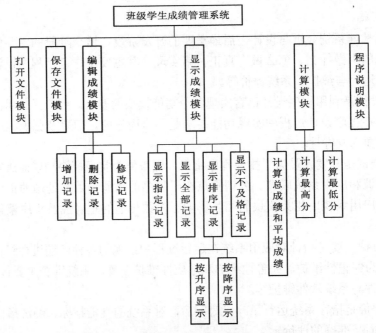

图 1-23　班级学生成绩管理系统功能结构图

开发"班级学生成绩管理系统"项目遵循"软件开发工作流程"和"循序渐进"原则，分任务实施。每个单元首先以一至二个任务为驱动，围绕完成任务设计的必备知识与理论，力争程序开发步骤与知识水平、能力紧密结合，使学习与应用融为一体，学用结合、学用相长。通过学习的深入逐步完善程序功能，最后形成一个完整的程序。随着知识介绍的逐渐增多，学习者也可以自己增加新模块，使程序更趋完善，更加实用。

项目开发实施方案：

任务 1："班级学生成绩管理系统"总体规划设计。

任务 2："班级学生成绩管理系统"中相关数据设计。

任务 3：用输入/输出函数初步设计项目封面与菜单。

任务 4：项目封面、菜单的顺序执行设计。

任务 5：用 if 语句实现菜单的选择执行。

任务 6：用 switch 语句实现菜单的选择执行。

任务 7：项目整体框架设计。

任务 8：初步完善学生最高、最低等成绩查找。

任务 9：初步完善学生成绩排序。

任务 10：用指针实现学生最高、最低等成绩查找。

任务 11：用指针实现学生成绩排序。

任务 12：用结构体实现数据的增加、删除、修改和显示。

任务 13：项目中学生数据的存储和重复使用。

"班级学生信息管理系统"项目的整体框架设计应当充分进行调查研究，充分与用户进行沟通，充分了解用户的需要，在此基础上给出项目的总体规划设计方案。

# 本 章 小 结

本章主要介绍班级学生成绩管理系统的设计要点和主要模块，介绍 C 语言程序设计中的一些基本概念以及开发应用程序的主要步骤。通过本单元的学习，使读者对用 C 语言开发程序有一个概括性的了解，并能够模仿例题编写一些简单程序。

# 习 题

## 一、选择题

1. 一个 C 程序的执行是从(    )。

A．本程序的 main 函数开始，到 main 函数结束

B．本程序文件的第一个函数开始，到本程序文件的最后一个函数结束

C．本程序的 main 函数开始，到本程序文件的最后一个函数结束

D．本程序文件的第一个函数开始，到本程序的 main 函数结束

2. C 语言规定：在一个源程序中，main 函数的位置(    )。

A．必须在最开始                B．必须在系统调用的库函数的后面

C. 可以任意      D. 必须在最后

3. 一个 C 语言程序由(　　　)。

A. 一个主程序和若干个子程序组成      B. 函数组成

C. 若干过程组成      D. 若干子程序组成

4. C 语言是一种(　　　)。

A. 机器语言      B. 中级语言      C. 高级语言      D. 低级语言

5. sizeof(double)是一个(　　)表达式。

A. 整型      B. 双精度      C. 不合法      D. 函数调用

6. 以下叙述正确的是(　　　)。

A. 在 C 程序中，main 函数必须位于程序的最前面

B. C 程序每行只能写一条语句

C. C 语言本身没有输入/输出语句

D. 在对一个 C 程序进行编译的过程中，可以发现注释中的拼写错误

7. 以下叙述不正确的是(　　　)。

A. 一个 C 源程序可由一个或多个函数组成

B. 一个 C 源程序必须包含一个 main 函数

C. C 程序的基本组成单位是函数

D. 在 C 程序中，注释说明只能位于一条语句的后面

8. C 源程序的基本单位是(　　　)。

A. 函数      B. 文件      C. 主函数      D. 子程序

9. 编辑程序是(　　　)。

A. 建立并修改程序      B. 将 C 源程序编译成目标程序

C. 调试程序      D. 命令计算机执行指定的操作

10. C 编译程序是(　　　)。

A. C 程序的机器语言版本      B. 一组机器语言指令

C. 将 C 源程序编译成目标程序的程序      D. 由制造厂家提供的一套应用软件

## 二、填空题

1. C 源程序的基本单位是_____。

2. 一个 C 源程序中至少应包括一个_____。

3. 在一个 C 源程序中，注释部分两侧的分界符分别为_____和_____。

4. Visual C++ 的行注释符是_____。

5. 在 C 语言中，输入操作由库函数_____完成，输出操作由库函数_____完成。

6. 一个 C 源程序有_____个 main()函数和_____个其他函数。

7. 结构化程序设计中的三种基本结构是_____、_____、_____。

8. C 语言源程序文件的后缀名是_____，经过编译后生成的中间文件的后缀名是_____，经过链接后生成的文件后缀名是_____。

9. C 程序开发的四个步骤是_____、_____、_____、_____。

10. 一个函数由两部分组成，一部分叫_____，另一部分叫_____。

11. 函数体的定界符是(填汉字)_____。

12. C 语言规定，一个程序必须有一个主函数，其函数名为_____。

13. 一般而言，一个 C 程序执行是从_____(填三个汉字)开始，到_____ (填七个汉字)结束。

14. 用 Visual C++ 开发程序时，编译按_____快捷键，运行按_____快捷键。

15. 在开发 C 程序时一般会出现两种错误，即_____错误和_____错误(分别填两个汉字)。

### 三、编程题

模仿例 1.1 的方法编写一个 C 程序，要求显示如下结果：

```
*****************************
        How are you!
*****************************
```

### 四、实践题

1. 走访调查本校的教务部门，根据了解到的情况，画出本校学生成绩管理系统的模块图。

2. 安装 Visual C++ 6.0 软件到自己的计算机中。

3. 学习启动、关闭 Visual C++ 6.0。

# 第2章 "班级学生成绩管理系统"相关数据设计

本章的主要任务是对"班级学生成绩管理系统"中学生的数据进行分析与定义。在任务学习中，主要培养学生掌握变量概念、变量定义、运算符的运算规则以及不同类型变量之间的混合运算，这些是学习C语言的重要内容。学习本章后应能正确设计"班级学生成绩管理系统"中有关的变量和常量。在本章的学习中，学生将要达到如下的知识目标和能力目标：

**知识目标**

➢ 掌握C语言的数据类型；深刻理解常量与变量。

➢ 深刻理解整型、实型和字符型数据常量和变量的表示方法。

➢ 掌握赋值运算符和赋值表达式、变量的赋值方法。

➢ 理解各种数据类型之间的混合运算。

**能力目标**

➢ 能正确定义"班级学生成绩管理系统"中相关数据的类型。

### 任务 "班级学生成绩管理系统"相关数据设计

任务目标：能设计"班级学生成绩管理系统"中所涉及的简单类型的常量与变量。

## 一、任务情境

"班级学生成绩管理系统"中的数据有常量与变量、简单类型数据和复杂类型数据。这些变量有简单类型变量，还有一些复杂类型变量，如数组、结构体、共用体、指针等。

这里只对"班级学生成绩管理系统"中的数据进行一些简单的分析。"班级学生成绩管理系统"中的学生信息主要有学号、性别、年龄、三门功课成绩、总成绩和平均成绩，再加上一些与计算全班成绩有关的最高成绩、最低成绩等。学号、性别这类数据只是起到描述一些基本信息的作用，通常情况下不进行算术运算；而年龄、三门功课成绩、总成绩和平均成绩、最高成绩、最低成绩等这类数据有可能进行算术运算。针对这两类数据，在定义数据类型时要根据实际情况选择不同的数据类型。

下面通过相关理论的学习掌握如何将"班级学生成绩管理系统"中的数据定义成C语言能够处理的数据。

## 二、知识必备

引例：已知圆的半径，求圆的周长、面积。程序代码如下：

```
01    #include<stdio.h>
02    #define PI=3.14159                          /*定义符号常量*/
03    main()
04        { float r,perimeter,area;                /*定义变量*/
05      scanf("%f",&r);                            /*输入半径*/
06      perimeter=2*PI*r;
07      area=PI*r*r;
08      printf("周长=%f\n",perimeter);            /*输出周长及面积*/
09      printf("面积=%f\n",area);}
```

程序中，第 02 行定义了符号常量 PI，其值在程序中不改变。在第 04 行定义了半径、周长、面积三个实型变量。由于输入的半径不同，计算的周长、面积也不相同。因此，在程序中半径、周长和面积这三个变量的值是变化的。

### 1. C 语言的数据类型

通过实例分析，我们已经看到程序中使用的各种变量都应预先加以定义，即先定义，后使用。对变量的定义可以包括三个方面：

- 数据类型
- 存储类型
- 作用域

本章中只介绍数据类型，其他说明在以后各章中陆续介绍。数据的类型是按被定义数据或变量的性质、表示形式、占据存储空间的多少和构造特点来划分的。在 C 语言中数据类型可分为基本数据类型、构造数据类型、指针类型三大类，其具体分类见图 2-1。

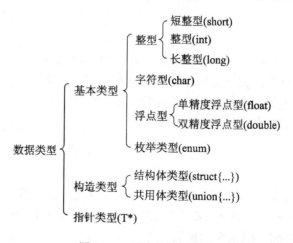

图 2-1　C 语言的数据类型

### 2. 常量与变量

对于基本数据类型量，按其取值是否可改变又分为常量和变量两种。

1) 常量

在程序执行过程中，其值不发生改变的量称为常量。常量包括两大类，即直接常量和符号常量。

• 直接常量。这种常量一般从其字面形式即可判别，又称字面常量，在程序中可直接使用。如：

整型常量：12、0、-3；

实型常量：4.6、-1.23；

字符常量：'a'、'b'。

• 符号常量：在 C 语言中，可以用标识符来表示一个常量，称之为符号常量。符号常量在使用之前必须先定义，其一般形式为

    #define 标识符 常量

标识符相当于该常量的名称，应符合 C 语言关于标识符的规定。

在 C 语言中，习惯上符号常量的标识符用大写字母，变量标识符用小写字母，以示区别。使用符号常量的好处是含义清楚，同时能做到"一改全改"，即只要修改其定义语句，程序中所有该符号常量的值均会更新，不必逐一修改。

【例 2.1】 符号常量的使用。

```
#define PRICE 30
#include <stdio.h>
int main()
{
    int num,total;
    num=10;
    total=num* PRICE;
    printf("total=%d",total);
}
```

2) 变量

程序运行中其值可以改变的量称为变量。每一个变量应该定义一个名字，在内存中占据一定的存储单元。变量定义必须在变量使用之前，一般放在函数体的开头部分。要区分变量名和变量值是两个不同的概念，如图 2-2 所示。

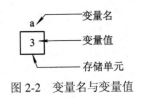

图 2-2　变量名与变量值

### 3. 整型数据

1) 整型常量

整型常量就是整常数。在 C 语言中，整常数可用十进制、八进制和十六进制表示。

(1) 十进制整常数：十进制整常数没有前缀。其数码取值为 0～9。以下各数是合法的十进制整常数：237、-568、65 535、1627。

(2) 八进制整常数：八进制整常数必须以 0 开头，即以 0 作为八进制数的前缀。数码取值为 0～7。八进制数通常是无符号数。以下各数是合法的八进制数：015(十进制为 13)、0101(十进制为 65)、0177777(十进制为 65 535)。

(3) 十六进制整常数：十六进制整常数的前缀为 0X 或 0x。其数码取值为 0～9、A～F 或 a～f。以下各数是合法的十六进制整常数：0X2A(十进制为 42)、0XA0(十进制为 160)、0XFFFF(十进制为 65 535)。

2) 整型变量

整型变量用来存放整数。在 16 位字长的机器上，基本整型的长度也为 16 位，因此表示的数的范围也是有限定的。

(1) 整型变量的分类。

- 基本型：类型说明符为 int，在内存中占 2 个字节。
- 短整量：类型说明符为 short int 或 short，所占字节和取值范围均与基本型相同。
- 长整型：类型说明符为 long int 或 long，在内存中占 4 个字节。
- 无符号型：类型说明符为 unsigned。

无符号型又可与上述三种类型匹配而构成：

- 无符号基本型：类型说明符为 unsigned int 或 unsigned。
- 无符号短整型：类型说明符为 unsigned short。
- 无符号长整型：类型说明符为 unsigned long。

各种无符号类型量所占的内存空间字节数与相应的有符号类型量相同，但由于省去了符号位，故不能表示负数。

表 2-1 列出了 Turbo C 和 Visual C++ 6.0 中各类整型量所分配的内存字节数及数的表示范围。

表 2-1　整型量所分配的内存字节数及数的表示范围

| 类型说明符 | Turbo C 2.0 | | Visual C++ 6.0 | |
|---|---|---|---|---|
| | 字节数 | 数值范围 | 字节数 | 数值范围 |
| int | 2 | −32 768～32 767 | 4 | −2 147 483 648～2 147 483 647 |
| unsigned int | 2 | 0～65 535 | 4 | 0～4 294 967 295 |
| short int | 2 | −32 768～32 767 | 2 | −32 768～32 767 |
| unsigned short int | 2 | 0～65 535 | 2 | 0～65 535 |
| long int | 4 | −2 147 483 648～2 147 483 647 | 4 | −2 147 483 648～2 147 483 647 |
| unsigned long | 4 | 0～4 294 967 295 | 4 | 0～4 294 967 295 |

(2) 整型变量的定义。

变量定义的一般形式为

类型说明符　变量名标识符，变量名标识符，…；

例如：

　　int a，b，c; (a、b、c 为整型变量)

　　long x，y; (x、y 为长整型变量)

　　unsigned p，q; (p、q 为无符号整型变量)

在书写变量定义时，应注意以下几点：

① 允许在一个类型说明符后定义多个相同类型的变量，各变量名之间用逗号间隔。类

型说明符与变量名之间至少用一个空格间隔。

② 最后一个变量名之后必须以";"号结尾。

③ 变量定义必须放在变量使用之前，一般放在函数体的开头部分。

【例2.2】 整型变量的定义与使用。

```
#include <stdio.h>
int main()
{
    int a,b,c,d;
    unsigned u;
    a=12;b=-24;u=10;
    c=a+u;d=b+u;
    printf("a+u=%d,b+u=%d\n",c,d);
}
```

(3) 整型常量的类型。

整型常量和整型变量一样也有数据类型，C语言中规定，只有相同类型的量才能进行赋值。如果int型数据在内存中占2个字节，long int型变量占4个字节，则整型常量的类型按下面的规则处理：

① 如果整常数的值在 $-32\,768\sim32\,767$ 范围内，认为它是int型，分配2个字节。它可以赋值给int型和long int型变量。

② 如果其值超出上述范围，而在 $-2\,147\,483\,648\sim2\,147\,483\,647$ 范围内，则认为它是长整型，分配4个字节。可以将它赋值给一个long int型变量。

③ 在一个常量后面加一个字母l或L，则认为是长整型常量，例如123l、423L等；一个整型常量后面加一个字母u或U，认为是unsigned int型，如12345u在内存中按unsigned int型规定的方式存放。

4．实型数据

1) 实型常量的表示方法

(1) 十进制数形式：由数码0～9和小数点组成。

例如：0.0、25.0、5.789、0.13、5.0、300.、-267.8230等均为合法的实数。注意，必须有小数点。

(2) 指数形式：由十进制数、加阶码标志"e"或"E"以及阶码(只能为整数，可以带符号)组成。其一般形式为

a E n(a 为十进制数，n 为十进制整数)

其值为 $a \times 10^n$。

如：

2.1E5    (等于 $2.1 \times 10^5$)

3.7E-2    (等于 $3.7 \times 10^{-2}$)

0.5E7    (等于 $0.5 \times 10^7$)

-2.8E-2 (等于 $-2.8 \times 10^{-2}$)

2) 实型变量

(1) 实型数据在内存中的存放形式。

实型数据一般占 4 个字节(32 位)内存空间。按指数形式存储。实数 3.141 59 在内存中的存放形式如下:

| + | .314159 | 1 |
|---|---------|---|
| 数符 | 小数部分 | 指数 |

- 小数部分占的位(bit)数愈多，数的有效数字愈多，精度愈高。
- 指数部分占的位数愈多，则能表示的数值范围愈大。

(2) 实型变量的分类。

实型变量分为单精度(float)、双精度(double)和长双精度(long double)型三类。

在 Visual C++ 6.0 中单精度型占 4 个字节(32 位)内存空间，其数值范围为 3.4E–38～3.4E+38，只能提供 7 位有效数字。双精度型占 8 个字节(64 位)内存空间，其数值范围为 1.7E–308～1.7E+308，可提供 16 位有效数字。

实型变量定义的格式和书写规则与整型变量相同，例如:

> float x，y; (x、y 为单精度实型量)
>
> double a，b，c; (a、b、c 为双精度实型量)

(3) 实型数据的舍入误差。

由于实型变量是由有限的存储单元组成的，因此能提供的有效数字总是有限的。

【例2.3】 实型数据的舍入误差。

```
#include <stdio.h>
int main()
{float a,b;
 a=123456.789e5;
 b=a+20
 printf("%f\n",a);
 printf("%f\n",b);
 }
```

运行结果 a 和 b 的值均为 12 345 678 848.000 000。

由于 a 是单精度浮点型，有效位数只有七位。因此，将 20 加到最后两位上是无意义的。

(4) 实型常数的类型。

实型常数不分单、双精度，在机器内部都按双精度(double)型处理。

## 5. 字符型数据

字符型数据包括字符常量和字符变量。

1) 字符常量

字符常量是用单引号括起来的一个字符。例如：'a'、'b'、'='、'+'、'?' 都是合法字符常量。

在 C 语言中，字符常量有以下特点：

- 字符常量只能用单引号括起来，不能用双引号或其他括号。
- 字符常量只能是单个字符，不能是字符串。
- 字符可以是字符集中的任意字符，但数字被定义为字符型之后就不能参与数值运算了。如 '5' 和 5 是不同的。'5' 是字符常量，不能参与运算。

转义字符是一种特殊的字符常量。转义字符以反斜线"\"开头，后跟一个或几个字符。转义字符具有特定的含义，不同于字符原有的意义，故称"转义"字符。例如，在前面各例题 printf 函数的格式串中用到的"\n"就是一个转义字符，其意义是"回车换行"。转义字符主要用来表示那些用一般字符不便于表示的控制代码。常用的转义字符及其含义如表2-2所示。

表2-2　常用的转义字符及其含义

| 转义字符 | 转义字符的意义 | ASCII 代码 |
|:---:|:---:|:---:|
| \n | 回车换行 | 10 |
| \t | 横向跳到下一制表位置 | 9 |
| \b | 退格 | 8 |
| \r | 回车 | 13 |
| \f | 走纸换页 | 12 |
| \\ | 反斜线符"\" | 92 |
| \' | 单引号符 | 39 |
| \" | 双引号符 | 34 |
| \a | 鸣铃 | 7 |
| \ddd | 1～3 位八进制数所代表的字符 | |
| \xhh | 1～2 位十六进制数所代表的字符 | |

广义地讲，C 语言字符集中的任何一个字符均可用转义字符来表示。表中的 \ddd 和 \xhh 正是为此而提出的。ddd 和 hh 分别为八进制和十六进制的 ASCII 代码。如 \101 表示字符 'A'，\102 表示字符 'B'，\134 表示反斜线，\x0A 表示换行等。

2) 字符变量

字符变量用来存储字符常量，即单个字符。字符变量的类型说明符是 char。字符变量类型定义的格式和书写规则都与整型变量相同。

例如：

　　char c1,c2;

　　c1='a'; c2='b';

3) 字符数据在内存中的存储形式及使用方法

每个字符变量被分配一个字节的内存空间，因此只能存放一个字符。字符值是以 ASCII 码的形式存放在变量的内存单元之中的。

如 x 的十进制 ASCII 码是 120。对字符变量 a 赋予 'x' 值：

　　a='x';

实际上是在 a 这一单元内存放 120 的二进制代码：

a:

| 0 | 1 | 1 | 1 | 1 | 0 | 0 | 0 |
|---|---|---|---|---|---|---|---|

所以也可以把字符数据看成是整型量。C 语言允许对整型变量赋以字符值，也允许对字符变量赋以整型值。在输出时，允许把字符变量按整型量输出，也允许把整型量按字符量输出。

【例 2.4】 向字符变量赋以整数。

```c
#include <stdio.h>
int main()
{
    char a,b;
    a=120;
    b=121;
    printf("%c,%c\n",a,b);
    printf("%d,%d\n",a,b);
}
```

运行结果：

x y

120 121

本程序中定义 a、b 为字符型，但在赋值语句中赋以整型值。从结果看，a、b 值的输出形式取决于 printf 函数格式串中的格式符，当格式符为"%c"时，对应输出的变量值为字符，当格式符为"%d"时，对应输出的变量值为整数。

【例 2.5】 向字符变量赋以字符值。

```c
#include <stdio.h>
int main()
{
    char a, b;
    a='a';   b='b';
    a=a-32;   b=b-32;
    printf("%c,%c\n%d,%d\n",a,b,a,b);
}
```

运行结果：

A，B，65，66

本例中，a、b 被说明为字符变量并赋予字符值，C 语言允许字符变量参与数值运算，即用字符的 ASCII 码参与运算。由于大小写字母的 ASCII 码相差 32，因此运算后把小写字母转换成大写字母，然后分别以整型和字符型输出。

# 三、任务实施

通过相关理论学习后，就可以对"班级学生成绩管理系统"中相关数据进行分析及定义了。通过数据定义，将现实中的数据处理成 C 语言能够理解的数据。

### 1. 常量定义

假定"班级学生成绩管理系统"能处理一个班 40 个学生的数据。通常情况下，学生人数这个数据在程序的运行过程中是不变的。因此，要把表示一个班学生总人数的数据定义成符号常量。

定义符号常量的格式如下：

    #define STUNUM 40

说明：符号常量名(STUNUM)一般用大写字母。

### 2. 变量类型

"班级学生成绩管理系统"中的学生信息主要包括学号、姓名、性别、年龄、三门功课成绩、总成绩和平均成绩，另外还有一些与计算全班成绩有关的最高成绩、最低成绩等。这些数据在程序运行过程中是可能改变的，这里只对部分表示学生信息的简单数据进行定义，在定义变量时最好能做到"见名知义"。

    int stunum;        //整数类型的学号
    char stusex;       //字符类型的性别
    int stuage;        //整数类型的年龄
    float score1;      //单精度类型的成绩 1
    float score2;      //单精度类型的成绩 2
    float score3;      //单精度类型的成绩 3
    float avescore;    //单精度类型的平均成绩
    float maxscore;    //单精度类型的最高分
    float minscore;    //单精度类型的最低分

由于性别这类数据只是起到描述一些基本信息的作用，通常情况下不进行算术运算，所以定义为字符型；而年龄、三门功课成绩、总成绩和平均成绩以及最高成绩、最低成绩等这类数据有可能进行算术运算，所以定义为数值型。

另外，在编程实践中还会遇到一些这里不能一一列举出来的变量、数组变量和指针变量，将在后续的学习中逐渐认识与掌握。

在"班级学生成绩管理系统"中变量定义完成以后，接下来将在知识扩展环节里进一步学习如何给变量赋值。

## 四、知识扩展

### 1. 变量赋初值

使用变量时，常常需要对变量赋初值。C 语言程序中可有多种方法为变量提供初值。本小节先介绍在定义变量的同时给变量赋初值的方法，这种方法称为初始化。在变量定义中赋初值的一般形式为

    类型说明符 变量 1 = 值 1，变量 2 = 值 2，…；

例如：

```
    int a=3;
    int b,c=5;
    float x=3.2,y=3f,z=0.75;
    char ch1='K',ch2='P';
```
注意：在定义中不允许连续赋值，如 a=b=c=5 是不合法的。

【例 2.6】 定义变量的同时赋初值。

```
    #include <stdio.h>
    int main()
    {   int a=3,b,c=5;
        b=a+c;
        printf("a=%d,b=%d,c=%d\n",a,b,c);
    }
```

### 2．不同类型数据之间的混合运算

变量的数据类型是可以转换的，转换的方法有两种，一种是自动转换，一种是强制转换。自动转换发生在不同数据类型的量混合运算时，由编译系统自动完成。自动转换遵循以下规则：

(1) 若参与运算量的类型不同，则先转换成同一类型，然后进行运算。

(2) 转换按数据长度增加的方向进行，以保证精度不降低。如 int 型和 long 型运算时，先将 int 型转换成 long 型后再进行运算。

(3) 所有的浮点运算都是以双精度进行的，即使仅含 float 单精度量运算的表达式，也要先转换成 double 型，再作运算。

(4) char 型和 short 型参与运算时，必须先转换成 int 型。

(5) 在赋值运算中，赋值号两边量的数据类型不同时，赋值号右边量的类型将转换为左边量的类型。如果右边量的数据类型长度比左边长，将丢失一部分数据，这样会降低精度，丢失的部分按四舍五入向前舍入。

数据类型自动转换的规则如图 2-3 所示。

图 2-3　数据类型转换规则

【例 2.7】 不同类型数据的混合运算。

```
    #define PI 3.14159
    #include <stdio.h>
    int main()
```

```
    {
        int s,r=5;
        s=r*r*PI;
        printf("s=%d\n",s);
    }
```

本例程序中，PI 为实型；s、r 为整型。在执行 s=r*r*PI 语句时，r 和 PI 都转换成 double 型计算，结果也为 double 型。但由于 s 为整型，故赋值结果仍为整型，舍去了小数部分。

### 3. 强制类型转换

强制类型转换是通过类型转换运算来实现的。其一般形式为

　　(类型说明符)　(表达式)

其功能是把表达式的运算结果强制转换成类型说明符所表示的类型。例如：

　　(float) a　　　　　　把 a 转换为实型

　　(int)(x+y)　　　　　把 x+y 的结果转换为整型

在使用强制转换时应注意以下问题：

(1) 类型说明符和表达式都必须加括号(单个变量可以不加括号)，如把(int)(x+y)写成 (int)x+y，则成了把 x 转换成 int 型之后再与 y 相加了。

(2) 无论是强制转换或是自动转换，都只是为了本次运算的需要而对变量的数据长度进行的临时性转换，而不改变数据说明时对该变量类型的定义。

【例2.8】　数据类型的强制转换。

```
    #include <stdio.h>
    int main()
    {
        float f=5.75;
        printf("(int)f=%d,f=%f\n",(int)f,f);
    }
```

本例表明，f 虽强制转为 int 型，但只在运算中起作用，是临时的，f 本身的类型并不改变。因此，(int)f 的值为 5(删去了小数)而 f 的值仍为 5.75。

### 4. 算术运算符和算术表达式

C 语言中运算符和表达式数量之多在高级语言中是少见的。正是丰富的运算符和表达式使 C 语言功能十分完善，这也是 C 语言的主要特色之一。

C 语言的运算符不仅具有不同的优先级，而且还有一个特点，就是它的结合性。在表达式中，各运算量参与运算的先后顺序不仅要遵守运算符优先级别的规定，还要受运算符结合性的制约，以便确定是自左向右进行运算还是自右向左进行运算。这种结合性是其他高级语言的运算符所没有的，因此也增加了 C 语言的复杂性。

1) C 语言运算符简介

C 语言的运算符可分为以下几类：

(1) 算术运算符：用于各类数值运算，包括加(+)、减(−)、乘( * )、除( / )、求余(或称模运算，%)、自增(++)、自减(−−)共七种。

(2) 关系运算符：用于比较运算，包括大于(>)、小于(<)、等于(==)、大于等于(>=)、小于等于(<=)和不等于(!=)六种。

(3) 逻辑运算符：用于逻辑运算，包括与(&&)、或(‖)、非(！)三种。

(4) 位操作运算符：参与运算的量按二进制位进行运算，包括位与(&)、位或(｜)、位非(~)、位异或(^)、左移(<<)、右移(>>)六种。

(5) 赋值运算符：用于赋值运算，分为简单赋值(=)、复合算术赋值(+=，−=，*=，/=，%=)和复合位运算赋值(&=，|=，^=，>>=，<<=)三类共十一种。

(6) 条件运算符：这是一个三目运算符，用于条件求值(?:)。

(7) 逗号运算符：用于把若干表达式组合成一个表达式( , )。

(8) 指针运算符：用于取内容(＊)和取地址(&)两种运算。

(9) 求字节数运算符：用于计算数据类型所占的字节数(sizeof)。

(10) 特殊运算符：有括号()、下标[]、成员(→，.)等几种。

2) 算术运算符和算术表达式

(1) 基本的算术运算符。

• 加法运算符 "+"：加法运算符为双目运算符，即应有两个量参与加法运算，如 a+b、4+8 等，加法运算符具有右结合性。

• 减法运算符 "−"：减法运算符为双目运算符，但 "−" 也可作负值运算符，此时为单目运算，如 −x，−5 等，减法运算符具有左结合性。

• 乘法运算符 "＊"：双目运算符，具有左结合性。

• 除法运算符 "/"：双目运算符，具有左结合性。参与运算量均为整型时，结果也为整型，舍去小数。如果运算量中有一个是实型，则结果为双精度实型。

【例 2.9】 除法运算。

```
#include <stdio.h>
int main()
{
    printf("\n\n%d,%d\n",20/7,-20/7);
    printf("%f,%f\n",20.0/7,-20.0/7);
}
```

本例中，20/7、−20/7 的结果均为整型，小数全部舍去。而 20.0/7 和−20.0/7 由于有实数参与运算，因此结果也为实型。

• 运算符(模运算符) "%"：双目运算，具有左结合性。要求参与运算的量均为整型。求余运算的结果等于两数相除后的余数。

【例 2.10】 求余运算。

```
#include <stdio.h>
int main()
{
    printf("%d\n",100%3);
}
```

本例输出 100 除以 3 所得的余数 1。

(2) 算术表达式和运算符的优先级和结合性。

表达式是由常量、变量、函数和运算符组合起来的式子。一个表达式有一个值及其类型，它们等于计算表达式所得结果的值和类型。表达式求值按运算符的优先级和结合性规定的顺序进行。单个的常量、变量、函数可以看作表达式的特例。算术表达式是由算术运算符和括号连接起来的式子。

① 算术表达式：用算术运算符和括号将运算对象(也称操作数)连接起来的、符合 C 语言语法规则的式子。

以下是算术表达式的例子：

a+b

(a*2)/c

(x+r)*8-(a+b)/7

++I

sin(x)+sin(y)

(++i)-(j++)+(k--)

② 运算符的优先级：C 语言中，运算符的运算优先级共分为 15 级。1 级最高，15 级最低。在表达式中，优先级较高的先于优先级较低的进行运算。如果一个运算量两侧的运算符优先级相同，则按运算符的结合性所规定的结合方向处理。

③ 运算符的结合性：C 语言中各运算符的结合性分为两种，即左结合性(自左至右)和右结合性(自右至左)。大多数算术运算符的结合性是自左至右，即先左后右。如有表达式 x-y+z，则 y 应先与"-"号结合执行 x-y 运算，然后再执行 +z 的运算。这种自左至右的结合方向就称为"左结合性"，而自右至左的结合方向称为"右结合性"。最典型的右结合性运算符是赋值运算符。如 x=y=z，由于"="的右结合性，应先执行 y=z 再执行 x=(y=z)运算。C 语言运算符中有不少为右结合性，应注意区别，以避免理解错误。

(3) 强制类型转换运算符。

强制类型转换运算符的一般形式为

(类型说明符) (表达式)

其功能是把表达式的运算结果强制转换成类型说明符所表示的类型。

(4) 自增、自减运算符。

自增 1 运算符记为"++"，其功能是使变量的值自增 1。

自减 1 运算符记为"--"，其功能是使变量值自减 1。

自增 1、自减 1 运算符均为单目运算，都具有右结合性。可有以下几种形式：

++i    i 自增 1 后再参与其他运算。

--i    i 自减 1 后再参与其他运算。

i++    i 参与运算后，i 的值再自增 1。

i--    i 参与运算后，i 的值再自减 1。

在理解和使用上容易出错的是 i++ 和 i--。特别是当它们出现在较复杂的表达式或语句中时，常常难以弄清，因此应仔细分析。

【例 2.11】 自增运算。

```
#include <stdio.h>
int main()
{
    int i=5,j=5,p,q;
    p=(i++)+(i++)+(i++);
    q=(++j)+(++j)+(++j);
    printf("%d,%d,%d,%d",p,q,i,j);
}
```

程序中，对 p=(i++)+(i++)+(i++)应理解为三个 i 相加，故 p 值为 15。然后 i 再自增 1 三次，相当于加 3，故 i 的最后值为 8。而对于 q 的值则不然，q=(++j)+(++j)+(++j)应理解为 j 先自增 1，再参与运算，由于 j 自增 1 三次后值为 8，三个 8 相加的和为 24，故 j 的最后值仍为 8。

### 5. 赋值运算符和赋值表达式

1) 简单赋值运算符和表达式

简单赋值运算符记为"="。由"="连接的式子称为赋值表达式。其一般形式为

变量=表达式

例如：

x=a+b

w=sin(a)+sin(b)

y=i+++--j

赋值表达式的功能是计算表达式的值再赋予左边的变量。赋值运算符具有右结合性，因此 a=b=c=5 可理解为 a=(b=(c=5))。

在其他高级语言中，赋值构成了一个语句，称为赋值语句。而在 C 语言中，把"="定义为运算符，从而组成赋值表达式。凡是表达式可以出现的地方均可出现赋值表达式。

例如，式子 x=(a=5)+(b=8)是合法的。它的意义是把 5 赋予 a，8 赋予 b，再把 a、b 相加，和赋予 x，故 x 应等于 13。

在 C 语言中也可以组成赋值语句，按照 C 语言规定，任何表达式在其末尾加上分号就构成了语句，因此：

x=8；a=b=c=5；

都是赋值语句，在前面各例中已大量使用过赋值语句。

2) 复合的赋值运算符

在赋值符"="之前加上其他二目运算符可构成复合赋值符，如 +=、-=、*=、/=、%=、<<=、>>=、&=、^=、|=。

例如：

a+=5        等价于 a=a+5

x*=y+7      等价于 x=x*(y+7)

r%=p        等价于 r=r%p

复合赋值符的这种写法对初学者可能不习惯，但十分有利于编译处理，能提高编译效

率并产生质量较高的目标代码。

### 6. 逗号运算符和逗号表达式

在 C 语言中逗号 ","也是一种运算符,称为逗号运算符。逗号运算符的功能是把两个表达式连接起来组成一个表达式,称为逗号表达式。其一般形式为

表达式 1,表达式 2,…,表达式 n

其求值过程是分别求 n 个表达式的值,并以表达式 n 的值作为整个逗号表达式的值。

【例2.12】 逗号表达式。

```
#include <stdio.h>
int main()
{
    int a=2,b=4,c=6,x,y;
    y=(x=a+b), (b+c);
    printf("y=%d,x=%d",y,x);
}
```

本例中,y 等于整个逗号表达式的值,也就是表达式 2 的值,x 是第一个表达式的值。

## ▷ 任务小结

通过对"班级学生成绩管理系统"相关数据的设计与定义,我们掌握了 C 的常量、变量类型和基本使用方法以及各算术运算符和表达式的运算方法;理解了基本数据类型及表达式在程序中的使用。

习 题

### 一、选择题

1. 以下不是 C 语言数据类型的是(        )。

A. 字符型        B. 浮点型        C. 整型        D. 构造类型

2. 实数在用指数形式输出时是按规范化的指数形式输出的。当指定将实数 584.7 按指数形式输出时,正确的输出形式是(        )。

A. 584.7        B. 5.847e+002        C. 584.7e+000        D. 58.47e+001

3. 若有以下程序段:

```
int c1=1,c2=2,c3;
c3=1.0/c2*c1;
```

则执行后 c3 中的值是(        )。

A. 0        B. 1        C. 0.5        D. 2

4. 设 x=2.5,a=7,y=4.7,算术表达式 x+a%3*(int)(x+y)%2/4 的值为(        )。

A. 2.5        B. 7        C. 4.7        D. 2.75

5. 若有以下程序段:

```
int a=0,b=0,c=0;
```

```
    c=(a-=a-3),(a=b, b+3);
    printf("%d,&d,&d\n",a,b,c);
```
则其输出结果是(          )。

A. 3，0，−10     B. 0，0，3          C. −10，3，−10          D. 3，0，3

6. 在下列选项中，不正确的赋值语句是(          )。

A. a=a+1;          B. a=(b=(c=0));          C. m=a=1;          D. m=n+1=1;

## 二、将下列算术表达式转化为正确的 C 语言表达式

1. $x = \dfrac{-b + \sqrt{b^2 - 4ac}}{2a}$

2. $x = a - \dfrac{ab}{c+d}$

## 三、程序分析题

1. 阅读程序，给出运行结果。
```
main()
{ int x=6,y;
   printf("x=%d\n",x);
   y=++x;
   printf("y=++x: x=%d,y=%d\n",x,y);
   y=x--;
   printf("y=x--: x=%d,y=%d\n",x,y);}
```

2. 试分析以下语句执行后诸变量的值。
```
int x=4,w=5;
y=w++*w++*w++;
z=--x*--x*--x;
```

## 四、编程题

1. 只定义两个整型数据并赋值，实现两个整型数的互换。

2. 请编写程序将 China 译成密码，密码规律是：用原来的字母后面第 4 个字母代替原来的字母。例如，字母 A 后面的第 4 个字母是 E，用 E 代替 A。因此，China 应译为 Glmre。请编写一程序，用赋初值的方法使 c1、c2、c3、c4、c5 这 5 个变量的值分别为 'C'、'h'、'i'、'n'、'a'，经过运算，使 c1、c2、c3、c4、c5 分别变为 'G'、'l'、'm'、'r'、'e' 并输出。

# 第3章 学生成绩输入/输出界面设计
## ——顺序结构程序设计

在第 2 章中我们了解到"班级学生成绩管理系统"中有学号、性别、年龄及三门功课成绩等基本数据，在程序中要完成这些数据的输入；另外，在程序中通过对基本数据的处理得到了总成绩、平均成绩、最高成绩及最低成绩等数据，这些数据又要输出给用户。不难看出，开发程序的目的是为了处理数据，原始数据需要用户的输入，程序处理后的数据要由系统输出给用户。那么，用 C 语言开发程序，数据是如何进行输入、输出的呢？C 语言本身不提供输入/输出语句，输入和输出操作是由输入/输出函数来实现的。因此，掌握了C 语言程序数据输入/输出函数的应用，就掌握了数据进出计算机系统的方法。

C 语言是通过书写语句来实现程序功能的，因此，学会书写 C 语句是用 C 语言开发程序的基本功。程序又是按照语句的书写顺序执行的，每条语句都被执行到，而且只被执行一次，这样的程序结构叫顺序结构，它是程序结构中较为简单的一种。在本章的学习中，学生将要达到如下的知识目标和能力目标：

**知识目标**

➢ 理解 C 语句的概念与定义方法。

➢ 理解输入/输出库函数的使用方法。

➢ 理解顺序程序结构流程控制。

**能力目标**

➢ 能用库函数对数据进行正确的输入/输出。

➢ 能完成顺序程序结构的设计。

➢ 设计"班级学生成绩管理系统"封面和主、子菜单。

➢ 能完成顺序执行封面和主、子菜单程序设计。

### 任务一　用输入/输出函数初步设计项目封面与菜单

任务目标：能设计"班级学生成绩管理系统"封面和主、子菜单。

## 一、任务情境

菜单是一种特殊的用户界面。用户通过使用菜单可以很方便地选择应用系统的各种功能，控制各种功能模块的运行。"班级学生成绩管理系统"封面和主、子菜单的设计采用了C 语言的标准输出/输入函数(printf()/scanf()函数)分别来实现。

这里分别给出封面、主菜单、编辑子菜单、显示子菜单、计算子菜单、排序子菜单的设计效果图，如图 3-1～图 3-6 所示。

图 3-1 封面效果图

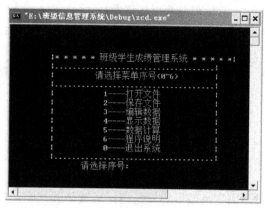

图 3-2 主菜单效果图

图 3-3 编辑子菜单效果图

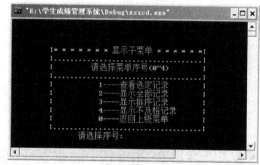

图 3-4 显示子菜单效果图

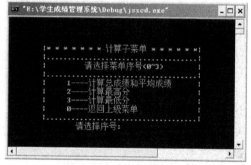

图 3-5 计算子菜单效果图

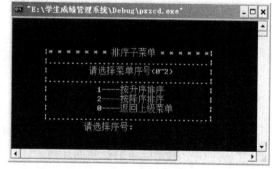

图 3-6 排序子菜单效果图

根据任务的功能要求，我们首先学习 C 语言标准输出/输入函数(printf()/scanf()函数)的使用。

## 二、知识必备

### 1．C 语句概述

从程序流程的角度来看，程序可以分为三种基本结构，即顺序结构、选择结构、循环结构。这三种基本结构可以组成各种复杂程序。C 语言提供了多种语句来实现这些程序结构。本章介绍这些基本语句及其在顺序结构中的应用，使读者对 C 程序有一个初步的认识，为后面各章的学习打下基础。

C 语句可分为以下五类：

(1) 表达式语句。表达式语句由表达式加上分号"；"组成。其一般形式为

    表达式；

执行表达式语句就是计算表达式的值。例如：

    x=y+z;    赋值语句

    y+z;       加法运算语句，但计算结果不能保留，无实际意义

    i++;       自增 1 语句，i 值增 1

(2) 函数调用语句：由函数名、实际参数加上分号"；"组成。其一般形式为

    函数名(实际参数表)；

执行函数语句就是调用函数体并把实际参数赋予函数定义中的形式参数，然后执行被调用函数体中的语句，求取函数值(第 7 章将会详细介绍)。

例如：

    printf("C Program");    调用库函数，输出字符串

(3) 控制语句：控制语句用于控制程序的流程，以实现程序的各种结构。它们由特定的语句定义符组成。C 语言有九种控制语句，可分成以下三类：

- 条件判断语句：if 语句、switch 语句。
- 循环执行语句：do-while 语句、while 语句、for 语句。
- 转向语句：break 语句、goto 语句、continue 语句、return 语句。

(4) 复合语句：把多条语句用括号{}括起来组成的一条语句称为复合语句。

在程序中应把复合语句看成单条语句，而不是多条语句。

例如下面是一条复合语句：

    { x=y+z;

     a=b+c;

     printf("%d%d",x,a);

    }

复合语句内的各条语句都必须以分号"；"结尾，在括号"}"外不能加分号。

(5) 空语句：仅由一个分号"；"组成的语句称为空语句。空语句是什么也不执行的语句。在程序中空语句可用来作空循环体。

例如：

    while(getchar()!='\n')

    ;

本语句的功能是：只要从键盘输入的字符不是回车则重新输入。这里的循环体为空语句。

### 2．赋值语句

赋值语句是由赋值表达式加上分号构成的表达式语句。其一般形式为

    变量=表达式；

赋值语句的功能和特点都与赋值表达式相同，它是程序中使用最多的语句之一。

在赋值语句的使用中需要注意以下几点：

(1) 由于赋值符"="右边的表达式也可以又是一个赋值表达式，因此，下述形式：

    变量=(变量=表达式);

是成立的，从而形成嵌套的情形。其展开之后的一般形式为

    变量=变量=…=表达式;

例如：

    a=b=c=d=e=5;

按照赋值运算符的右结合性，该表达式实际上等效于：

    e=5;

    d=e;

    c=d;

    b=c;

    a=b;

(2) 注意在变量说明中给变量赋初值和赋值语句的区别。

给变量赋初值是变量说明的一部分，赋初值后的变量与其后的其他同类变量之间仍必须用逗号间隔，而赋值语句则必须用分号结尾。

例如：

    int a=5，b，c;

(3) 在变量说明中，不允许连续给多个变量赋初值。如下述说明是错误的：

    int a=b=c=5;

必须写为

    int a=5，b=5，c=5;

而赋值语句允许连续赋值。

(4) 注意赋值表达式和赋值语句的区别。

赋值表达式是一种表达式，它可以出现在任何允许表达式出现的地方，而赋值语句则不能。下述语句是合法的：

    if((x=y+5)>0) z=x;

语句的功能是，若表达式 x=y+5 大于 0，则 z=x。

下述语句是非法的：

    if((x=y+5;)>0) z=x;

因为 x=y+5;是语句，不能出现在表达式中。

### 3. printf 函数(格式输出函数)

【例3.1】 用 printf()函数输出由"*"组成的如下图形。

```
   *
  ***
 *****
*******
```

程序代码如下：

```
01   #include<stdio.h>
02   main()
03   {
04   printf("       *\n");
05    printf("      ***\n");
06    printf("     *****\n");
07    printf("    *******\n");
08   }
```

在程序中，printf()函数是完成输出功能的，printf()函数中双引号内的字符串按原样输出，"\n"是换行符。程序的第 04～07 行分别用 printf()函数输出 4 行不同个数的 "*"，由输出的 4 行 "*"组成一个三角形图形。

printf 函数的作用是向计算机系统默认的输出设备(一般指终端或显示器)输出一个或多个任意类型的数据。

1) printf 函数格式

printf 函数的一般格式为

     printf("格式字符串"，[输出项表]);

如：

     printf("%d\n"，t);

(1) 格式字符串。"格式字符串"也称"转换控制字符串"，是用双引号括起来的字符串，可以包含以下三种字符串。

• 格式说明符。由 "%"和格式字符组成，如%d、%f 等，它的作用是将输出的数据转换成为指定的格式输出。格式说明总是由 "%"字符开始。

• 转义字符。例如：例 3.1 中 printf()函数中的 "\n"就是转义字符，输出时产生一个 "回车换行"操作。

• 普通字符。普通字符指除格式说明符和转义字符之外的其他字符。格式字符串中的普通字符输出时按原样输出。如例 3.1 printf("       *\n")函数中双引号内的空格和 "*"就是普通字符。

printf 函数一般格式如图 3-7 所示。

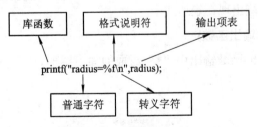

图 3-7　printf 函数的一般格式

(2) 输出项表。输出项表是可选的。如果要输出的数据不止 1 个，相邻两个之间用逗号分开。输出项表可以是常量、变量和表达式。下面程序中的 printf()函数都是合法的：

【例 3.2】 printf 函数格式。

```
01  #include<stdio.h>
02  main()
03  { int a;
04    a=2;
05    printf("I am a student .\n");
06    printf("%d\n",3+2);
07    printf("a=%d    b=%d\n",a,a+3);
08  }
```

在程序中，第 05 行 "I am a student ." 字符串是普通字符原样输出；第 06 行先计算表达式 "3+2" 的值，然后再输出表达式的值；第 07 行中的 "a=" 和 "b=" 是普通字符原样输出，"%d" 是控制输出项格式的，"\n" 是转义字符，表示换行。

程序运行结果如图 3-8 所示。

图 3-8   例 3.2 程序运行结果

必须强调："格式字符串"中的格式说明符的类型及个数，必须与"输出项表"中输出项的数据类型、个数相同，否则会引起输出错误。

2) 格式说明符

输出不同类型的数据，要使用不同的类型转换字符。

(1) 类型转换字符 d：按十进制整型数据的实际长度输出。如：

   printf("%d\n"，3+2);

(2) 类型转换字符 c：用来输出一个字符。

【例 3.3】 类型转换字符 c 的使用。

```
01  #include<stdio.h>
02  main()
03  { char c='A';
04    int i=65;
05    printf("c=%c,%d\n",c,c);
06    printf("i=%d,%c",i,i);
07  }
```

在第 05 行中，字符型变量 c 可以按整型输出；在第 06 行中，整型变量 i 可以按字符型输出。

程序运行结果如图 3-9 所示。

图 3-9  例 3.3 程序运行结果

在 C 语言中，整数可以用字符形式输出，字符数据也可以用整数形式输出。将整数用字符形式输出时，系统首先将该数除以 256 取余数，然后将余数作为 ASCII 码，转换成相应的字符输出。

(3) 类型转换字符 s：用来输出一个字符串。如：

        printf("%s", "CHINA");

该语句的执行结果为输出字符串"CHINA"(不包括双引号)。

(4) 类型转换字符 f：以小数形式输出单精度和双精度实数。

f 格式符的基本用法：%f，不指定字段宽度，由系统自动指定，使整数部分全部如数输出，并输出 6 位小数，但并非全部数字都是有效数字。

【例 3.4】  类型转换字符 f 的使用。

```
#include <stdio.h>
void main()
{
    float   f=123.456;
    double d1,d2;
    d1=1111111111111.111111111;
    d2=2222222222222.222222222;
    printf("%f\n ",f);
    printf("d1+d2=%f\n",d1+d2);
}
```

程序运行结果：

        123.456001

        d1+d2=3333333333333.333010

本例程序的输出结果中，数据 123.456001 和 3333333333333.333010 中的 001 和 010 都是无意义的，因为它们超出了有效数字的范围(单精度实数的有效位数一般为 7 位，双精度的有效位数一般为 16 位)。

(5) 类型转换字符 e：以指数形式输出单精度和双精度实数。

对于实数，也可使用格式符%e，以规范化的指数形式输出：整数部分占 1 位，小数点占 1 位，尾数中的小数部分占 5 位；指数部分占 4 位(如 e−03)，其中 e 占 1 位，指数符号占 1 位，指数占 2 位，共计 11 位。

例如：

        double   x=123.456;

        printf("%e",x);

Turbo C 2.0 的输出结果为：1.23456e+02(不同系统输出结果略有差异，如 Visual C++ 6.0 输出结果为 1.234560e+002)。

**4．scanf 函数(格式输入函数)**

scanf 函数称为格式输入函数，即按用户指定的格式从键盘上把数据输入到指定的变量之中。

1) scanf 函数的一般形式

scanf 函数是一个标准库函数，它的函数原型在头文件 stdio.h 中，与 printf 函数相同，C 语言也允许在使用 scanf 函数之前不必包含 stdio.h 文件。

scanf 函数的一般形式为

　　　　scanf(格式控制字符串，地址表列)；

其中，格式控制字符串的作用与 printf 函数相同，但不能显示非格式字符串，也就是不能显示提示字符串。地址表列中给出各变量的地址。

地址是由地址运算符"&"后跟变量名组成的。例如：&a、&b 分别表示变量 a 和变量 b 的地址。这个地址就是编译系统在内存中给 a、b 变量分配的地址。在 C 语言中，使用了地址这个概念，这是与其他语言不同的。应该把变量的值和变量的地址这两个不同的概念区别开来。变量的地址是 C 编译系统分配的，用户不必关心具体的地址是多少。

变量的地址和变量值的关系如下：

在赋值表达式中给变量赋值，如：

　　　　a=567

则 a 为变量名，567 是变量的值，&a 是变量 a 的地址。

赋值号左边是变量名，不能写地址，而 scanf 函数在本质上也是给变量赋值，但要求写变量的地址，如&a。这两者在形式上是不同的。&是一个取地址运算符，&a 是一个表达式，其功能是求变量的地址。

**【例 3.5】** 用 scanf 函数输入数据。

```
#include<stdio.h>
int main()
{
    int a，b，c;
    printf("input a,b,c\n");
    scanf("%d%d%d",&a,&b,&c);
    printf("a=%d,b=%d,c=%d",a,b,c);
}
```

在例 3.5 中，由于 scanf 函数本身不能显示提示串，故先用 printf 语句在屏幕上输出提示，请用户输入 a、b、c 的值。执行 scanf 语句，则退出 Visual C++ 6.0 界面进入用户界面等待用户输入。用户输入 7　8　9 后按下回车键，此时，系统又将返回 Visual C++ 6.0 界面。在 scanf 语句的格式串中由于没有非格式字符在"%d%d%d"之间作输入时的间隔，因此在输入时要用一个以上的空格或回车键作为每两个输入数之间的间隔，如：

　　　　7 8 9↙

或

> $7\swarrow$
>
> $8\swarrow$
>
> $9\swarrow$

注意：本章为了让读者理解上不发生错误，凡是输入的数据一律加下划线与输出数据区别开，其中符号 $\swarrow$ 代表回车换行。

2) 格式说明

(1) 如果相邻两个格式指示符之间不指定分隔符(如逗号、冒号等)，则相应的两个输入数据之间至少用一个空格分开，或者用 Tab 键分开，或者输入一个数据后按回车，然后再输入下一个数据。

例如：scanf("%d%d", &num1, &num2);

假设将 12 输入给 num1，36 输入给 num2，则正确的输入操作为

> $12\sqcup36\swarrow$

或者：

> $12\swarrow$
>
> $36\swarrow$

(2) "格式字符串"中出现的普通字符(包括转义字符)务必原样输入。

例如：scanf("%d，%d", &num1, &num2);

在两个%d 之间有一个逗号，是普通字符，正确的输入操作为

> $12，36\swarrow$

为改善人机交互同时简化输入操作，在设计输入操作时，一般先用 printf 函数输出一个提示信息，再用 scanf 函数进行数据输入。

例如：将

> scanf("num1=%d，num2=%d\n", &num1, &num2);

改为

> printf("num1="); scanf("%d",&num1);
>
> printf("num2="); scanf("%d",&num2);

可以改善用户界面，增强程序的可操作性。

(3) 输入数据时，遇到以下情况时系统认为该数据结束：

• 遇到空格，或按回车或 Tab 键。

• 遇到输入域宽度结束。例如"%3d"，只取 3 列。

• 遇到非法输入。例如，在输入数值数据时，遇到字母等非数值符号(数值符号仅由数字字符 0~9、小数点和正负号构成)。

(4) 使用格式说明符"%c"输入单个字符时，空格和转义字符均作为有效字符被接受。

例如：scanf("%c%c%c",&ch1,&ch2,&ch3);

> printf("ch1=%c,ch2=%c,ch3=%c\n",ch1,ch2,ch3);

假设输入： $A\sqcup B\sqcup C\swarrow$，则系统将字符 'A' 赋给 ch1，空格 '$\sqcup$' 赋给 ch2，字符 'B' 赋给 ch3。正确的输入方法应当是 $ABC\swarrow$。

## 三、任务实施

通过相关理论学习后，我们可以对"班级学生成绩管理系统"中的封面和主、子菜单进行设计。本任务主要采用 C 语言的标准输入/输出函数分别实现"班级学生成绩管理系统"的封面和主、子菜单，在这里暂时将每个完成功能的程序处理成单个程序的形式，后面将介绍如何将封面与主、子菜单组合起来。

在下述程序中使用了 system()函数，由于该函数是一个库函数，所以，在程序的开始用预编译命令"#include"将有关的头文件"stdlib.h"包含到用户源文件中。system("cls")函数能发出一条 MS-DOS 命令，括号中 cls 是 MS-DOS 的清屏命令，通过 system 函数执行了一条 DOS 命令。

这里给出了封面、主菜单、编辑子菜单、显示子菜单、计算子菜单、排序子菜单六个程序，这六个程序都是各自独立的 main()函数。

### 1. 项目封面源程序

```
#include <stdio.h>
#include <stdlib.h>
void main()                /*项目封面*/
{
    system("cls");         /*执行 DOS 清屏命令函数*/
    printf("\n\n\n");
    printf("\t\t 班级学生成绩管理系统\n\n");
    printf("\t\t      版本号：1.0\n\n");
    printf("\n\n\n");
    printf("\t\t       2018 年 8 月\n\n");
    printf("\t\t    Tim 软件工作室\n");
}
```

### 2. 项目主菜单源程序

```
#include <stdio.h>
#include <stdlib.h>
void main()          /*项目主菜单*/
{
    int n;
    system("cls");
    printf("\n\n\n");
    printf("         |* * * * * 班级学生成绩管理系统  * * * * * |\n");
    printf("         |...........................................|\n");
    printf("         |            请选择菜单序号(0～6)          |\n");
    printf("         |...........................................|\n");
    printf("         |             1----打开文件                |\n");
```

```
        printf("        |            2----保存文件                  \n");
        printf("        |            3----编辑数据                  \n");
        printf("        |            4----显示数据                  \n");
        printf("        |            5----数据计算                  \n");
        printf("        |            6----程序说明                  \n");
        printf("        |            0----退出系统                  \n");
        printf("        |.................................................. \n");
        printf("\t\t 请选择序号:");
        scanf("%d",&n);
        printf("您选择了第%d 项!\n"，n);
    }
```

### 3. 项目编辑子菜单源程序

```
        #include <stdio.h>
        #include <stdlib.h>
        void main()          /*项目编辑子菜单*/
        {
            int n;
            system("cls");
            printf("\n\n\n");
            printf("        |* * * * * * *    编辑子菜单   * * * * * *\n");
            printf("        |..................................................\n");
            printf("        |        请选择菜单序号(0~3)              \n");
            printf("        |..................................................\n");
            printf("        |            1----增加记录                  \n");
            printf("        |            2----删除记录                  \n");
            printf("        |            3----修改记录                  \n");
            printf("        |            0----返回上级菜单              \n");
            printf("        |.................................................. \n");
            printf("\t\t 请选择序号:");
            scanf("%d",&n);
            printf("您选择了第%d 项!\n"，n);
        }
```

### 4. 项目显示子菜单源程序

```
        #include <stdio.h>
        #include <stdlib.h>
        void main()              /*项目显示子菜单*/
        {
            int n;
            system("cls");
```

```c
        printf("\n\n\n");
        printf("          |*******    显示子菜单    ******  |\n");
        printf("          |......................................................|\n");
        printf("          |          请选择菜单序号(0~4)          |\n");
        printf("          |......................................................|\n");
        printf("          |          1----查看选定记录          |\n");
        printf("          |          2----显示全部记录          |\n");
        printf("          |          3----显示排序记录          |\n");
        printf("          |          4----显示不及格记录          |\n");
        printf("          |          0----返回上级菜单          |\n");
        printf("          |......................................................|\n");
        printf("\t\t 请选择序号:");
        scanf("%d",&n);
        printf("您选择了第%d 项!\n", n);
}
```

## 5. 项目计算子菜单源程序

```c
#include <stdio.h>
#include <stdlib.h>
void main()          /*项目计算子菜单*/
{
        int n;
        system("cls");
        printf("\n\n\n");
        printf("          |*******    计算子菜单    ******|\n");
        printf("          |......................................................|\n");
        printf("          |          请选择菜单序号(0~3)          |\n");
        printf("          |......................................................|\n");
        printf("          |     1----计算总成绩和平均成绩     |\n");
        printf("          |     2----计算最高分          |\n");
        printf("          |     3----计算最低分          |\n");
        printf("          |     0----返回上级菜单          |\n");
        printf("          |......................................................|\n");
        printf("\t\t 请选择序号:");
        scanf("%d",&n);
        printf("您选择了第%d 项!\n", n);
}
```

## 6. 项目排序子菜单源程序

```c
#include <stdio.h>
#include <stdlib.h>
```

```
void main()                     /*项目排序子菜单*/
{
    int n;
    system("cls");
    printf("\n\n\n");
    printf("        |*******    排序子菜单    ******   |\n");
    printf("        |.................................................|\n");
    printf("        |        请选择菜单序号(0~2)        |\n");
    printf("        |.................................................|\n");
    printf("        |            1----按升序排序            |\n");
    printf("        |            2----按降序排序            |\n");
    printf("        |            0----返回上级菜单          |\n");
    printf("        |.................................................|\n");
    printf("\t\t 请选择序号:");
    scanf("%d",&n);
    printf("您选择了第%d 项!\n"，n);
}
```

## 四、知识扩展

### 1. 单个字符输入/输出函数

用 scanf()函数和 printf()函数输入/输出数据时,在格式字符串中加上不同的格式说明符,可以输入/输出各种类型的数据。但 putchar 函数和 getchar 函数只能输出/输入一个字符型数据。

1) putchar 函数(字符输出函数)

putchar 函数是字符输出函数,其功能是在显示器上输出单个字符。其一般形式为

    putchar(字符变量);

例如:

    putchar('A');          (输出字符'A')
    putchar(x);            (输出字符变量 x 的值)
    putchar('\101');       (也是输出字符'A')
    putchar('\n');         (换行)

对控制字符则执行控制功能,不在屏幕上显示。

使用本函数前必须要用文件包含命令#include<stdio.h>或#include "stdio.h"。

【例 3.6】 输出单个字符。

```
#include<stdio.h>
int main()
{
    char a='B',b='o',c='k';
```

```
    putchar(a);putchar(b);putchar(b);putchar(c);putchar('\t');
    putchar(a);putchar(b);
    putchar('\n');
    putchar(b);putchar(c);
}
```

2) getchar 函数(键盘输入函数)

getchar 函数的功能是从键盘上输入一个字符。其一般形式为

```
getchar();
```

通常把输入的字符赋予一个字符变量，构成赋值语句，如：

```
char c;
c=getchar();
```

【例 3.7】 输入单个字符。

```
#include<stdio.h>
int main()
{
    char c;
    printf("input a character\n");
    c=getchar();
    putchar(c);
}
```

使用 getchar 函数还应注意几个问题：

(1) getchar 函数只能接收单个字符，输入数字也按字符处理。输入多于一个字符时，只接收第一个字符。

(2) 使用本函数前必须包含文件"stdio.h"。

(3) 程序最后两行可用下面两行的任意一行代替：

```
putchar(getchar());
printf("%c",getchar());
```

## 2. 数据输入/输出的概念及在 C 语言中的实现

(1) 所谓输入/输出是以计算机为主体而言的。

(2) 本章介绍的是向标准输出设备即显示器输出数据的语句。

(3) 在 C 语言中，所有的数据输入/输出都是由库函数完成的，因此都是函数语句。

(4) 在使用 C 语言库函数时，要用预编译命令#include 将有关"头文件"包括到源文件中。使用标准输入输出库函数时要用到"stdio.h"文件，因此源文件开头应有以下预编译命令：#include<stdio.h>或 #include "stdio.h"，stdio 是 standard input & outupt 的缩写。

## 3. 较复杂的输入/输出格式控制

在知识必备部分讨论了简单的输入/输出格式，能满足最基本的要求，但用户有时会对输出数据的格式有较高的要求，譬如指定输出数据的宽度、小数位数、上下行数据按小数点对齐、用八进制数或十六进制数输出等，这就需要用到较复杂的输入/输出格式控制。本

环节介绍的内容都是一些具体的规定，读者可通过自学尤其是上机实践去掌握这些内容。建议不必死记规定，在用到时查一下，会用即可。

1) 输出数据格式控制

除了必备知识里所介绍的基本格式控制外，还可以用下面的一些格式符和附加字符。

(1) ％md。m 为指定的输出数据的宽度。如果数据实际的位数小于 m，则左端补以空格，若大于 m，则按实际位数输出。

例如：

 printf("%4d,%4d",a,b);

若 a=123，b=12345，则输出结果为

 ⌴123，12345

输出 a 时占 4 列，数值本身 3 列，左侧补一空格。指定 b 也是 4 列，但 b 的值为 5 位，故按 5 列输出，这是为了保证数据的正确。

(2) ％ld。对于 int 型数据占 2 字节的系统，在输出长整型数据时要在格式字符 d 前面加一个英文字母 l，例如：

 long a=135790;　　 /*定义 a 为长整型变量*/

%d 只适用于范围为 −32 768～32 767 的整型数据，超过此范围的整数应该用%ld 输出。一个 int 型数据可以用%d 或%ld 格式输出。

对于长整型数据也可以指定字段宽度，如将上面 printf 函数中的"%ld"改为"%8ld"，则输出为

 ⌴⌴135790

如果采用的是 Visual C++ 6.0，由于 int 型和 long 型数据都分配 4 个字节，因此用%d 可以输出 int 型和 long 型数据，不必用%ld。

(3) ％o。以八进制整数形式输出。内存中八进制输出的数值是不带符号的，即将符号位也一起作为八进制数的一部分输出。例如：

 int a=−1;

 printf("%d,%o",a,a);

输出结果：

 −1, 37777777777

因为 −1 在内存中的存储情况如下：

$$\underbrace{11}_{3}\ \underbrace{111}_{7}\ \underbrace{111}_{7}\ \underbrace{111}_{7}\ \underbrace{111}_{7}\ \underbrace{111}_{7}\ \underbrace{111}_{7}\ \underbrace{111}_{7}\ \underbrace{111}_{7}\ \underbrace{111}_{7}\ \underbrace{111}_{7}$$

所以按十进制输出为 −1，八进制输出为 37777777777。

(4) ％x。以十六进制形式输出整数。由于符号位也作为了十六进制数的一部分，所以同样不会出现负的十六进制数。例如：

 int　a=−1;

 printf("%d,%x",a,a);

输出结果为

 −1，ffffffff

因为二进制转换成十六进制示意图如下：

所以，按十进制输出为 –1，十六进制输出为 ffffffff。

(5) %u。以十进制形式输出 unsigned 型数据，即无符号数。例如：

```
int  a=-1;
printf("%u",a);
```

输出结果为

4294967295

请读者自己分析。

(6) % mc。%mc 用来指定输出字符数据的宽度 m，如果有

```
c='a';
printf("%3c",c);
```

则输出"␣␣a"，即 c 变量输出占 3 列，前 2 列补空格。

(7) %ms。指定输出的字符串占 m 列。如果字符串本身长度大于 m，则突破 m 的限制，将字符串全部输出。若串长小于 m，则左端补空格。

%-ms：如果串长小于 m，则在 m 列范围内，字符串向左靠，右端补空格。

%m.ns：输出占 m 列，但只取字符串中左端 n 个字符。这 n 个字符输出在 m 列的右侧，左端补空格。

%-m.ns：其中 m、n 含义同上，n 个字符输出在 m 列范围的左侧，右端补空格。如果 n>m，则 m 自动取 n 值，即保证 n 个字符正常输出。

【例 3.8】 类型转换字符 s 的使用。

```
#include <stdio.h>
int main()
{
    printf("%s\n%5s\n%-10s\n","Internet","Internet","Internet");
    printf("%10.5s\n%-10.5s\n%3.5s\n","Internet","Internet","Internet");
}
```

程序运行结果：

Internet

Internet

Internet␣␣

␣␣␣␣␣Inter

Inter␣␣␣␣␣

Inter

注意：系统输出字符和字符串时，不输出单引号或双引号。

(8) %m.nf。指定输出的实数共占 m 列，其中有 n 位小数。如果数值长度小于 m，则左端补空格。%-m.nf 与 %m.nf 基本相同，只是使输出的数值向左端靠，右端补空格。

【例3.9】 类型转换字符 f 的使用。

```c
#include <stdio.h>
int main()
{
    float    f=123.456;
    double d1,d2;
    d1=1111111111111.111111111;
    d2=2222222222222.222222222;
    printf("%f\n%12f\n%12.2f\n%-12.2f\n%.2f\n",f,f,f,f,f);
    printf("d1+d2=%f\n",d1+d2);
}
```

程序运行结果：

123.456001

⊔⊔123.456001

⊔⊔⊔⊔⊔⊔123.46

123.46⊔⊔⊔⊔

123.46

d1+d2=3333333333333.333010

本例程序的输出结果中，数据 123.456001 和 3333333333333.333010 中的 001 和 010 都是无意义的，因为它们超出了有效数字的范围(单精度的有效位数为 7 位，双精度的有效位数一般为 16 位)。

(9) %m.ne 和%-m.ne。m、n 和 "-" 字符的含义与前相同。此处 n 指拟输出数据的数字部分(又称尾数)的小数位数。若 f=123.456，则：

```c
printf("%e⊔⊔%10e⊔⊔%10.2e⊔⊔%.2e⊔%-10.2e", f, f, f, f, f);
```

输出如下：

1.234560e+002⊔⊔1.234560e+002⊔⊔⊔1.23e+002⊔⊔1.23e+002⊔⊔1.23e+002⊔

第二个输出项按%10e 输出，即只指定了 m=10，未指定 n。凡未指定 n，自动使 n=6，因此整个数据长 13 列，超过给定的 10 列，则突破 10 列的限制，按实际长度输出。第三个数据共占 10 列，小数部分占 2 列。第四个数据按 "%.2e" 格式输出，只指定 n=2，未指定 m，自动使 m 等于数据应占的长度，今为 9 列。第五个数据应占 10 列，数值只有 9 列，由于是 "%-10.2e"，数值向左靠，右端补一个空格。

(10) %g。格式符%g 让系统根据数值的大小，自动选择%f 或%e 格式，且不输出无意义的零。例如：

```c
float f=123.456;
printf("%f\n%e\n%g\n",f,f,f);
```

输出结果为

123.456001

1.23456e+002

123.456

以上介绍了各种格式符，归纳如表 3-1 所示。

表 3-1　printf 格式字符

| 格式字符 | 说　　明 |
|---|---|
| d | 以十进制形式输出带符号整数(正数不输出符号) |
| o | 以八进制形式输出无符号整数(不输出前缀 0) |
| x，X | 以十六进制形式输出无符号整数(不输出前缀 0x) |
| u | 以十进制形式输出无符号整数 |
| f | 以小数形式输出单、双精度实数 |
| e，E | 以指数形式输出单、双精度实数 |
| g，G | 以%f 或%e 中较短的输出宽度输出单、双精度实数 |
| c | 输出单个字符 |
| s | 输出字符串 |

在格式说明中，在%和上述格式字符间可以插入以下几种附加符号(又称修饰符)，如表 3-2 所示。

表 3-2　printf 的附加格式说明字符

| 字　　符 | 说　　明 |
|---|---|
| 字母 l | 用于长整型整数，可加在格式符 d、o、x、u 前面 |
| m(代表一个正整数) | 数据最小宽度 |
| .n(代表一个正整数) | 对实数，表示输出 n 位小数；对字符串，表示截取的字符个数 |
| − | 输出的数字或字符在域内向左靠 |

注意：如果想输出字符"%"，则应该在"格式控制"字符串中用连续两个%表示，如：
　　printf("%f%%"，1.0/3)；
输出结果为
　　0.333333%

2) 输入数据格式控制

与 printf 函数中的格式说明相似，以 % 开始，以一个格式字符结束，中间可以插入附加字符。表 3-3 列出 scanf 用到的格式字符。表 3-4 列出 scanf 可以用的附加说明字符(修饰符)。

表 3-3　scanf 格式字符

| 格式字符 | 说　　明 |
|---|---|
| d，i | 用来输入有符号的十进制整数 |
| u | 用来输入无符号的十进制整数 |
| o | 用来输入无符号的八进制整数 |
| x，X | 用来输入无符号的十六进制整数(大小写作用相同) |
| c | 用来输入单个字符 |

| 格式字符 | 说　　明 |
|---|---|
| s | 用来输入字符串，将字符串送到一个字符数组中，在输入时以非空白字符开始，以第一个空白字符结束。字符串以串结束标志'\0'作为其最后一个字符 |
| f | 用来输入实数，可以用小数形式或指数形式输入 |
| e，E，g，G | 与 f 作用相同，e 与 f、g 可以互相替换(大小写的作用相同) |

表 3-4　scanf 附加的格式说明字符

| 字　符 | 说　　明 |
|---|---|
| l | 用于输入长整型数据(可用%ld、%lo、%lx、%lu)以及 double 型数据(用%lf 或%le) |
| h | 用于输入短整型数据(可用%hd、%ho、%hx) |
| 域宽 | 指定输入数据所占宽度(列数)，域宽应为正整数 |
| * | 表示本输入项在读入后不赋给相应的变量 |

说明：

(1) 对 unsigned 型变量所需的数据，可以用 %u、%d 或%o、%x 格式输入。

(2) 可以指定输入数据所占的列数，系统自动按它截取所需数据。例如：

scanf("%3d%3d",&a,&b);

输入：

123456✓

系统自动将 123 赋给变量 a，456 赋给变量 b。此方法也可用于字符型：

scanf("%3c"，&ch);

如果从键盘连续输入 3 个字符"abc"，由于 ch 只能容纳一个字符，系统就把第一个字符"a"赋给字符变量 ch。

(3) 如果在%后有一个"*"附加说明符，表示跳过它指定的列数。例如：

scanf("%2d%*3d%2d",&a,&b);

如果输入如下信息：

12 345 67✓

系统会将 12 赋给整型变量 a，%*3d 表示读入 3 位整数但不赋给任何变量。然后再读入 2 位整数 67 赋给整型变量 b，也就是说第 2 个数据"345"被跳过。在利用现成的一批数据时，有时不需要其中某些数据，可用此法"跳过"它们。

(4) 输入数据时不能规定精度，例如：

scanf("%7.2f",&a);

是不合法的，不能企图用这样的 scanf 函数输入以下数据而使 a 的值为 12345.67。

1234567✓

## ⊠ 任务小结

学会书写 C 语句是学习编写 C 程序的基础，C 语句有几种不同的类型，初学者难以掌握的是复合语句的书写方法。

C 语言中的输入/输出数据操作是借助于输入/输出库函数来实现的,这部分知识的掌握对于初步学习 C 语言库函数调用方法是十分重要的。因此,一定要注意输入/输出函数的格式、参数类型与个数。要求能够理解格式化输入/输出函数的格式控制符等相关概念与应用方法,特别要注意字符类型的数据与其他类型数据混合输入时的特点。

## 任务二　项目封面及菜单的顺序执行设计

任务目标:能完成顺序执行封面和主、子菜单程序的设计。

## 一、任务情境

该任务将封面和主、子菜单链接起来,实现封面、菜单的顺序执行。在任务一中,将封面、主菜单及子菜单放在 36 个各自独立的 main 函数中,由于一个程序只有一个主函数,因此,我们将封面、主菜单、编辑子菜单、显示子菜单、计算子菜单、排序子菜单程序中的主函数分别重命名为 StuCover、MainMenu、EditMenu、DispMenu、CompMenu、SortMenu,并将这些函数复制到一个 C 程序,另外再建立一个主函数,分别执行这些函数。

要注意的是,主函数是放在其他所有函数后面的,能不能将主函数放到所有函数前面呢?或者主函数的位置是否可以任意呢?回答是肯定的,关于如何实现这一点将在后续内容中讲解。

## 二、知识必备

如果程序按照语句的书写顺序执行,每条语句都被执行到而且只被执行一次,这样的程序结构叫顺序结构。很多情况下程序是顺序执行的,它是程序结构中较为简单的一种。

【例 3.10】　输入三角形的三边长,求三角形面积。

已知三角形的三边长 a、b、c,则该三角形的面积公式为

$$area = \sqrt{s(s-a)(s-b)(s-c)}$$

其中 $s = (a + b + c)/2$。

源程序如下:

```
01  #include<stdio.h>
02  #include<math.h>
03  int main()
04  {
05    float a,b,c,s,area;
06    scanf("%f,%f,%f",&a,&b,&c);
07    s=1.0/2*(a+b+c);
08    area=sqrt(s*(s-a)*(s-b)*(s-c));
```

```
09    printf("a=%7.2f,b=%7.2f,c=%7.2f,s=%7.2f\n",a,b,c,s);
10    printf("area=%7.2f\n",area);
11  }
```

　　程序中第 08 行中 sqrt()是求平方根的函数。由于要调用数学函数库中的函数，因此必须在程序的开头加一条#include 命令，把头文件 "math.h" 包含到程序中来。请注意，以后凡在程序中调用数学函数库中的函数，都应当 "包含" math.h 头文件。

例 3.10 程序流程图如图 3-10 所示。

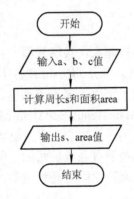

图 3-10　例 3.10 程序流程图

【例 3.11】　求方程 $ax^2+bx+c=0$ 的实数根。a、b、c 由键盘输入，$a\neq0$ 且 $b^2-4ac>0$。
程序代码如下：

```
01  #include<stdio.h>
02  #include<math.h>              /*调用求平方根函数 sqrt()，必须包含 math.h 头文件*/
03  int main()
04  {
05    float a,b,c,disc,x1,x2;
06    printf("Input    a,b,c: ");
07    scanf("%f,%f,%f",&a,&b,&c);          /*输入方程的三个系数的值*/
08    disc=b*b-4*a*c;                       /*求判别式的值赋给 disc*/
09    x1=(-b+sqrt(disc))/(2*a);
10    x2=(-b-sqrt(disc))/(2*a);
11    printf("\nx1=%6.2f\nx2=%6.2f\n", x1, x2);
    }
```

　　在输入 a、b、c 时，必须保证 $a\neq0$ 且 $b^2-4ac>0$。关于 a=0 且 $b^2-4ac\leqslant0$ 的情况将在下一章讨论。

**【例3.12】** 键盘输入一个小写字母，以大写字母形式输出该字母及对应的 ASCII 码。
程序代码如下：

```
01  #include"stdio.h"
02  int main()
03  {
04      char c1,c2;
05      printf("请输入小写字母: ");
06      c1=getchar();
07      putchar(c1);printf(",%d\n",c1);
08      c2=c1-32;              /*将小写字母转换成对应的大写字母*/
09      printf("%c,%d\n",c2,c2);
10  }
11
```

由于小写字母与大写字母对应的 ASCII 码值相差 32，故小写字母减去 32 便是大写字母了。

程序运行结果如图 3-11 所示。

图 3-11　例 3.12 程序运行结果

## 三、任务实施

进入"班级学生成绩管理系统"时，首先呈现在用户面前的是软件的封面，接下来是主菜单，还可以看到开发者就软件使用等方面的说明。我们可以编制函数来实现这些不同的功能，然后按照一定的次序呈现在用户面前。这里用顺序结构来实现封面、菜单顺序显示，其目的是使学习者掌握顺序结构的实现方法，了解函数创建、调用过程，掌握主函数执行过程与其他函数的区别。

程序的执行顺序如图 3-12 所示。

任务实施的程序代码如下：

```
void StuCover()          /*项目封面函数*/
{   system("cls");        /*执行 DOS 清屏命令函数*/
    printf("\n\n\n");
    printf("\t\t 班级学生成绩管理系统\n\n");
    printf("\t\t    版本号：1.0\n\n");
    printf("\n\n\n");
    printf("\t\t      2018 年 8 月\n\n");
    printf("\t\t   Tim 软件工作室\n");
```

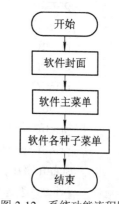

图 3-12　系统功能流程图

```c
    }
    void MainMenu()          /*项目主菜单函数*/
    {   int n;
        system("cls");
        printf("\n\n\n");
        printf("          |***** 班级学生成绩管理系统  ***** |\n");
        printf("          |..........................................................|\n");
        printf("          |           请选择菜单序号(0～6)            |\n");
        printf("          |..........................................................|\n");
        printf("          |              1----打开文件               |\n");
        printf("          |              2----保存文件               |\n");
        printf("          |              3----编辑数据               |\n");
        printf("          |              4----显示数据               |\n");
        printf("          |              5----数据计算               |\n");
        printf("          |              6----程序说明               |\n");
        printf("          |              0----退出系统               |\n");
        printf("          |..........................................................|\n");
        printf("\t\t 请选择序号:");
        scanf("%d",&n);
        printf("您选择了第%d 项!\n",n);
    }

    void EditMenu()          /*项目编辑子菜单函数*/
    {   int n;
        system("cls");
        printf("\n\n\n");
        printf("          |*******    编辑子菜单    ****** |\n");
        printf("          |..........................................................|\n");
        printf("          |           请选择菜单序号(0～3)            |\n");
        printf("          |..........................................................|\n");
        printf("          |              1----增加记录               |\n");
        printf("          |              2----删除记录               |\n");
        printf("          |              3----修改记录               |\n");
        printf("          |              0----返回上级菜单            |\n");
        printf("          |..........................................................|\n");
        printf("\t\t 请选择序号:");
        scanf("%d",&n);
        printf("您选择了第%d 项!\n",n);
    }
```

```c
void DispMenu()          /*项目显示子菜单函数*/
{
    int n;
    system("cls");
    printf("\n\n\n");
    printf("          |* * * * * * *   显示子菜单   * * * * * *|\n");
    printf("          |..................................................|\n");
    printf("          |          请选择菜单序号(0～4)          \\n");
    printf("          |..................................................|\n");
    printf("          |          1----查看选定记录          \\n");
    printf("          |          2----显示全部记录          \\n");
    printf("          |          3----显示排序记录          \\n");
    printf("          |          4----显示不及格记录          \\n");
    printf("          |          0----返回上级菜单          \\n");
    printf("          |..................................................|\n");
    printf("\t\t 请选择序号:");
    scanf("%d",&n);
    printf("您选择了第%d 项!\n",n);
}

void CompMenu()          /*项目计算子菜单函数*/
{
    int n;
    system("cls");
    printf("\n\n\n");
    printf("          |* * * * * * *   计算子菜单   * * * * * * |\n");
    printf("          |..................................................|\n");
    printf("          |          请选择菜单序号(0～3)          \\n");
    printf("          |..................................................|\n");
    printf("          |     1----计算总成绩和平均成绩     \\n");
    printf("          |     2----计算最高分          \\n");
    printf("          |     3----计算最低分          \\n");
    printf("          |     0----返回上级菜单          \\n");
    printf("          |..................................................|\n");
    printf("\t\t 请选择序号:");
    scanf("%d",&n);
    printf("您选择了第%d 项!\n",n);
}

void SortMenu()          /*项目排序子菜单函数*/
```

```
    {
        int n;
        system("cls");
        printf("\n\n\n");
        printf("        |＊＊＊＊＊＊  排序子菜单  ＊＊＊＊＊＊  |\n");
        printf("        |.................................................|\n");
        printf("        |            请选择菜单序号(0～2)             |\n");
        printf("        |.................................................|\n");
        printf("        |            1----按升序排序                  |\n");
        printf("        |            2----按降序排序                  |\n");
        printf("        |            0----返回上级菜单                |\n");
        printf("        |.................................................|\n");
        printf("\t\t 请选择序号:");
        scanf("%d",&n);
        printf("您选择了第%d 项!\n",n);
    }

    void main()          /*项目主函数*/
    {
        StuCover();      /*函数调用语句, 执行封面函数*/
        getch();         /*屏幕暂停函数*/
        MainMenu();      /*函数调用语句, 执行主菜单函数*/
        getch();
        EditMenu();      /*函数调用语句, 执行编辑子菜单函数*/
        getch();
        DispMenu();      /*函数调用语句, 执行显示子菜单函数*/
        getch();
        CompMenu();      /*函数调用语句, 执行计算子菜单函数*/
        getch();
        SortMenu();      /*函数调用语句, 执行排序子菜单函数*/
        getch();
    }
```

该任务使用了一个 getch 库函数, 它在这里的作用是暂停程序执行, 等待用户输入一个任意字符后继续向下执行。这样做的好处是可以使用户看清封面和主、子菜单。

⊠ **任务小结**

顺序结构是三种程序结构中相对简单的一种, 但它又是最基本、最重要的一种程序结构, 正确理解并掌握这种结构对后续学习十分重要。

"班级学生成绩管理系统"的封面和主、子菜单是典型的顺序结构，通过该系统来学习编写顺序结构程序有利于学生掌握顺序结构的编写过程，理解程序的执行过程，同时这些封面和主、子菜单也为后面编写项目其他部分打下了基础。

## 习　　题

### 一、填空题

1. 表达式 5/3 的结果是_____，表达式 5/3.0 的结果是_____，表达式 3%5 的结果是_____。

2. 设有定义 int x，y；则执行 y=(x=1，++x，x+2);语句后，y 的值是_____。

3. 设有定义 int x=4，y=5；则表达式 y==x+1 的结果是_____。

4. 字符串 "a+b=23" 的长度为_____。

5. 程序填空，输出 x 的值。设 double x=5;printf("_____\n"，x);。

6. 标准 C 语言的输入、输出是通过_____来实现的。

7. 格式化输入函数中如果有转义字符，转义字符应当_____输入。

8. putchar 函数和 getchar 函数是专门处理_____的函数。

9. 格式化输出函数中的输出项表可以由_____组成，格式化输入函数中的输入项表必须由_____组成。

10. "&变量"的含义是_____。

11. 借助于临时变量 k 交换 a 和 b 两个变量的值，应顺序执行赋值语句_____、_____和_____。

12. 以下程序输入 12345<CR>后的执行结果是_____。(<CR>代表回车键)
```
#include <stdio.h>
int main()
{    int a，b;
     scanf("%2d%3d",&a,&b);
     printf("a=%d,b=%d\n",a,b);
}
```

13. 以下程序输入 1␣2␣3<CR>后的执行结果是_____。
```
#include <stdio.h>
int main()
{    int a，v;char b;
     scanf("%d%c%d",&a,&b,&c);
     printf("a=%d,b=%c,c=%d\n",a,b,c);
}
```

### 二、选择题

1. 以下程序段的执行结果是(　　　　)。
```
float f=13.8f;
```

```
int n;
n=((int)f)%3;
printf("n=%d\n",n);
```
  A. n=2     B. n=1     C. 2     D. 1

 2. 用下列程序段输入数据，使 x1=10，x2=20，ch1='a'，ch2='b'，正确的输入形式是(    )。

```
int x1,x2;
char ch1,ch2;
scanf("%d%c%d%c",&x1,&ch1,&x2,&ch2);
```
  A. 10 a 20 b       B. 10，a，20，b

  C. 10a20b        D. 1020ab

 3. 有如下输入语句：scanf("a=%d, b=%d, c=%d", &a, &b, &c);为使变量 a 的值为 1，b 的值为 2，c 的值为 3，正确的输入形式应是(    )。

  A. 123<CR>       B. 1，2，3<CR>

  C. a=1，b=2, c=3<CR>     D. 1␣2␣3<CR>

 4. 若 x 和 y 均定义为 int 型，z 定义为 double 型，以下不合法的 scanf 函数调用语句是(    )。

  A. scanf("%D%lx,%le",&x,&y,&z);

  B. scanf("%2d*%d%lf",&x,&y,&z);

  C. scanf("%x%*d%o",&x,&y);

  D. scanf("%x%o%6.2f",&x,&y,&z);

 三、编程题

 1. 输出 4 行 4 列星号，使之排列成矩形。

 2. 在屏幕上输出以下图形。

```
            *
         *     *
      *           *
         *     *
            *
```

 3. 编程实现从键盘上输入正方形的边长(实型数)，求其面积和周长，然后输出其面积和周长值。

 4. 将"班级学生成绩管理系统"主菜单程序的输入部分用输入字符函数改写，然后输入其字符。

 5. 编写一程序，从键盘输入圆锥体的半径 r 和高 h，并计算其体积(V=PI*r*r*h/3)。

 6. 画出"班级学生成绩管理系统"封面和主菜单的流程图和 N-S 图。

 7. 编程实现输入五个学生成绩，计算其总成绩和平均成绩。

# 第4章 用选择语句实现对菜单的选择

## ——选择结构程序设计

本书的主要任务是实现"班级学生成绩管理系统"中主菜单的选择执行。在任务学习中，主要培养学生掌握选择结构程序设计的概念、if 语句和 switch 语句的格式及功能。选择结构是 C 语言的三种程序结构之一，是使用 C 语言进行程序设计应重点掌握的内容。在本章的学习中，学生将要达到如下的知识目标和能力目标：

### 知识目标
➤ 掌握 C 语言中选择结构程序设计方法。
➤ 深刻理解 if 语句和 switch 语句的格式及功能。
➤ 掌握关系运算符、关系表达式、逻辑运算符及逻辑表达式。
➤ 理解循环语句的嵌套。

### 能力目标
➤ 能正确实现"班级学生成绩管理系统"中主菜单的选择执行。

### 任务一 用 if 语句实现菜单的选择执行

任务目标：能使用 if 语句实现"班级学生成绩管理系统"中主菜单及各个子菜单的选择执行。

## 一、任务情境

在实际项目实施过程中，用顺序结构调用菜单的方法来实现"班级学生成绩管理系统"中主菜单项的选择执行是很少见的。通常因为这种结构的程序控制权不在用户手中，而在程序开发人员的手中。作为一个实用程序，它对菜单的控制权应当在用户，所以系统菜单的选择执行常用选择结构进行程序设计。

选择结构有 if 语句和 switch 语句两种实现方法，即用 if 语句和 switch 语句来实现。本任务首先用 if-else-if 语句来实现菜单的选择执行。

"班级学生成绩管理系统"中项目主菜单的效果图如图 4-1 所示，如果输入 0～6 之间的整型数字，将在屏幕上打印一句话或显示相应的子菜单。

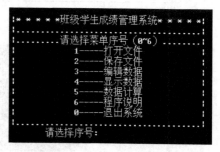

图 4-1 项目主菜单效果图

## 二、知识必备

### 1．选择结构程序设计

选择结构又称为分支结构，是指程序在运行过程中根据条件有选择性地执行一些语句，其执行路径是依据一定的条件选择的，而不是严格按照语句出现的先后顺序。选择结构属于程序三种基本结构之一。C语言提供了 if 语句和 switch 语句两种选择结构控制语句。

### 2．if 语句

实现选择结构最常用的方法是采用 if 语句。if 语句用于判定所给定的条件是否满足，程序根据判定结果决定所执行的操作。if 语句有三种基本形式。

1) if 语句的三种形式

格式一：

　　if(表达式) 语句；

执行过程为：首先计算"表达式"的值，当"表达式"的值为真时，执行"语句"。其执行过程如图 4-2 所示。

【例 4.1】 输入 a、b 两个数，输出两个数中较大的数。

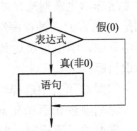

图 4-2　第一种形式的 if 语句流程图

```
01  #include<stdio.h>
02  int main()
03  {   int a,b,max;
04      printf("\n please input two number:");
05      scanf("%d,%d",&a,&b);
06      max=a;
07      if(a<b) max=b;
08      printf("max=%d\n",max);}
```

程序中用到了一个变量 max，这个变量放置 a、b 两个数中最大的那个数。首先把 a 的值赋给 max，然后对 max 和 b 进行判断，如果 b 大于 max，那么把 b 的值赋给 max，这样 max 放置的是最大的那个数，最后输出 max 的值。

程序运行结果如图 4-3 所示。

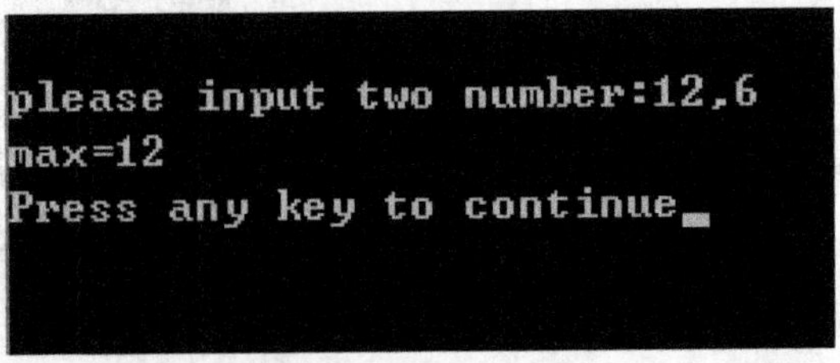

```
please input two number:12,6
max=12
Press any key to continue
```

图 4-3　例 4.1 程序运行结果

格式二：

　　if(表达式)　语句 1；

　　else　语句 2；

执行过程为：先计算"表达式"的值，如果"表达式"的值为真，则执行语句 1，否则执行语句 2。其执行过程如图 4-4 所示。

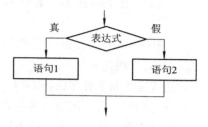

图 4-4　第二种形式的 if 语句流程图

【例 4.2】　计算分段函数的值。

$$y = \begin{cases} \sqrt{x} & (x \geq 0) \\ |x+1| & (x < 0) \end{cases}$$

分析：本程序是通过判断 x 的取值范围来计算 y 的值。在本题中 x 的取值范围有两种，针对两种不同的情况进行判断，可以使用 if-else 语句。

程序代码如下：

```
01    #include<stdio.h>
02    #include<math.h>
03    int main()
04    {   float x,y;
05        printf("please input x:\n");
06        scanf("%f",&x);
07        if(x>=0)
08                y=sqrt(x);
09        else
10                y=fabs(x);
11   printf("y=%f\n",y);}
```

　　程序中使用了两个函数 sqrt()和 fabs()，其作用为：sqrt()函数是求平方根，fabs()函数是求绝对值。这两个函数是数学函数，需要调用数学函数库中的函数时，必须在程序的开头加一条#include 命令，把头文件"math.h"包含到程序中来。

程序运行结果如图 4-5 所示。

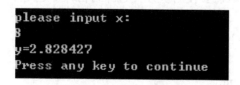

图 4-5　例 4.2 程序运行结果

格式三：

　　if(表达式 1)　语句 1；

　　else　if(表达式 2)　语句 2；

```
else   if(表达式3)   语句3;
  ⋮
else   if(表达式m)   语句m;
else   语句n;
```

本格式又称为多分支选择语句。前两种形式的 if 语句一般用于两个分支的情况。当有多个分支选择时，可采用第三种形式的 if 语句。

执行过程为：依次判断各个表达式的值，当出现某个值为真时，则执行其对应的语句，然后跳到整个 if 语句之外继续执行程序。如果所有的表达式均为假，则执行语句 n，然后继续执行后续程序。其执行过程如图 4-6 所示。

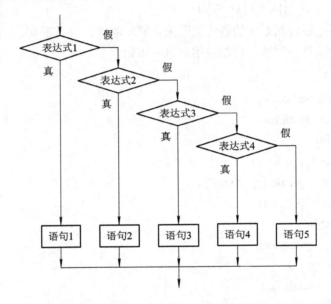

图 4-6   第三种形式的 if 语句流程图

【例 4.3】 保险公司根据月签单金额将业务员划分为 5 个级别。规则是：月签单 10 万元以上为金牌保险员，月签单 8 万元以上为银牌保险员，月签单 6 万元以上为铜牌保险员，月签单 4 万元以上为铁牌保险员，否则"红牌"警示。请编写程序，输入业务员月签单金额，即输出该业务员对应的级别。

分析：本程序根据业务员不同的月签单金额在屏幕上显示相对应的级别，保险公司将业务员划分为 5 个级别，这需要使用多分支选择结构。本题用第三种形式的 if 语句实现，程序代码如下：

```
01  #include<stdio.h>
02  int main()
03  {    float amount;
04       printf("\n please input amount:   ");
05       scanf("%f",&amount);
06       if(amount>=100000)
07           printf("金牌保险员！\n");
```

```
08      else if(amount>=80000)
09          printf("银牌保险员！\n");
10      else if(amount>=60000)
11          printf("铜牌保险员！\n");
12      else if(amount>=40000)
13          printf("铁牌保险员！\n");
14      else
15          printf("警告！\n");}
```

程序运行时依次判断各个表达式的值，当表达式的值为真时执行相应的语句。当所有表达式的值为假时，执行 printf("警告！\n");语句。

程序运行结果如图 4-7 所示。

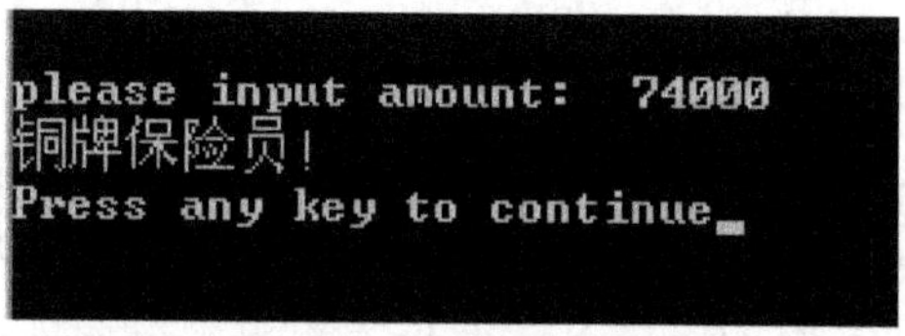

图 4-7　例 4.3 程序运行结果

2) 使用 if 语句时应注意的问题

(1) if 语句的表达式一般为关系表达式或逻辑表达式，C 语言在判断时只要表达式的值不为 0 即按 "假" 处理，因此表达式可以是任意类型的表达式(如整型、实型、字符型、指针类型等)，这是 C 语言与其他高级语言的不同之处。

例如：if(c=getchar())
　　　　printf("%c",c);

其中表达式 "c=getchar()" 其值为字符，只要输入的不是 0，就输出所输入的字符。

(2) 在 if 语句中，条件判断表达式必须用括号括起来。分号是 C 语句的结束符，是必备成分，if 和 else 后面的语句都必须有分号。

(3) 在 if 语句中，语句可以是一条简单语句，也可以是复合语句。当条件成立或不成立时，执行不止一条语句时，必须使用复合语句。

例如：

```
if(a>b)
    {a++; b++;}
else
    {a=0; b=10;}
```

# 三、任务实施

用 if 语句实现"班级学生成绩管理系统"菜单项选择的程序流程图如图 4-8 所示。

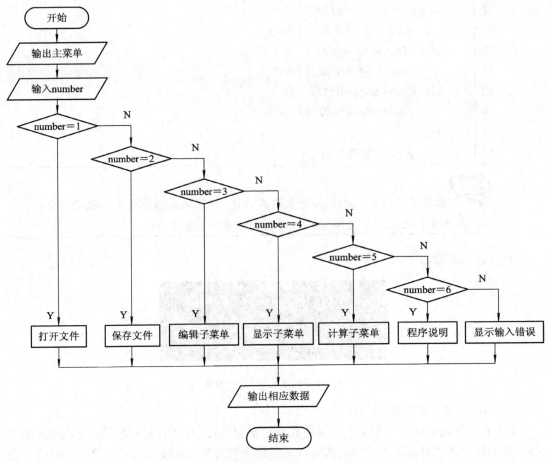

图 4-8　项目菜单选择程序流程图

用 if 语句实现"班级学生成绩管理系统"菜单项选择的源程序如下：

```
01  #include<stdio.h>
02  #include<stdlib.h>
03  #include<conio.h>
04  int main()                          /*主函数*/
05  {
06      int number;
07      StuCover();                      /*调用封面函数*/
08      getch();
09      MainMenu();                      /*调用主菜单函数*/
10      printf("\t\t 请选择序号:");      /*此处加上提示*/
11      scanf("%d",&number);
12      if(number==1)
13      printf("打开文件!\n");           /*打印一句话*/
14      else
```

```
15          if(number==2)
16              printf("保存文件!\n");                /*打印一句话*/
17          else
18              if(number==3)
19                  EditMenu();                        /*调用编辑子菜单函数*/
20              else
21                  if(number==4)
22                      DispMenu();
23                  else
24                      if(number==5)
25                          CompMenu();
26                      else
27                          if(number==6)
28                              printf("程序说明!\n");      /*打印一句话*/
29                          else
30                              if(number==0)
31                                  printf("退出程序!\n");   /*打印一句话*/
32                              else
33                                  printf("输入错误!\n");}  /*打印一句话*/
```

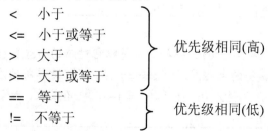

　　该程序中使用 if-else 语句实现多分支选择结构程序设计,其中使用了自定义
函数,具体的函数代码见第 3 章中任务二的任务实施部分。自定义函数的应用大大
减少了主函数代码,使程序结构更加清晰。自定义函数使用的注意事项详见第 3 章
中任务二的任务实施部分。

## 四、知识扩展

### 1. 关系运算符与关系表达式

在选择结构中,需要根据选择条件进行判断,然后执行不同的分支,而选择条件在 C
语言中一般是由关系表达式组成的。所谓"关系运算"实际上是"比较运算",比较两个量
的运算符称为关系运算符,由关系运算符组成的式子称为关系表达式。

1) 关系运算符及其优先次序

C 语言中有以下关系运算符:

| | | |
|---|---|---|
| < | 小于 | |
| <= | 小于或等于 | 优先级相同(高) |
| > | 大于 | |
| >= | 大于或等于 | |
| == | 等于 | 优先级相同(低) |
| != | 不等于 | |

关系运算符都是双目运算符，其结合性均为从左向右。算术运算符、关系运算符、赋值运算符之间的优先级为

(高)算术运算符←关系运算符←赋值运算符(低)

例如：

|  |  |  |
|---|---|---|
| x>a+b | 等价于 | x>(a+b) |
| x=a==b | 等价于 | x=(a==b) |
| x==y<z | 等价于 | x==(y<z) |
| x=y<=z | 等价于 | x=(y<=z) |

2) 关系表达式

用关系运算符将两个表达式连接起来的式子称为关系表达式。表达式可以是算术表达式、关系表达式、逻辑表达式、赋值表达式或字符表达式。

关系表达式的一般形式为

  表达式  关系运算符  表达式

例如：

  a+b>c-d

  x>3/2

  'a'+1<c

  -i-5*j==k+1

都是合法的关系表达式。由于表达式也可以同时是关系表达式，因此也允许出现嵌套的情况。例如：

  a>(b>c)

  a!=(c==d)

关系表达式的值是"真"或"假"，用"1"和"0"表示。例如：5>0 的值为"真"，即为 1。(a=3)>(b=5)由于 3>5 不成立，故其值为假，即为 0。

【例 4.4】 输出各表达式的值。程序代码如下：

```
01  #include<stdio.h>
02  int main()
03  {    char c='k';
04       int i=1,j=2,k=3;
05       float x=3e+5,y=0.85;
06       printf("%d,%d\n",'a'+5<c,-i-2*j>=k+1);
07       printf("%d,%d\n",1<j<5,x-5.25<=x+y);
08       printf("%d,%d\n",i+j+k==-2*j,k==j==i+5); }
```

  本例中求出了各种关系运算符的值。字符变量是以它对应的 ASCII 码参与运算的。对于含有多个关系运算符的表达式，如 k==j==i+5，根据运算符的左结合性，先计算 k==j，该式不成立，其值为 0，再计算 0==i+5，也不成立，故表达式值为 0。

**2. 逻辑运算符与逻辑表达式**

选择条件在 C 语言中不仅可以由关系表达式组成，还可以由逻辑表达式组成。逻辑运算与关系运算结果相同，有且只有两个值，分别是"1"和"0"。当某一事件由 2 个或 2 个以上的条件来约束时，就得使用逻辑运算。

1) 逻辑运算符及其优先次序

C 语言提供了三种逻辑运算符：

| && | 与运算 |
| ‖ | 或运算 | 优先级别由低到高 |
| ! | 非运算 |

逻辑运算符和其他运算符优先级的关系可表示如下：

```
       ！(非)        (高)
     算术运算符
     关系运算符
     &&和‖
     赋值运算符        (低)
```

按照运算符的优先顺序可以得出：

| a>b && c>d | 等价于 | (a>b)&&(c>d) |
| !b==c‖d<a | 等价于 | ((!b)==c)‖(d<a) |
| a+b>c&&x+y<b | 等价于 | ((a+b)>c)&&((x+y)<b) |

2) 逻辑运算的值

逻辑运算的值也为"真"和"假"两种，用"1"和"0"来表示。其求值规则如下：

(1) 与运算&&：参与运算的两个量都为真时，结果才为真；否则则为假。例如：

5>0 && 4>2

由于 5>0 为真，4>2 也为真，故相与的结果也为真。

(2) 或运算‖：参与运算的两个量只要有一个为真，结果就为真；两个量都为假时，结果为假。例如：

5>0 ‖ 5>8

由于 5>0 为真，故相或的结果也就为真。

(3) 非运算!：参与运算量为真时，结果为假；参与运算量为假时，结果为真。例如：

!(5>0)

结果为假。

C 编译系统在给出逻辑运算值时，以"1"代表"真"，"0"代表"假"，但反过来在判断一个量为"真"还是为"假"时，以"0"代表"假"，以非"0"的数值作为"真"。

这三种逻辑运算符的运算规则可用表 4-1 表示。

3) 逻辑表达式

用逻辑运算符连接起来的表达式称为逻辑表达式。逻辑表达式的一般形式为

表达式　逻辑运算符　表达式

其中的表达式可以同时是逻辑表达式，从而组成了嵌套的情形。例如：

(a&&b)&&(!c&&d)

根据逻辑运算符的左结合性，上式也可写为

a&&b&&c

表 4-1　逻辑运算真值表

| 运 算 对 象 | | 逻辑运算结果 | | | |
|---|---|---|---|---|---|
| a | b | !a | !b | a&&b | a ‖ b |
| 真 | 真 | 假 | 假 | 真 | 真 |
| 真 | 假 | 假 | 真 | 假 | 真 |
| 假 | 真 | 真 | 假 | 假 | 真 |
| 假 | 假 | 真 | 真 | 假 | 假 |

逻辑表达式的值是一个逻辑值，即 1 或 0。逻辑运算符两侧的运算对象不但可以是 0 或 1，或者是 0 或非 0 的整数，也可以是任何类型的数据，可以是实型、字符型和指针类型的数据。系统最终以 0 或非 0 来判断它们为真或假。

【例 4.5】　输出各逻辑表达式的值。

程序代码如下：

```
01    #include<stdio.h>
02    int main()
03    {    char c='k';
04         int i=1,j=2,k=3;
05         float x=3e+5,y=0.85;
06         printf("%d,%d\n",!x*!y,!!!x);
07         printf("%d,%d\n",x‖i&&j-3,i<j&&x<y);
08         printf("%d,%d\n",i==5&&c&&(j=8),x+y‖i+j+k);}
```

本例中!x 和!y 均为 0，!x*!y 也为 0，故其输出值为 0。由于 x 为非 0，故!!!x 的逻辑值为 0。对于 x‖i && j-3 式，先计算 j-3 的值为非 0，再求 i && j-3 的逻辑值为 1，故表达式的逻辑值为 1。对于 i<j&&x<y 式，由于 i<j 的值为 1，而 x<y 为 0，故表达式的值为 1、0 相与，最后为 0。对于 i==5&&c&&(j=8)式，由于 i==5 为假，即值为 0，该表达式由两个与运算组成，所以整个表达式的值为 0。对于式 x+ y‖i+j+k，由于 x+y 的值为非 0，故整个或表达式的值为 1。

## 3. if 语句的嵌套

在 if 语句中又包含一个或多个 if 语句称为 if 语句的嵌套。其一般形式如下：

(1) if(表达式)

　　　if(表达式)　语句 1；

　　　else　　　　语句 2；

　　else

```
        if(表达式)   语句 3；
        else          语句 4；
(2) if(表达式)
        if(表达式)   语句 1；
        else          语句 2；
    else              语句 3；
(3) if(表达式)        语句 1；
    else
        if(表达式)   语句 2；
        else          语句 3；
```

注意：

- C 语言规定，else 总是与它前面最近的 if 配对。
- 一般情况下，if 与 else 的数目相同。如果 if 与 else 的数目不相同，为实现程序设计者的目的，可以用花括号来确定配对关系。

例如：

```
if(表达式 1)
    {if(表达式 2)语句 1；}
else  语句 2；
```

说明：这时{}限定了内嵌 if 语句的范围，因此 else 与第 1 个 if 匹配。如果没有{}，则 else 与第 2 个 if 匹配。

【例 4.6】 某小区要举行跳棋比赛，比赛应根据居民的年龄分组。编写程序输入一个居民的年龄，然后根据表 4-2 对其进行分组，输出分组结果。

表 4-2 居 民 分 组

| 年　　　龄 | 组　　　号 |
|---|---|
| <18(少年) | 1 |
| 18～40(青年) | 2 |
| 41～55(中年) | 3 |
| 55 以上(老年) | 4 |

分析：本程序通过参赛者的年龄来对其进行分组，因为只有 4 个组，而年龄却在 1～110 岁之间，所以在程序进行分组前应判断输入的年龄是否合法。如果输入的年龄合法就进行分组，如果不合法就输出"警告"对话框。

程序代码如下：

```
01 | #include<stdio.h>
02 | int main()
03 | {   int age,numb;
04 |     char group;
05 |     printf("input number:");
06 |     scanf("%d",&numb);
```

```
07          printf("input age:");
08          scanf("%d",&age);
09          if(age>0&&age<=110)              /*判别输入的年龄是否在 0～110 之间*/
10            {if(age>55)                    /*年龄大于 55 的在第 4 组*/
11                group='4';
12            else if(age>40)                /*年龄大于 40 的在第 3 组*/
13                group='3';
14            else if(age>17)                /*年龄大于 17 的在第 2 组*/
15                group='2';
16            else                           /*年龄小于 18 的在第 1 组*/
17                group='1';
18          printf("The No.%d is in the group %c\n",numb,group);}
19          else
20              printf("Data error!");}       /*提示输入数据有误*/
```

本程序是在 if-else 形式的 if 分支中又嵌套了一个 else if 形式的语句。if-else 语句用于判断输入的年龄是否在 1～110 之间，嵌套的 else if 则将按居民的年龄分组。

程序运行结果如图 4-9 所示。

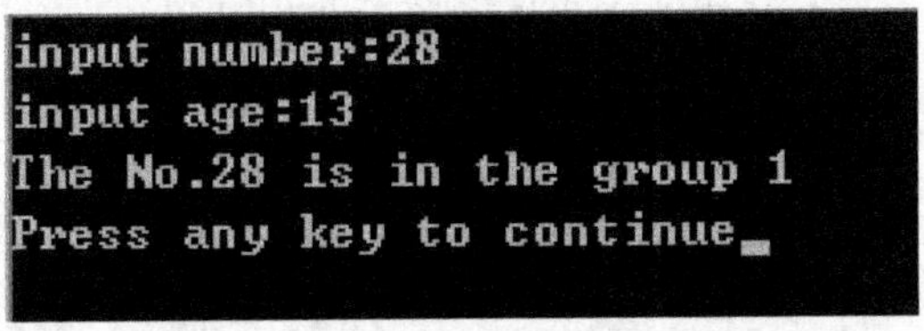

```
input number:28
input age:13
The No.28 is in the group 1
Press any key to continue_
```

图 4-9　例 4.6 程序运行结果

### 4．条件运算符及表达式

如果在条件语句中只执行单个的赋值语句，可使用条件表达式来实现。这样不但使程序简洁，也提高了运行效率。

条件运算符为 ? 和 : ，它是一个三目运算符，即有三个参与运算的量。

由条件运算符组成条件表达式的一般形式为

表达式 1? 表达式 2: 表达式 3

其求值规则为：如果表达式 1 的值为真，则以表达式 2 的值作为条件表达式的值，否则以表达式 3 的值作为整个条件表达式的值。

条件表达式通常用于赋值语句中。例如条件语句：

if(a>b)    max=a;
else       max=b;

可用条件表达式写为

max=(a>b)?a:b;

执行该语句的语义是：如 a>b 为真，则把 a 赋予 max；否则把 b 赋予 max。

使用条件表达式时，还应注意以下几点：

(1) 条件运算符的运算优先级低于关系运算符和算术运算符，但高于赋值运算符。因此

max=(a>b)?a:b

可以去掉括号而写为

max=a>b?a:b

(2) 条件运算符 ? 和：是一对运算符，不能分开单独使用。

(3) 条件运算符的结合方向是自右至左。例如：

a>b?a:c>d?c:d

应理解为

a>b?a:(c>d?c:d)

这也就是条件表达式嵌套的情形，即其中的表达式 3 又是一个条件表达式。

(4) 条件表达式中，表达式 1 的类型可以与表达式 2 和表达式 3 的类型不一致。例如：

a? 'X': 'Y'

表达式 2 和表达式 3 的类型也可以不一致，例如，a 为整型或实型变量，而 X、Y 为字符型变量，此时条件表达式的值的类型为二者中较高的类型。例如：

a>b?2:2.5

此时如果 a>b 为真，则条件表达式的值为 2，但由于 2.5 是实型，比整型高，因此，把表达式 1 转换成实型 2.0。

【例 4.7】 输出两个数中的大数。

程序代码如下：

```
01  #include<stdio.h>
02  int main()
03  {    int a,b,max;
04       printf("\n input two numbers:     ");
05       scanf("%d%d",&a,&b);
06       printf("max=%d",a>b?a:b);}
```

本例中直接用关系运算符代替 if-else 语句来实现两个数大小的比较。

## ⊠ 任务小结

本任务的重点是使用 if 语句实现"班级学生成绩管理系统"中菜单的选择，要熟练掌握选择结构程序设计的基本方法、if 语句的三种形式和 if 语句的嵌套。理解关系运算符及关系表达式、逻辑运算符及逻辑表达式。

## 任务二  用 switch 语句实现菜单的选择执行

任务目标：能使用 switch 语句设计"班级学生成绩管理系统"中主菜单及各个子菜单的选择执行。

## 一、任务情境

除了使用 if 语句实现"班级学生成绩管理系统"中主菜单及各个子菜单的选择执行外，还可以用更为简捷的 switch 语句来实现，只要将任务一中的程序稍加修改即可。

具体程序运行结果如图 4-1 所示。

## 二、知识必备

### 1. switch 语句

表示两种以上条件的选择时，需要用 if 语句的第三种形式或者 if 语句的嵌套形式，但当嵌套的 if 语句比较多时，程序冗长且可读性降低。在 C 语言中，可直接用 switch 语句来实现多种情况的选择结构。其一般形式为

```
switch(表达式)
{
        case 常量表达式 1:  语句 1;
        case 常量表达式 2:  语句 2;
          ⋮
        case 常量表达式 n:  语句 n;
        default        :  语句 n+1;
}
```

语句功能为：计算表达式的值，并逐个与其后的常量表达式值相比较，当表达式的值与某个常量表达式的值相等时，即执行其后的语句，然后不再进行判断，继续执行后面所有 case 后的语句。如果表达式的值与所有 case 后的常量表达式均不相同，则执行 default 后的语句。

【例 4.8】 输入一个 1～7 之间的数字，输出对应星期的英文。

分析：通过键盘输入 1～7 之间的 7 个数，正对应一星期中的 7 天，如输入"1"则输出星期一的英文"Monday"，当输入的数小于 1 或者大于 7 则输出"error"。这是一道多分支选择结构程序设计题，除了用 if 语句实现以外还可以用 switch 语句实现。程序代码如下：

```
01  #include<stdio.h>
02  int main()
03  {   int a;
04      printf("input integer number:        ");
05      scanf("%d",&a);
```

```
06        switch (a)
07        {    case 1:printf("Monday\n");
08             case 2:printf("Tuesday\n");
09             case 3:printf("Wednesday\n");
10             case 4:printf("Thursday\n");
11             case 5:printf("Friday\n");
12             case 6:printf("Saturday\n");
13             case 7:printf("Sunday\n");
14             default:printf("error\n");}}
```

本程序要求输入一个数字，输出一个英文单词。但是当输入 3 之后，却执行了 case 3 以及之后的所有语句，输出了 Wednesday 及之后的所有单词。这当然是不希望的。为什么会出现这种情况呢？这恰恰反映了 switch 语句的一个特点。在 switch 语句中，"case 常量表达式"只相当于一个语句标号，表达式的值和某标号相等则转向该标号执行，但不能在执行完该标号的语句后自动跳出整个 switch 语句，所以出现了继续执行所有后面 case 语句的情况。这与前面介绍的 if 语句完全不同，应特别注意。

程序运行结果如图 4-10 所示。

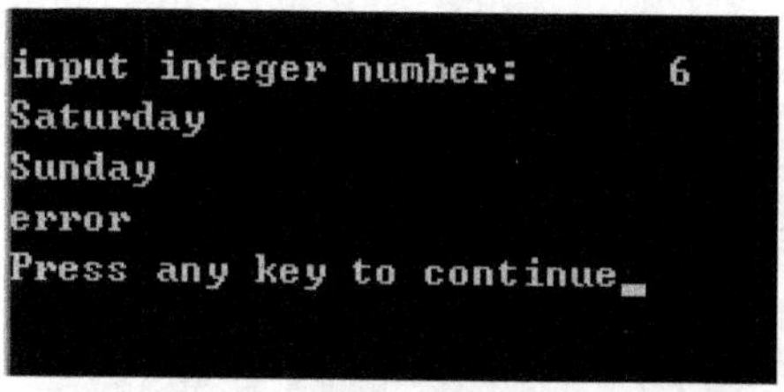

图 4-10    例 4.8 程序运行结果

可以看出：实际执行结果和题目要求还是有出入的，为了避免上述情况，C 语言还提供了一种 break 语句，专用于跳出 switch 语句，break 语句只有关键字 break，没有参数，后面还将详细介绍。修改例 4.8 的程序，在每一个 case 语句之后增加 break 语句，使每一次执行之后均可跳出 switch 语句，从而避免输出不应有的结果。

【例 4.9】 输入一个 1~7 之间的数字，输出对应星期的英文(增加 break 语句后的例 4.8)。
程序代码如下：

```
01    #include<stdio.h>
02    int main()
03    {    int a;
04         printf("input integer number:        ");
05         scanf("%d",&a);
06         switch (a)
```

| 07 | { case 1:printf("Monday\n");break; |
|---|---|
| 08 | case 2:printf("Tuesday\n"); break; |
| 09 | case 3:printf("Wednesday\n");break; |
| 10 | case 4:printf("Thursday\n");break; |
| 11 | case 5:printf("Friday\n");break; |
| 12 | case 6:printf("Saturday\n");break; |
| 13 | case 7:printf("Sunday\n");break; |
| 14 | default:printf("error\n");}} |

 本程序用 break 语句解决了 switch 语句输出的问题。

程序运行结果如图 4-11 所示。

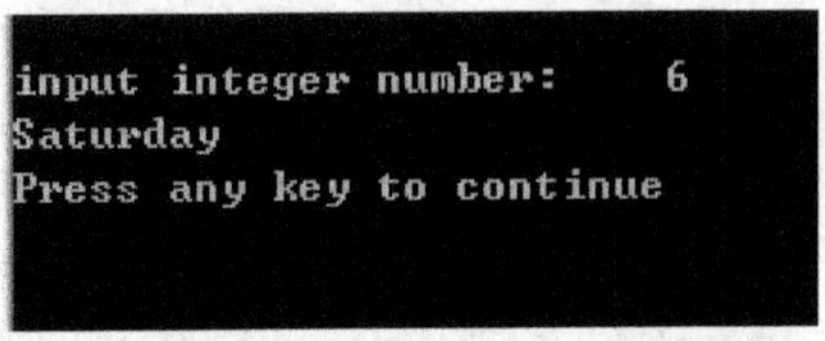

说明:

(1) switch 后面常量表达式的类型可以是整型或字符型,也可以是枚举类型,但不能是这三种类型以外的类型。

```
input integer number:    6
Saturday
Press any key to continue
```

图 4-11　例 4.9 程序运行结果

(2) 常量表达式的类型应与 switch 后面表达式的类型一致。

(3) case 后面常量表达式的值必须互不相同,否则会出现互相矛盾的现象。例如:
```
switch(ch)
    { case 2:语句 m;
      case 3-1:语句 m+1;}
```

(4) 多个 case 可以共享一组执行语句。例如:
```
switch(ch)
    { case 'A':
      case 'B':
      case 'C':
      case 'D': printf("及格\n");
      default: printf("不及格\n");    }
```

(5) switch 结构可以嵌套,即一个 switch 语句中嵌套另一个 switch 语句,这时可以用 break 语句使流程跳出 switch 结构,但要注意 break 只能跳出最内层的 switch 语句。例如:
```
int x=1, y=0;
switch(x)
{case 1:
    switch(y)
        {case 0:printf("x=1,y=0\n");break;
         case 1:printf("y=1\n");break;}
        case 2: printf("x=2\n");}
```

运行结果为

```
x=1    y=0
x=2
```

2. 使用 switch 语句时应注意的问题

(1) case 后各常量表达式的值不能相同，否则会出现错误。

(2) case 后允许有多个语句，可以不用{}括起来。

(3) 各 case 和 default 子句的先后顺序可以变动，而不会影响程序执行结果。

(4) default 子句可以省略不用。

## 三、任务实施

用 switch 语句实现"班级学生成绩管理系统"主界面菜单项选择的源程序如下：

```
01  #include<stdio.h>
02  #include<stdlib.h>
03  #include<conio.h>
04  int main()                               /*主函数*/
05  {   int number;
06      StuCover();
07      getch();
08      MainMenu();
09      printf("\t\t 请选择序号:");            /*此处加上提示*/
10      scanf("%d",&number);
11      switch(number)
12          {case 1: printf("打开文件!\n"); break;    /*打印一句话*/
13           case 2: printf("保存文件!\n"); break;    /*打印一句话*/
14           case 3: EditMenu();break;
15           case 4: DispMenu(); break;
16           case 5: CompMenu(); break;
17           case 6: printf("程序说明!\n"); break;
18           case 0: printf("退出程序!\n"); break;
19           default:printf("输入错误!\n"); }}}
```

本程序采用 switch 语句实现多分支选择结构。每个子函数代码参照第 3 章中任务二的实施部分。

## 四、知识扩展

选择结构程序设计在 C 程序设计中占有重要地位，后面的循环结构、数组、指针等部分都涉及这一内容。下面介绍几个选择结构程序设计实例。

【例 4.10】 编写一个程序，从键盘输入一个用整数表示的年份，判断该年份是否为闰年。

分析：判断一个用整数表示的年份是不是闰年的条件是，该年份满足下面两个条件之一：

(1) 年份能被 400 整除。

(2) 年份能被 4 整除、但不能被 100 整除。

根据上述条件，判断一个用整数表示的年份是不是闰年的流程图如图 4-12 所示。

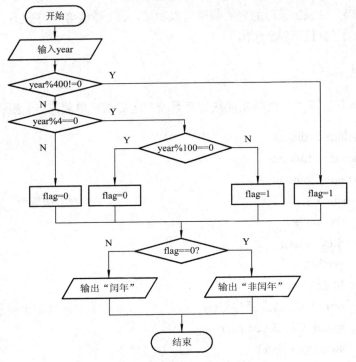

图 4-12 闰年判断程序流程图

程序代码如下：

```
01   #include<stdio.h>
02   int main()
03   {   int year,flag;
04       printf("\n please input a year：");
05       scanf("%d",&year);
06       if(year%400!=0)
07         {if(year%4==0)
08         {if(year%100==0)
09              flag=0;
10           else
11              flag=1;}
12         else
13           flag=1;
14       if(flag==0)
```

| 15 | printf("%d is not leap year.\n",year); |
|----|----|
| 16 | else |
| 17 | printf("%d is leap year.\n",year);}} |

本程序中用到了 2 个中间变量 year 和 flag，year 存放整数表示的年份，flag 是一个标记，其值为 1 表示是闰年，其值为 0 表示不是闰年。

程序运行结果如图 4-13 所示。

```
please input a year: 2008
2008 is leap year.
Press any key to continue
```

图 4-13 例 4.10 程序运行结果

【例 4.11】 李立的外甥正上小学，算术成绩不好，李立设计了一个四则运算程序，帮助外甥练习算术。

分析：该程序的基本算法是：

(1) 输入两个数和一个运算符；

(2) 根据输入的运算符，选择运算，可以用 switch 语句；

(3) 输入口算结果；

(4) 判断运算是否正确，给出判断结果。

根据上述条件，程序的流程图如图 4-14 所示。

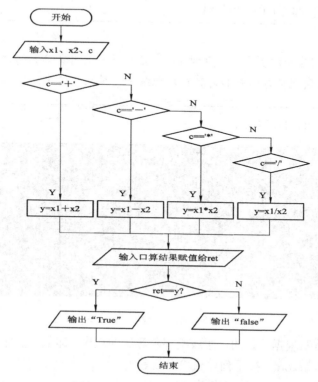

图 4-14 四则运算练习程序流程图

程序代码如下：

```
01   #include<stdio.h>
02   int main()
03   {   int x1，x2;
04       int y;
05       char c;
06       int ret;
07       printf("\n please input two integer and +/-/*// /:");
08       scanf("%d%c%d",&x1,&c,&x2);
09       switch(c)
10         {case '+':  y=x1+x2;break;
11          case '-':  y=x1-x2;break;
12          case '*':  y=x1*x2;break;
13          case '/':  y=x1/x2;}
14       printf("\n please input the result:\n");
15       scanf("%d",&ret);
16         if(ret==y)
17            printf("True! \n ");
18       else
19            printf("False! \n "); }
```

本程序中设置了一个变量 ret 来记录程序使用者口算的结果，通过程序最后的 if 语句实现口算结果和计算机处理结果的对比，给出正确与否的判断。

程序运行结果如图 4-15 所示。

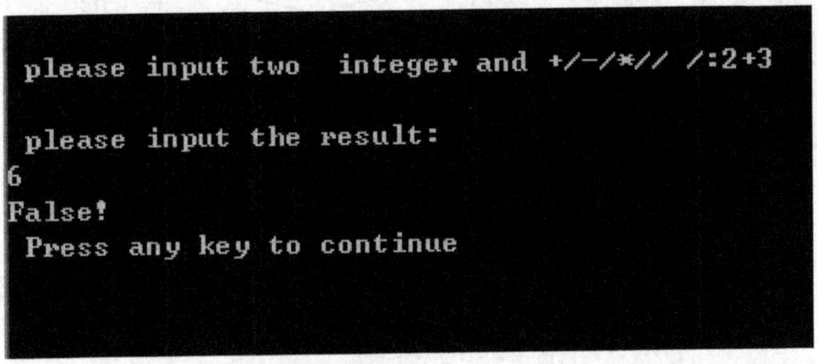

图 4-15  例 4.11 程序运行结果

【例 4.12】 编写根据输入的学生成绩判断等级的程序，即从键盘输入一个学生的百分制成绩并赋值给变量 score，按下列要求输出其等级。

score>=90                    (等级为 A)

| | |
|---|---|
| 80=<score<90 | (等级为 B) |
| 70=<score<80 | (等级为 C) |
| 70=<score<60 | (等级为 D) |
| score<60 | (等级为 E) |

分析：此问题可以用 if-else-if 语句解决，这里用 switch 语句来编程解决。根据题目要求，若 score>=90，score 可能是 90，91，92，93，94，95，…，99，100。把这些值都列出来过于繁杂，可以利用 2 个整数相除，结果自动取整的方法，即当 100>=score>=90 时，score/10 只有 10 和 9 这两种情况，这样用 switch 语句来解决就简便了。

根据上述条件，程序的流程图如图 4-16 所示。

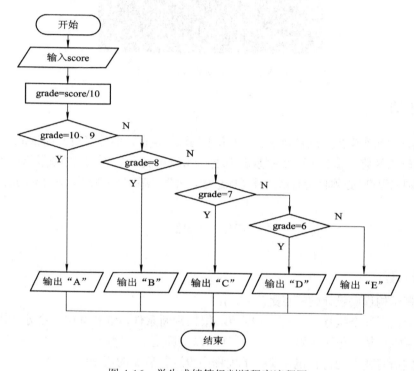

图 4-16　学生成绩等级判断程序流程图

程序代码如下：

```
01  #include<stdio.h>
02  int main()
03  {   int score,grade;
04      printf("\n please input a score(0-100):");
05      scanf("%d ",&score);
06      grade=score/10;
07      switch(grade)
08        {case 10:
09         case 9:  printf("%d: A\n",score); break;
10         case 8:  printf("%d: B\n",score); break;
```

```
11 │    case 7: printf("%d: C\n",score); break;
12 │    case 6: printf("%d: D\n",score); break;
13 │    default: printf("%d: E\n",score); }}
```

程序中用到了 grade 这个变量，通过它把本题的分支选择设为 5 种，大大减少了程序设计中可能出现的繁杂。

程序运行结果如图 4-17 所示。

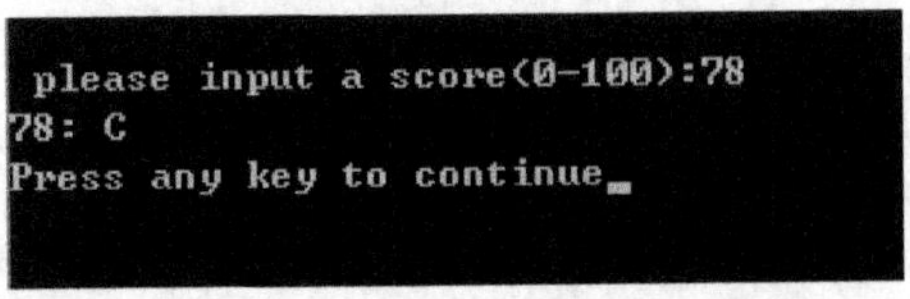

图 4-17　例 4.12 程序运行结果

## ⊠ 任务小结

通过实现"班级学生成绩管理系统"中菜单的选择执行，熟练掌握了 switch 语句的应用。该语句根据输入的数据或中间结果的情况，选择一组语句执行(在不同的情况下选择不同的语句组执行)。编写程序时必须将所有情况都考虑进去，并写出在各种情况下所对应的语句组。

# 习　题

**一、选择题**

1. 选择结构程序设计的特点是(　　　)。

A. 自上向下逐个执行　　　　　B. 根据判断条件，选择其中一个分支执行

C. 反复执行某些程序代码　　　D.　以上都是

2. 假定所有变量均已正确定义，下列程序段运行后 x 的值是(　　　)。

  a=b=c=0, x=35;

  if(!a) x--; else if(b); if(c)　x=3; else x=4;

A. 34　　　　　　B. 4　　　　　　C. 35　　　　　　D. 3

3. 若有以下程序段：

  if(x<0) y=−1;

  if(x>0)　y=1;

  else y=0;

则其所表示的数学函数关系是(　　　)。

A. $y = \begin{cases} -1 & (x<0) \\ 0 & (x=0) \\ 1 & (x>0) \end{cases}$     B. $y = \begin{cases} 1 & (x<0) \\ -1 & (x=0) \\ 0 & (x>0) \end{cases}$

C. $y = \begin{cases} 0 & (x < 0) \\ -1 & (x = 0) \\ 1 & (x > 0) \end{cases}$ 　　　　　D. $y = \begin{cases} -1 & (x < 0) \\ 1 & (x = 0) \\ 0 & (x > 0) \end{cases}$

4. 下列各语句序列中，能够且仅输出整型变量 a、b 中最大值的是(　　　　)。

A. if(a>b) printf("%d\n",a); printf("%d\n",b);

B. printf("%d\n",b); if(a>b) printf("%d\n",a);

C. if(a>b) printf("%d\n",a); else printf("%d\n",b);

D. if(a<b) printf("%d\n",a); printf("%d\n",b);

5. 若有以下程序段：

```
int x=5;
if(x>0) y=1;
else if(x==0) y=0;
else y= 1;
printf("%d",  y);
```

则其输出结果是(　　　　)。

A. −1　　　　　B. 1　　　　　C. 0　　　　　D. 2

6. 有以下程序段：

```
int x=5，y=8，max;
max=(x>y)?x:y;
printf("%d",  max);
```

其输出结果是(　　　　)。

A. 5　　　　　B. 8　　　　　C. 3　　　　　D. 13

7. 有以下程序段：

```
int x=3，a=1;
switch(x) {case 4: a++;
           case 3: a++;
           case 2: a++;
           case 1: a++;}
printf ("%d",  a);
```

其输出结果是(　　　　)。

A. 1　　　　　B. 2　　　　　C. 3　　　　　D. 4

8. 下列语句应将小写字母转换为大写字母，其中正确的是(　　　)。

A. if(ch>='a'&ch<='z') ch=ch-32;　　　　B. if(ch>='a'&&ch<='z')ch=ch-32;

C. ch=(ch>='a'&&ch<='z')?ch-32:";　　　　D. ch=(ch>'a'&&ch<'z')?ch-32:ch;

## 二、阅读程序，写出运行结果

1. void main()

　　{　int a=10，b=4，c=3;

```
        if(a<b)   a=b ;
        if(a<c)   a=c ;
        printf("%d,%d,%d\n",a,b,c) ; }
```

2. void main( )
```
   {   int x=100,a=10,b=20,ok1=5,ok2=0 ;
       if(a<b)  if(b!=15)  if(!ok1)   x=1;
       else if(ok2) x=10;
       else x=-1;
       printf("%d\n"， x); }
```

3. int k，a=1,b=2;
```
   k=(a++==b) ? 2:3;
   printf("%d",k);
```

4. void main()
```
   {   int s=1,k=0;
       switch(s)
       {   case 1: k+=1;
           case 2: k+=2;
           default: k+=3;}
       printf("%d",k);}
```

5. void main()
```
   {   int s=1， k=0;
       switch(s)
       {   case 1: k+=1;break;
           case 2: k+=2;break;
           default: k+=3;}
   printf("%d",k);}
```

## 三、程序设计题

1. 编写程序，输入三个单精度数，输出其中最小数。

2. 输入一个实数，输出它的平方根值，如果输入数小于 0，输出"输入数据错误"的提示。

3. 利用 if 语句编写程序，输入 x 后按下式计算 y 值并输出。

$$y = \begin{cases} x + 2x^2 + 10 & 0 \leqslant x \leqslant 8 \\ x - 3x^3 - 9 & x<0 \ \text{或} \ x>8 \end{cases}$$

4. 输入 4 个整数，按从大到小的顺序输出。

5. 某商场举行购物优惠活动，优惠规则如下(其中 x 代表购物款，y 代表折扣)：x<1600 时 y=0%；x<2400 时 y=5%；x<3200 时 y=10%；x<6400 时 y=15%；x>=6400 时 y=20%。请编写程序，输入一个顾客的购物款，即显示应付款数。

# 第 5 章　学生成绩统计分析

## ——循环结构程序设计

本章的主要任务是用循环语句实现"班级学生成绩管理系统"中主菜单选择执行设计。在任务学习中，主要培养学生掌握循环结构程序设计的概念、while 语句、do while 语句、for 语句的格式及功能。循环结构是 C 语言的三种程序结构之一，是使用 C 语言进行程序设计的重要部分。在本章的学习中，学生将要达到如下的知识目标和能力目标：

**知识目标**

➢　掌握 C 语言的基本循环结构；深刻理解 while、do-while 和 for 语句的功能及使用方法；理解各种循环之间的相同点和不同点。

**能力目标**

➢　能正确设计"班级学生成绩管理系统"中所涉及的多种循环结构。

### 任务一　用循环语句实现项目主菜单的选择执行

任务目标：能正确使用循环语句实现"班级学生成绩管理系统"中主菜单的选择执行和学生成绩的统计分析。

通过本任务的学习掌握循环结构的实现方法，并逐步培养首先理解和分析问题，再寻找解决问题的路径，最后进行代码设计的习惯。

## 一、任务情境

在第 4 章的任务中，虽然实现了由用户选择执行菜单功能，但每执行一个菜单后程序即结束，仍然不能满足用户的需要。用户往往需要程序在没有被结束之前都能被操作。要实现上述功能，必须使用循环结构。

循环控制结构(又称重复结构)是程序中的另一种基本结构。在实际问题中，常常需要进行大量的重复处理，循环结构可以使我们只写很少的语句，而让计算机反复执行，从而完成大量重复的操作。

本任务不但要实现主菜单的循环选择执行，而且还要实现主、子菜单的循环选择执行。下面用 while 循环、do-while 循环的嵌套和 switch 语句来实现项目主、子菜单的循环选择执行。为了降低学习难点，本任务除执行五个菜单函数外，其他要执行的函数都用输出一句话来实现。

实现循环选择执行项目菜单的程序结构比较复杂，为了便于学习，首先用两种方法实现主菜单的循环选择执行，而子菜单暂时不实现循环选择。

在"班级学生成绩管理系统"中，用循环语句实现菜单的选择。显示结果如图 5-1 所示。

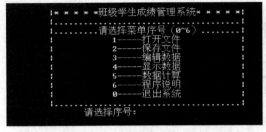

(a) 系统主菜单界面图

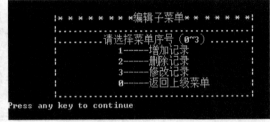

(b) 系统编辑子菜单界面图

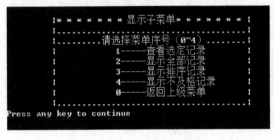

(c) 系统显示子菜单界面图

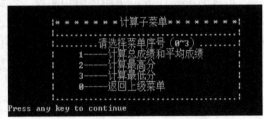

(d) 系统计算子菜单界面图

图 5-1　系统主菜单及子菜单界面图

## 二、知识必备

### 1. while 语句

对于有些问题，无法事先知道循环该执行多少次，此时就可以考虑使用 while 循环及 do-while 循环。

while 语句的一般形式为

```
while (条件表达式)
{
    语句;
}
```

其中 while 是 C 语言的关键字，表示这是当型循环。

条件表达式一般是关系表达式或逻辑表达式，也可以是其他表达式，其结果值为逻辑真(1)或逻辑假(0)，用以描述控制循环的条件，规定循环语句被执行到什么时候终止。内嵌语句是 while 语句中要被反复执行的部分，即循环体。循环体可以是一条简单语句，也可以是由多条语句构成的复合语句(用{}括起来)。

执行过程：计算表达式的结果值是否为"真"，如果为"真"则执行循环体，重复上述过程，直到表达式的结果值为"假"，退出循环，执行 while 语句的后续语句。while 语句的特点是：首先判断循环条件，然后执行循环体语句。所以循环的次数一般不能事先确定，需要根据循环条件(表达式的值)来判定，如果开始时循环条件就为假，则循环体一次也不执行(执行 0 次)。循环格式 while(1)表示无限循环。在循环体中要有退出语句，否则可能引起无限循环，将导致程序错误。while 语句的执行过程如图 5-2 所示。

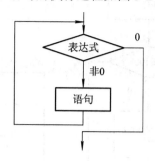

图 5-2  while 语句流程图

【例 5.1】  用 while 语句求 $\sum\limits_{n=1}^{100} n$ 。

用传统流程图和 N-S 结构流程图表示算法，如图 5-3 所示。
程序代码如下：

```
01  #include <stdio.h>
02  int main()
03  {
04      int i,sum=0;
05      i=1;
06      while(i<=100)
07          {
08          sum=sum+i;
09              i++;
10              }
11      printf("%d\n",sum);
12  }
```

首先定义一个循环控制变量 i，将其声明为整型，通过赋值语句 i=1;为循环控制变量 i 设置初始值 1，作为 1～100 的数据处理。其次处理循环体，循环体包括两个步骤：第一步，每执行一次循环，存放计算结果的变量 sum 都要加上当前的 i 值；第二步，语句 i++;使得循环控制变量的值发生改变(递增 1)，所以循环体必须写成复合语句的形式，否则将导致逻辑错误。while 结构继续循环的条件是：测试循环控制变量的值是否小于等于 100(100 是最后一个累加值)。当控制变量的值大于 100 时(即 i=101)，循环条件不再满足，因此循环终止执行。程序中的总和变量 sum 通常在使用前被初始化为 0，否则求出的和会包含先前存储在 sum 存储单元中的值。未被初始化的变量包含了"垃圾"值，也就是前次应用该单元时存储在该变量内的值。因此，根据其实际设计要求会将这样的变量初始化为 0 或 1。

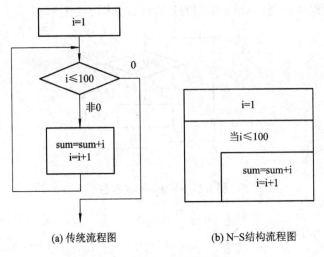

(a) 传统流程图        (b) N-S结构流程图

图 5-3　例 5.1 的程序流程图

【例5.2】　从键盘输入一行字符，统计其字符个数。

```
01  #include <stdio.h>
02  int main()
03  {
04      int n=0;
05      printf("input a string:\n");
06      while(getchar()!='\n')   n++;
07      printf("%d",n);
08  }
```

　　本程序中的循环条件为 getchar()!='\n'，其意义是：只要从键盘输入的字符不是回车就继续循环。循环体 n++完成对输入字符个数的计数，从而使程序实现了对一行字符的字符个数的计数。

【例5.3】　while 语句的使用。

```
01  #include <stdio.h>
02  int main()
03  {
04      int a=0,n;
05      printf("\n input n:");
06      scanf("%d",&n);
07      while (n--)
08      printf("%d   ",a++*2);
09  }
```

本程序将执行 n 次循环，每执行一次，n 值减 1。循环体输出表达式 a++*2 的值，该表达式等效于(a*2；a++)。

使用 while 语句应注意以下几点：

(1) while 语句中的表达式一般是关系表达或逻辑表达式，只要表达式的值为真(非 0)即可继续循环。

(2) 循环体如包括一个以上的语句，则必须用{}括起来，组成复合语句。

### 2. do-while 语句

do-while 语句的一般形式为

```
    do
      {
          语句
      }
    while(表达式);
```

其中：表达式可以是关系表达式、逻辑表达式或其他表达式，其结果为"真"或"假"，用以描述循环执行的条件。循环体可以是简单语句或复合语句，如果只有一条语句，可以不使用花括号{}。

执行过程：首先执行一次循环体语句，然后测试循环进行的条件，即判断表达式的结果，如果结果为"真"(非 0)则重复执行循环体语句，直到表达式的结果值为"假"时，退出 do-while 循环，执行 do-while 循环后面的语句。

提示：do-while 结构的表达式的后面必须有分号(;)。

do-while 循环语句的特点是：循环的次数不能确定，需要根据循环条件(表达式的值)来判定需要循环的次数。于是首先执行循环体语句，然后判断循环条件，因此即使循环条件不满足，循环体也至少被执行一次。do-while 循环与 while 循环的不同在于：它先执行循环中的语句，然后再判断表达式是否为真，如果为真则继续循环；如果为假，则终止循环。do_while 语句执行过程如图 5-4 所示。

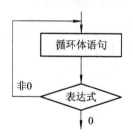

图 5-4   do-while 语句执行过程

【例 5.4】　用 do-while 语句求 $\sum\limits_{n=1}^{100} n$ 。

用传统流程图和 N-S 结构流程图表示算法，如图 5-5 所示。

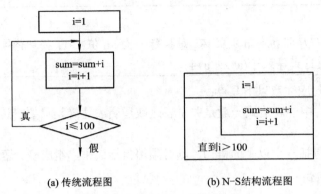

(a) 传统流程图　　　　　(b) N–S结构流程图

图 5-5　例 5.4 程序流程图

程序代码如下：

```
01  #include <stdio.h>
02  int main()
03  {
04      int i,sum=0;
05      i=1;
06      do
07          {
08              sum=sum+i;
09              i++;
10          }
11      while(i<=100)
12      printf("%d\n",sum);
13  }
```

do-while 属于后判断型循环，无论条件是否成立，首先执行循环体，直到条件不成立时才结束循环。在 do-while 循环结构中，即使一条语句也最好用{}括起来，以区别于 while 结构。

【例 5.5】　while 和 do-while 循环比较。

程序 1：

```
01  #include <stdio.h>
02  int main()
03  { int sum=0,i;
04      scanf("%d",&i);
05      while(i<=10)
06          {sum=sum+i;
07          i++;
08          }
```

```
09 |     printf("sum=%d",sum);
10 | }
```

while 属于先判断型循环，首先对 i 进行判断，当满足条件时再执行循环体，直到 i=11 时结束循环。

程序 2：

```
01 | #include <stdio.h>
02 | int main()
03 | {int sum=0,i;
04 |   scanf("%d",&i);
05 |   do
06 |     {sum=sum+i;
07 |       i++;
08 |     }
09 |   while(i<=10);
10 |   printf("sum=%d",sum);
11 | }
```

do-while 属于后判断型循环，无论条件是否成立，首先执行循环体，直到条件不成立时才结束循环。

### 3. break 语句

break 语句有两个功能，一是在 switch 语句中终止 case 的判断，退出 switch 语句；二是在循环结构中终止本层循环，退出循环结构。

break 语句的一般格式为

        break;

在循环结构和 switch 语句中可以使用 break 语句，当程序执行到 break 语句时会跳出 break 所在的循环和 switch 结构，使程序立即退出该语句结构转而执行该语句之后的下一条语句。当 break 语句用于 do-while、for、while 循环和 case 语句中时，可使程序终止循环而执行循环后面的语句。通常 break 语句总是与 if 语句连在一起，即满足条件时便跳出循环。因此，程序执行至某一点后，如果不需要等到正常结束就退出循环体或跳出 switch 结构，则剩余语句可以用 break 语句实现。

【例 5.6】 从键盘上输入字符和数字，边输入边在屏幕上显示，当输入 "&" 符号时输入结束。

程序代码如下：

```
01 | #include <stdio.h>
02 | int main()
03 | {
```

```
04      char numb;
05      while(1)
06       {
07          scanf("%c", &numb);
08          if(numb= ='&')
09            break；
10          else
11           printf(" %c", numb);
12       }
13      printf("end\n");
14  }
```

程序执行至某一点后，如果不需要等到正常结束就退出循环体或跳出 switch 结构，则剩余语句可以用 break 语句实现。注意：(1) break 语句对 if-else 的条件语句不起作用；(2) 在多层循环中，一个 break 语句只向外跳一层。

## 三、任务实施

首先我们应对系统流程有所了解，班级学生成绩管理系统的执行流程图如图 5-6 所示。

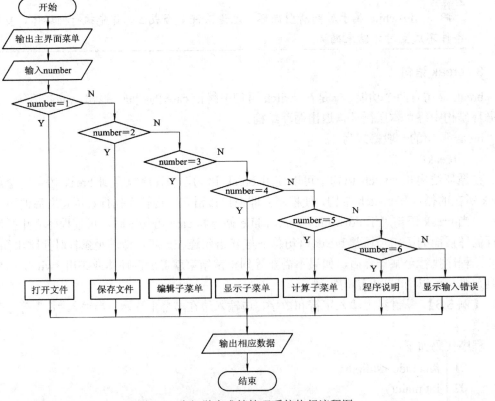

图 5-6　班级学生成绩管理系统执行流程图

从流程图中可以看出，首先应输入正确的 number 对菜单进行选择，从而进入相应的子菜单。本节任务是用循环语句实现项目主菜单的选择执行。

### 1. 用 while 语句实现未知次数的循环

子函数代码参照第 3 章中任务二的任务实施部分。源程序如下：

```
01  #include<stdio.h>
02  #include<stdlib.h>
03  #include<conio.h>
04  int main()
05   {
06      int choose;
07      system("cls")
08      StuCover();
09      getch();
10      MainMenu();                    /*调用主菜单函数*/
11      printf("\t\t 请输入序号： ");
12      scanf("%d",&choose);
13      while(choose!=0)
14      {
15          switch(choose)             /*主菜单的 switch*/
16          {
17            case 1:printf("打开文件!\n");getch();break;
18            case 2:printf("保存文件!\n");getch();break;
19            case 3:EditMenu();getch();break;
20            case 4:DispMenu();getch();break;
21            case 5:CompMenu();getch();break;
22            case 6:printf("程序说明!\n");getch();break;
23            case 0:printf("退出程序!\n");getch();break;
24            default:printf("输入错误!\n");getch();
25          }
26          MainMenu();                /*调用主菜单函数*/
27          printf("\t\t 请输入序号： ");
28          scanf("%d",&choose);
29      }
30  }
```

　　本程序用 while 语句实现"班级学生成绩管理系统"主界面菜单项的选择。根据输入的数字调用不同的子函数，即进入不同的子菜单。只有输入 0 才会退出循环，但不能显示"退出程序!"，即当输入 0 后，循环不再执行，从而退出循环。

## 2. 用 do-while 语句实现未知次数的循环

源程序如下：

```
01  #include<stdio.h>
02  #include<stdlib.h>
03  #include<conio.h>
04  int main()
05  {
06      int choose;
07      system("cls");
08      StuCover()
09      getch();
10      do
11      {
12          MainMenu();                    /*调用主菜单函数*/
13          printf("\t\t 请输入序号：");
14          scanf("%d",&choose);
15          switch(choose)                 /*主菜单的 switch*/
16          {
17          case 1:printf("打开文件!\n");getch();break;
18          case 2:printf("保存文件!\n");getch();break;
19          case 3:EditMenu();getch();break;
20          case 4:DispMenu();getch();break;
21          case 5:CompMenu();getch();break;
22          case 6:printf("程序说明!\n");getch();break;
23          case 0:printf("退出程序!\n");getch();break;
24          default:printf("输入错误!\n");getch();
25          }
26      }while(choose!=0);
27  }
```

本程序用 do-while 语句实现"班级学生成绩管理系统"主界面菜单项的选择。只有输入 0 后循环才会结束，但可以显示"退出程序!"，当输入 0 后循环还是执行了最后一次。break 语句起中断作用。

# 四、知识扩展

## 1. continue 语句

continue 语句仅能用于循环结构中，其作用是终止循环体的本次执行，返回循环首部，检查循环条件，以决定是否进行下一次循环体。

continue 语句的一般形式为

  continue;

在循环体的任何位置，当执行到 continue 语句时，程序被强迫跳过循环体剩余语句的执行而直接返回循环的开头重新进行循环条件的判断，根据判断的结果决定是否继续执行循环。即一旦执行了 continue 语句，程序就会跳过循环体中位于该 continue 语句后面的所有语句，提前结束本次循环周期并开始新一轮的循环。

在 while 语句中使用 break 和 continue 语句的区别是：continue 语句只结束本次循环，而不是终止整个循环的执行；break 语句则是结束循环，不再进行条件判断。

如果有以下两个循环结构：

(1) while(表达式 1)

  { ⋮

   if(表达式 2)break;

   ⋮

  }

(2) while(表达式 1)

  { ⋮

   if(表达式 2)continue;

   ⋮

  }

其执行过程分别如图 5-7(a)、(b)所示。

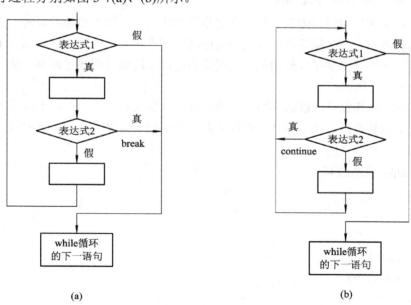

(a)           (b)

图 5-7 break、continue 语句执行过程

【例 5.7】 随机输入 30 个字符，统计键入 'a' 和 'b' 字符的次数。

程序代码如下：

```
01  #include <stdio.h>
02  int main()
03  {
04      int count=0,n=0;
05      char ch;
06      do
07        {
08          n++;
09          ch=getchar();
10          if (ch=='a'||ch=='b')
11              count++;
12          else continue;
13        }
14      while(n<=30);
15      printf("%d\n",count);
16  }
```

在 while 和 do-while 结构中，执行 continue 语句后立即测试循环继续条件。在 for 结构中，执行 continue 语句后计算递增表达式，然后测试循环继续的条件。

### 2. while 与 do-while 嵌套循环

一个循环语句的循环体内包含另一个完整的循环结构，称为循环的嵌套。这种嵌套的过程可以有很多重，一个循环外面包围一层循环叫双重循环，一个循环外面包围两层循环叫三重循环，……，一个循环外面包围三层或三层以上的循环叫多重循环。这种嵌套从理论上来说可以是无限的。

正常情况下应先执行内层的循环体，然后执行外层循环。例如：对于双重循环，内层循环被执行的次数应为：内层循环的循环次数×外层循环的循环次数。这里我们只介绍双重循环。

1) do-while 嵌套循环

语法如下：

```
    do{
        ⋮
        do{⋮}
        while(…);
    }
    while(…);
```

上面的语句相当于先执行一次外层 do，然后接着执行内层的 do-while 循环体，当执行完内层的循环体之后，再判断外层的 while 条件。

2）while 嵌套循环

语法如下：

```
while(…)
{ :
    while(…)
        { :  };
};
```

循环先判断第一个 while 后面的条件是否成立，如果条件成立，判断第二个 while 后面的条件是否成立。

上面的语句相当于先执行一次外层 while，然后判断内层的 while 后面的条件，如果为真则执行内层的循环体。

【例 5.8】 用 C 语言中的嵌套循环编写九九乘法表。

分析：九九乘法表从 $1 \times 1 = 1$ 开始到 $9 \times 9 = 81$，共 9 行，用一般的循环显然不行。只能用嵌套循环，在此选择用 while 的嵌套循环来解决。

程序代码如下：

```
01  #include<stdio.h>
02  #include<stdlib.h>
03  int main()
04  {
05      int i=9，j=9;
06      while(i>=1)
07      {
08          while(j>=i)
09            {
10              printf("%d*%d =%2d   ",i,j,i*j);
11              j--;
12            }
13          printf("\n");
14          i--;
15      }
16      system("pause");
17  }
```

    本程序的功能是输出九九乘法表。每一行都是从 i*1 开始到 i*j(此时 j=i) 结束，然后需要输出一个回车，共循环九次。

**3．循环结构举例**

【例 5.9】 编写一段程序，判断任意自然数是否为素数。

分析：素数是除了 1 和其本身外，不能被其他任何自然数整除的数。对于任意给定的自然数，可以采用素数的定义来判定其是否为素数。偶数中除 2 之外均不为素数，因此在判断中可先将偶数排除。奇数中 1 也不是素数，也可以排除。

程序代码如下：

```
01   # include <math.h>    /*程序中需要用到数学函数中的求平方根函数 sqrt()，
                                   因此要将头文件<math.h>包含进去*/
02   int main ( )
03   {    int number,sq_root,i;
04        printf("Please enter a number : ");
05        scanf ("%d",&number);
06        if ( (number%2==0&&number!=2) || number== 1)goto end
                        /*若输入的数据为 1 或 2 以外的偶数，则肯定不是素数*/
07        else
08            {
09                sq_root=sqrt(number);
10                i=2;
11                while(i<=sq_root)
12                {
13                if(number %i==0) break;    /*若 number 存在因子，则退出循环*/
14                i++;
15                }
16            if (i>=sq_root+1)
17                printf ("%d is a prime number.\n"，number);
18            else
19                end:printf ("%d is not a prime number.\n"，number );
20        }
21   }
```

　　本程序的主要功能是输入一个数 number，判断 number 是否为素数，判断条件为：如果 number 能被 2 整除并且不等于 2 或者等于 1，那么就直接退出循环，否则先求 number 的平方根 sq_root，若 sq_root 能整除 2 和 sq_root 之间的任意一个数，则退出循环，否则判断 i 是否大于 sq_root，成立则为素数。

## ⊠ 任务小结

　　通过学习掌握了 while 语句和 do-while 语句的使用方法及它们的区别与使用特点。同时掌握了 break 语句、continue 语句、while 语句和 do-while 语句的嵌套使用，从而可以顺利地用 while 语句和 do-while 语句实现项目主菜单的选择执行。

## 任务二　学生成绩统计分析——总分、平均分的计算

任务目标：实现学生成绩总分、平均分的计算。

## 一、任务情境

循环结构由 while 语句、do-while 语句和 for 语句等构成。熟练掌握各语句的使用方法及特点是完成本任务的关键。

在"班级学生成绩管理系统"的计算子菜单界面中，应实现如果输入 0~3 之间的整型数字，将在屏幕上显示学生的总成绩和平均成绩。具体如图 5-8 所示。

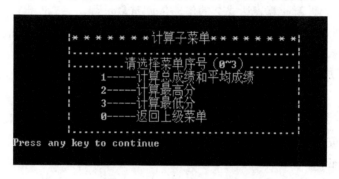

图 5-8　计算子菜单界面

本任务的主要内容是对总分和平均分的计算，那么用什么方法才得当、简便又利于计算呢？这是本任务需要解决的要点。学生总分和平均分的计算是有规律且需重复执行某些计算操作的，因此利用循环语句是最好的选择。

## 二、知识必备

### 1. for 语句的一般形式

for 语句是循环控制结构中使用最广泛的一种循环控制语句。其功能是将某段程序代码反复执行若干次，特别适合已知循环次数的情况。

语句格式：

  for (表达式 1；表达式 2；表达式 3)

   {语句序列；}

其中：

表达式 1：通常为赋值表达式，用来确定循环结构中控制循环次数的变量的初始值，实现循环控制变量的初始化。

表达式 2：通常为关系表达式或逻辑表达式，用来判断循环是否继续进行的条件，将循环控制变量与某一值进行比较，以决定是否退出循环。

表达式 3：通常为表达式语句，用来描述循环控制变量的变化，多数情况下为自增/自减表达式(复合加/减语句)，实现对循环控制变量的修改。

循环体(语句序列)：当循环条件满足时应该执行的语句序列。可以是简单语句或复合语句。若只有一条语句，则可以省略{}。

for 语句的执行流程如图 5-9 所示，其执行过程如下：

(1) 计算表达式 1 的值，为循环控制变量赋初值。

(2) 计算表达式 2 的值，如果其值为"真"则执行循环体语句，否则退出循环，执行 for 循环后的语句。

(3) 如果执行了循环体语句，则在每一次执行循环体结束时，都要计算一次表达式 3 的值，调整循环控制变量。

(4) 返回步骤(2)重新计算表达式 2 的值，依此重复过程，直到表达式 2 的值为"假"时，退出循环。

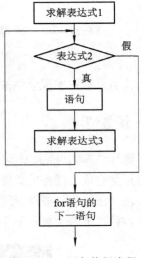

图 5-9　for 语句执行流程

【例 5.10】 用 for 语句求 $\sum\limits_{n=1}^{100} n$。

程序代码如下：

```
01  #include <stdio.h>
02  int main()
03    {   int i,sum=0;
04        for(i=1;i<=100;i++)           /*可写成 i=i+1*/
05        sum=sum+i;
06        printf("%d\n",sum);
07    }
```

当执行 for 语句时，i 作为循环控制变量，其初始值为 1，由于满足循环条件表达式 i<=100，因此执行 sum=sum+i 语句(sum 为 1)，然后计算 i++的值(为 2)，再次测试循环控制条件 i<=100，仍然满足，则继续循环，直到 i 的值变为 101，由于不再满足循环条件 i<=100，故退出循环，执行 for 语句的下一条语句 printf("%d\n",sum);输出结果。一般情况下，在 for 结构中只体现循环控制变量的初始化以及循环控制变量的更新表达式，如本程序中的循环控制变量 i，而其他变量的操作应放在循环之前或循环体中，如对程序中 sum 的处理。

## 2. for 语句的省略形式

for 循环中的"表达式 1(循环变量赋初值)"、"表达式 2(循环条件)"和"表达式 3(循环变量增量)"都是选择项，即可以缺省，但";"不能缺省。

(1) 省略了"表达式 1(循环变量赋初值)"，表示不对循环控制变量赋初值。

(2) 省略了"表达式 2(循环条件)"，则不做其他处理时便成为死循环。

例如：

　　for(i=1;;i++) sum=sum+i;

相当于：

　　i=1;

　　while(1)

　　　　{sum=sum+i;

　　　　 i++;}

(3) 省略了"表达式 3(循环变量增量)"，则不对循环控制变量进行操作，这时可在语句体中加入修改循环控制变量的语句。例如：

　　for(i=1;i<=100;)

　　{sum=sum+i;

　　　　i++;}

(4) 可以省略"表达式 1(循环变量赋初值)"和"表达式 3(循环变量增量)"。例如：

　　for(;i<=100;)

　　{sum=sum+i;

　　　　i++;}

相当于：

　　while(i<=100)

　　　　{sum=sum+i;

　　　　i++;}

(5) 3 个表达式都可以省略。例如：

　　for( ;; )　　相当于　　while(1)

(6) 表达式 1 可以是设置循环变量初值的赋值表达式，也可以是其他表达式。例如：

　　for(sum=0;i<=100;i++)　　sum=sum+i;

(7) 表达式 1 和表达式 3 可以是一个简单表达式也可以是逗号表达式。例如：

　　for(sum=0,i=1;i<=100;i++)　　sum=sum+i;

或：

　　for(i=0,j=100;i<=100;i++,j--)　　k=i+j;

(8) 表达式 2 一般是关系表达式或逻辑表达式，但也可是数值表达式或字符表达式，只要其值非零，就执行循环体。例如：

　　for(i=0;(c=getchar())!='\n';i+=c)

又如：

　　for(;(c=getchar())!='\n';)

　　　　printf("%c",c);

## 3. for 循环的自身嵌套

【例 5.11】 已知 mn*nm=6786，编程求出 m 和 n 的值。

程序代码如下：

```
01  #include <stdio.h>
02  int main( )
03   {
04      int m,n,k;
05      for(m=1;m<10;m++)
06          for(n=1;n<10;n++)
07          {
08              k= (10*m+n)*(10*n+m);
09              if(k==6786)
10                  printf("m= %d,n=%d\n",m,n);
11          }
12   }
```

程序输出结果如下：m=7，n=8 或 m=8，n=7；程序中使用了 for 循环语句的嵌套，即用 for 循环语句作为 for 循环的循环体，称为双重 for 循环。前边一个称为外层循环，后面一个称为内层循环。外层循环 m 的每一个值，内层循环都要循环一遍。

【例 5.12】 嵌套 for 循环求九九乘法表。

程序代码如下：

```
01  #include <stdio.h>
02  int main( )
03   {
04      int i,j;
05      for (i=1;i<=9;i++)          /*外层循环*/
06      {
07          for (j=1;j<=9;j++)      /*内层循环*/
08              printf("%d*%d=%2d ",i,j,i*j);
09          printf("\n");
10      }
11      return 0;
12   }
```

本程序用双重循环实现九九乘法表。外层循环 i 的每一个值内层循环都要循环一遍，也就是说 j 从 1 到 9 循环一遍。外层循环变量 i 与内层变量 j 进行相乘并输出，其最终结果即一张九九乘法表。

## 三、任务实施

通过相关理论学习后，我们可以对"班级学生成绩管理系统"中学生课程的总分和平均分进行计算，并将现实中的数据处理成 C 语言能够理解的数据。

```
01  #include <stdio.h>
02  int main()
03  {
04      int i,j;
05      float sumsore;
06       system("cls");
07       if(stusize<=0)
08       {
09              gotoxy(22,5);
10              printf("数组中没有学生记录或文件没有打开，不能计算总成绩和
11  平均成绩！");
12              getch();
13              }
14      else
15      {
16        for(i=0;i<stusize;i++)
17        {
18            sumscore=0;
19            for(j=0;j<3;j++)
20            {
21                sumscore+=stu[i.stuscore[j]];
22            }
23                stu[i].stuscore[3]=sumscore;
24                stu[i].stuscore[4]=sumscore/3.0f;
25        }
26      gotoxy(20,5);
27      printf("计算总成绩和平均成绩成功，按任意键返回上级菜单！");
28      getch();
29      }
30  }
```

　　　本程序实现对学生总成绩和平均成绩的计算。当程序执行的过程中判断 stusize 的值小于 0 时，则显示无法计算；当 stusize 的值大于 0 时，就对学生的总成绩和平均成绩进行计算。gotoxy()为光标定位函数。

## 四、知识扩展

### 1. 几种循环结构的比较

用于实现循环控制的语句有三种：while、do-while、for 循环语句，三者语句形式不同，相互之间有一定的区别，但主要的结构成分都是循环体和循环控制条件。循环体是希望反复执行的部分；循环控制条件用来判断循环是否继续执行。

**1) 三种循环控制语句的区别和特点**

(1) while、do-while 循环一般采用标志式循环(循环次数未知)，for 循环大多采用计数式循环(循环次数已知)。

(2) 一般 while、do-while 循环将循环结束的条件放在 while 后面的表达式中，在循环体中应包含反复执行的操作语句以及使循环趋于结束的语句(例如 i++ 等)。for 循环则将循环结束的条件以及使循环趋于结束的语句置于表达式 2 和表达式 3，甚至可以将循环体中的全部操作以逗号表达式的形式放到表达式 3 中。因此 for 语句功能更强，采用 while、do-while 语句能实现的循环采用 for 语句几乎都能实现。

(3) while 和 for 循环是先判断循环条件，后执行循环体语句的循环结构。while 循环语句和 for 循环语句在开始时，首先测试循环条件，如果满足条件，则执行循环体，如果循环条件一开始就不满足，则循环体的内容一次也不执行，退出循环。例如：

    for(i=1;i<=-100;i--)
    {┆}

因此循环体可能被执行 0 次(循环条件不满足)或多次(循环条件满足)。而 do-while 循环是先执行循环体语句，后判断循环条件，所以循环体无论怎样都至少要被执行一次。例如：

    int i=1;
    do{┆
      }while(i<=-100);

因此循环体至少要被执行一次(循环条件不满足)或多次(循环条件满足)。

(4) 采用 while 和 do-while 循环时，循环变量的初始值操作应放在 while 和 do-while 语句之前完成。而 for 语句中循环控制变量的初始化通常在表达式 1 中实现。

**2) 三种循环语句的选用原则**

对同一个问题，往往既可以用 while 语句解决也可以用 do-while 语句或 for 语句来解决，三种循环语句格式之间可以相互转化。但在实际应用中，通常根据具体情况来选用不同的循环语句，选用的一般原则是：

(1) 如果循环次数在执行循环体之前就已确定，一般用 for 语句；如果循环次数是由循环体的执行情况来确定，则采用 while 语句或 do-while 语句。

(2) 当循环体至少要执行一次时，采用 do-while 语句；反之如果循环体可能一次也不执行，则选用 while 或 for 语句。

提示：三种循环语句都是根据循环条件来决定是否重复执行，所以在循环体内部或循环条件中必须存在改变循环条件的动作(语句)，否则可能会出现死循环等异常情况。

### 2. 用 for 循环实现任务一中主菜单的设计

for 循环规定了循环执行的次数，达到规定的次数后将会退出循环。不要理解成 for 循环只能实现已知循环次数的循环，实际上 for 循环也能够实现未知循环次数的循环。

【例 5.13】 用 for 语句实现主界面菜单项的选择。

程序代码如下：

```
01  #include<stdio.h>
02  #include<stdlib.h>
03  #include<conio.h>
04  int main()
05  {
06      int i;                  /*定义循环变量*/
07      int choose;
08      system("cls");
09      StuCover();
10      getch();
11       for(i=0;i<8;i++)
12       {
13          MainMenu();              /*调用主菜单函数*/
14          printf("\t\t 请输入序号：");
15          scanf("%d",&choose);
16          switch(choose)          /*主菜单的 switch*/
17          {
18          case 1:printf("打开文件!\n");getch();break;
19          case 2:printf("保存文件!\n");getch();break;
20          case 3:EditMenu();getch();break;
21          case 4:DispMenu();getch();break;
22          case 5:CompMenu();getch();break;
23          case 6:printf("程序说明!\n");getch();break;
24          case 0:printf("退出程序!\n");getch();break;
25          default:printf("输入错误!\n");getch();
26          }
27       }
28  }
```

本程序是用 for 语句实现"班级学生成绩管理系统"主界面菜单项的选择。for 循环规定了循环执行的次数，当循环达到规定的次数后将会退出循环。

## ⊠ 任务小结

本节的重点是使用 for 语句实现"班级学生成绩管理系统"的分数统计，要熟练掌握 for 语句以及 for 语句的嵌套循环。

学习 for 语句时应当明白其语句规则，即：

(1) for 语句先判断条件后执行循环体，属于当型循环，即有可能循环体一次也不被执行。

(2) for 语句循环控制有初值和终值，所以特别适宜有确定循环次数的编程情况。

(3) for 中三个表达式之间必须且只能用两个分号隔开。一般情况下，三个表达式的功能分配是：表达式 1 用于赋初值；表达式 2 用于控制循环条件；表达式 3 用于改变循环条件。

通过本章的学习，要求能够掌握 while、do-while 循环及 while、do-while 的嵌套循环结构。本次任务和上一任务均讲述不同的循环结构，那么这几种循环结构又有什么异同点呢？下面对几种循环做详细比较。

• 四种循环都可以用来处理同一个问题，一般可以互相代替。但一般不提倡用 goto 型循环。

• while 和 do-while 循环体中应包括使循环趋于结束的语句。for 语句功能最强。

• 用 while 和 do-while 循环时，循环变量初始化的操作应在 while 和 do-while 语句之前完成，而 for 语句可以在表达式 1 中实现循环变量的初始化。

每种循环的特性如表 5-1 所示。

表 5-1  每种循环的循环特性比较

| 循 环 特 性 | 循 环 种 类 | | |
|---|---|---|---|
| | for | while | do-while |
| 前端测试条件判断 | 是 | 是 | 否 |
| 后端测试条件判断 | 否 | 否 | 是 |
| 在循环主体中，需要自己更改循环控制变量的值 | 是 | 否 | 否 |
| 循环重复的次数 | 已知 | 已知 | 已知 |
| 循环主体的最少执行次数 | 0 次 | 0 次 | 1 次 |
| 何时重复执行循环 | 条件成立 | 条件成立 | 条件成立 |

习　　题

一、选择题

1. 循环语句 for(i=0, j=0;(j!=25)&&(i<3);i++)的循环执行次数是(　　　)。
   A. 无限循环　　　　B. 2 次　　　　　C. 3 次　　　　　　D. 4 次
2. 循环语句 for(i=0, j=0;(j!=4)||(i<3);j++, i++)的循环执行次数是(　　　)。

A. 无限循环　　　　B. 2次　　　　　C. 3次　　　　　D. 4次

3. 在与 switch 语句配套的 case 语句中所使用的表达式(　　　)。

A. 只能是常量

B. 可以是变量或常量

C. 只能是常量或常量表达式

D. 无论是常量还是变量，只要在执行时已经有确定的值就可以了

4. if 语句中用来作为判断条件的表达式是(　　　)。

A. 逻辑表达式　　　　B. 关系表达式　　　C. 算术表达式　　　D. 以上都是

## 二、填空题

1. 在 C 语言中，单目运算符的结合方向(运算方向)是_____；唯一的一个三目运算符是_____。

2. 能正确表示"当 ch 为小写字母为真，否则为假"的表达式是_____。

3. 循环语句 for(;;) printf("OK \n");和 do { printf("OK\n");} while(0);执行完毕后，循环次数分别是_____和_____。

4. 若有说明 int i，j，k;则表达式 i=10，j=20，k=30，k*=i+j 的值为_____。

5. 结构化程序设计的三种基本结构是选择结构、循环结构和_____。

## 三、阅读程序，写出程序的运行结果

1. main()
```
{   int i=1;
    while(i<=10)
    if(++i%2!=0) continue;
    else printf("%3d",i);
}
```

2. main( )
```
{   int j;
    for(j=4;j>=2;j--)
    switch(j)
      {case 0: printf("%4s","ABC");
       case 1: printf("%4s","DEF");
       case 2: printf("%4s","GHI");break
       case 3: printf("%4s","JKL");
       default: printf("%4s","MNO");
      }
    printf("\n");
    }
```

## 四、编程题

1. 设计一程序，显示输出如下所示的三角形(要求用循环实现)。

```
        *
      * * *
    * * * * *
  * * * * * * *
* * * * * * * * *
```

2．编写程序实现符号函数，即

$$y = \begin{cases} 1 & (x > 0) \\ 0 & (x = 0) \\ -1 & (x < 0) \end{cases}$$

3．编写程序输出 100 以内的素数。

4．编写一个读入两个正整数值 a 和 b，并显示大于 a 小于 b 的所有偶数的程序。

# 第6章 学生成绩排名——数组

本章的主要任务是对"班级成绩管理系统"中学生成绩排名模块进行编程,通过本章的学习,使学生掌握一维数组、二维数组、字符数组的定义、初始化和引用的方法。学习本章后,应该能够对学生成绩排名模块用数组方法进行编程。在本章的学习中,学生将要达到如下的知识目标和能力目标:

**知识目标**

➢ 掌握数组的基本概念,一维数组、二维数组的定义和引用。

➢ 掌握字符数组的定义、引用方法。

➢ 理解数组在内存中的存放形式,数值型数组与字符型数组在引用上的区别。

**能力目标**

➢ 能够用数组初步实现学生最高、最低成绩查找以及学生成绩排序功能。

## 任务一 用数组初步实现学生最高、最低成绩查找

任务目标:用数组初步实现学生最高、最低成绩查找。

## 一、任务情境

在第 2 章中,我们学习了如何定义简单变量。简单变量具有一个严重的缺陷,即能够存储的数据非常少,要么只能存储一个数,要么只能存储一个字符。"班级学生成绩管理系统"中要处理的数据非常多,这些数据中相当一部分是具有共性(有序、类型相同)的,这些具有共性的数据如果用简单变量处理,则设置的变量数量将非常多,处理起来会很复杂。本章将使用数组来处理这些具有共性的变量。

在"班级学生成绩管理系统"中处理的学生信息主要包括学号、姓名、性别、年龄、三门功课成绩、总成绩、平均成绩、最高成绩和最低成绩等。在系统中要实现:依据学号、三门功课成绩、总成绩、平均成绩进行排序;依据学号、姓名等对学生信息进行查询;查找学生最高、最低成绩等功能。

## 二、知识必备

引例:已知一组学生的语文考试成绩,统计其中及格的人数。程序代码如下:

```
01  #include   <stdio.h>
02  int main()
03  {
04      int score[10]={ 88,70,95,100,74,62,82,79,53,66};
```

| | | |
|---|---|---|
| 05 | int i,count=0; | /*变量 count 用于及格人数的计数*/ |
| 06 | printf("这组成绩数据分别为:\n"); | |
| 07 | | |
| | for(i=0;i<10;i++) | /*输出 10 个学生的成绩*/ |
| 08 | printf("%4d",score[i]); | |
| 09 | printf("\n"); | |
| 10 | for(i=0;i<10;i++) | /*计算及格人数*/ |
| 11 | if(score[i]>=60) | |
| 12 | count++; | |
| 13 | printf("及格人数为:%d",count); | |
| 14 | } | |

　　本程序中使用数组 score 存放 10 个学生的成绩，变量 i 和 count 分别作为循环变量和存放及格人数的计数器，第一个循环输出所有成绩，第二个循环将所有成绩与及格分数 60 相比，等于或高于 60 则计数存入变量 count 中，最后将及格人数 count 输出。

### 1. 数组的概念

　　我们知道，在程序设计中，大多数数据都是存放在变量里的。如果要处理较多的数据，增加存放数据空间最简单的方法就是多设一些变量。然而，变量多了将难以管理。这就好像一个班级里的学生名字有长有短，即使没有重复的名字，要在一长串名单里找到一个同学的名字也不是件容易的事情。于是，最方便的方法就是给学生编上学号，把名单按学号排列好以后，查找起来只要找学号就可以了。因为数字的排列是从小到大的，是有序的，所以查找时要比在一堆长短不一的名字中查找方便得多。我们受到"学号"的启发，可以给变量也编一个号，把存储着相关内容的变量编在一组内，称为数组。

### 2. 一维数组的定义

　　数组的本质也是变量，所以在使用数组之前必须先定义。其一般形式为
　　　数据类型　　数组名[常量表达式];
说明:
　　(1) 和声明变量类似，数据类型仍然是整型、字符型等类型。
　　(2) 数组的命名规则和变量的命名规则一样。
　　(3) 方括号内的常量表达式称为数组的大小，即元素的个数，必须在程序执行之前就已经知道数组的大小，因此方括号内只能是一个常量表达式，而不能含有变量。
　　例如 int a[5];，该语句声明了一个可以存放 5 个整型数据的数组，它所能存储的数据相当于 5 个整型变量。

### 3. 一维数组的引用

　　既然数组就像是给变量编了号，那么要访问数组中的某一个元素时自然就要用到这个

编号。给学生编的号称为学号，给数组元素编的号称为下标。引用数组中某一个元素的格式是

数组名[下标]

【例6.1】 数组的引用。

程序代码如下：

```
01  #include    <stdio.h>
02  int main()
03  {
04      int array[5];                    /*声明一个可以存放5个整数的数组*/
05      int i,j;
06      for (i=0;i<5;i++)
07        {
08          array[i]=i+1;                /*对各数组元素赋值*/
09        }
10      for (j=0;j<5;j++)
11        {
12          printf("%d",array[j]);       /*输出各数组元素*/
13        }
14      printf("\n");
15  }
```

该程序中，第04行定义了整型数组array，长度是5，第06~09行用一个循环对数组中各元素赋值，这个循环的下界不能为5，第10~14行对数组中各元素进行输出。由于循环语句和下标的存在，再配合循环控制变量，就能很方便地对多个数据进行反复的操作，这种优势是多个变量所不具有的。

### 4. 一维数组的初始化

变量在定义的同时可以初始化。同样，数组作为变量也可以在定义的时候初始化，定义并初始化数组的语法格式为

数据类型    数组名[常量表达式]={初始化值1，初始化值2，…，初始化值n}；

在初始化数组时，大括号中值的个数不能大于声明数组的大小，也不能通过添加逗号的方式跳过。但是初始化值的个数可以小于声明数组的大小，此时仅对前面一些有初始化值的元素依次进行初始化。

例如：

int array1[3]={0，1，2};           正确

int array2[3]={0，1，2，3};        错误，初始化值个数大于数组大小

int array3[3]={0，，2};            错误，初始化值被跳过

int array4[3]={0，1，};            错误，初始化值被跳过

int array5[3]={0，1};             正确，省略初始化最后一个元素

通过上面的介绍，我们已经知道了如何定义和初始化一个数组。然而有时候既要赋初值又要计算元素个数，有些麻烦。既然对各元素赋了初值，计算机能否自己算出有多少个元素呢？

例如：

    int array[]={0，3，4，8};

此语句相当于

    int array[4]={0，3，4，8};

这样的写法便于我们对数组元素的插入或修改，只需要直接在花括号中对数据进行修改就可以了，而不必去考虑方括号中的数组大小应该怎么变化。

【例6.2】 数组初始化。已知一组学生的 C 语言考试成绩，统计其中及格人数。

程序代码如下：

```
01  #include<stdio.h>
02  int main()
03  {
04      int mark[10]={80,56,83,79,91,58,64,85,90,60};    /*初始化数组 mark*/
05      int i,count=0;                              /*变量 count 用于统计及格人数*/
06      printf("这组成绩数据分别为:\n");
07      for(i=0;i<10;i++)
08          printf("%4d"，mark[i]);
09      printf("\n");
10      for(i=0;i<10;i++)
11          if(mark[i]>=60)
12              count++;
13      printf("及格人数为: %d\n",count);
14  }
```

本例中定义数组 mark 用于存放学生成绩，并对其进行了初始化，变量 count 用于统计及格人数，第 07～09 行用一个循环输出该数组，第 10～12 行用于统计及格人数。

## 三、任务实施

通过基础知识的学习，我们对数组的使用有了一定的认识，下面来实现"班级学生成绩管理系统"的"查询"模块中对最高成绩、最低成绩的查找。

【例6.3】 输入 10 个学生的考试成绩，输出其中的最高分、最低分以及这 10 个学生的总成绩和平均成绩。

程序分析:将 10 个学生的考试成绩存放在 score 中，设数组 score 中第一个元素 score[0] 最大，把它的值赋给变量 max 和 min，然后将其他各元素依次和 max 和 min 比较。如果有大于 max 的，就把该元素的值赋给 max，取代原来 max 的值；如果有小于 min 的，就把该元素的值赋给 min，取代原来 min 的值。与此同时，将每个元素的值都加在变量 sum 中求得总成绩。最后，根据 sum/10 求出平均成绩。

程序代码如下：

```
01  #define   N 10
02  #include  <stdio.h>
03  int main()
04  {
05    int i, score[5];
06    int max,min,sum;              /*max 和 min 分别存放最高分和最低分*/
07    float average;                /*average 存放平均成绩*/
08    printf("输入%d 个学生的考试成绩：\n",N);
09    for(i=0;i<N;i++)              /*输入 10 个学生的考试成绩*/
10        scanf("%d", &score[i]);
11    sum=0;
12    max=min=score[0];            /*用第一个学生的考试成绩来初始化 max 和 min*/
13    for(i=0;i<N;i++)             /*求总成绩、最高分和最低分*/
14    {
15        sum+=score[i];
16        if(score[i]>max)
17            max=score[i];
18        else if(score[i]<min)
19            min=score[i];
20    }
21    average=(float)sum/N;        /*求平均成绩*/
22    printf("最高分为：%d\n",max);
23    printf("最低分为：%d\n",min);
24    printf("总成绩为：%d\n",sum);
25    printf("平均成绩为：%.2f\n",average);
26  }
```

本程序中使用数组 score 存放输入的 10 个学生成绩，变量 max 存放这组成绩中的最高分(即最大值)。首先，用 score 数组中的第一个元素(score[0]的值)来初始化 max 变量，再通过循环语句依次把 score[1]～score[9]的值与 max 相比较，如果数组元素的值比 max 的值大，则把该元素的值赋给 max。用类似的方法可求得这组成绩数据中的最低分。

运行结果：

输入 10 个学生的考试成绩：

88  70  95  100  74  62  82  79  53  66 ✓

最高分为：100

最低分为：53

总成绩为：769

平均成绩为：76.90

例 6.3 中使用了两个 for 循环，分别用于输入 10 个学生的考试成绩和计算 10 个学生的总成绩。这两个 for 循环也可以合并成一个循环。

改进后程序如下：

```
01  #define   N 10
02  #include   <stdio.h>
03  int main()
04  {
05   int i,score[N];
06   int max,min,sum;
07   float average;
08   printf("输入%d 个学生的考试成绩：\n"，N);
09   scanf("%d",&score[0]);              /*先输入第一个学生的考试成绩*/
10   max=min=sum=score[0];              /*用第一个学生的考试成绩来初始化
                                          max、min 和 sum*/
11   for(i=1;i<N;i++)                   /*输入后面 9 个学生的考试成绩*/
12   {
13       scanf("%d",&score[i]);
14       sum+=score[i];
15       if(score[i]>max)
16           max=score[i];
17       else if(score[i]<min)
18           min=score[i];
19   }
20   average=(float)sum/N;
21   printf("最高分为：%d\n",max);
22   printf("最低分为：%d\n",min);
23   printf("总成绩为：%d\n",sum);
24   printf("平均成绩为：%.2f\n",average);
25  }
```

本程序中使用数组 score[0]存放第一个学生成绩，然后用第一个学生的成绩来初始化变量 max、min 和 sum，再通过循环语句依次输入后面 9 位学生的成绩，一边输入一边和 max、min 比较，并累加到 sum 中。

# 四、知识扩展

## 1. 二维数组

我们知道，一维空间是一条线，数学中用一条数轴来表达；二维空间是一个平面，数学中用平面坐标系来表达。那么二维数组又是什么样的呢？

### 1）线与面

我们用一个下标来描述一维数组中的某个元素，就好像用数描述一条线上的点，而所有的数据都存储在一条线上。如果采用两个下标，就能形成一个平面，犹如一张表格，有行有列，所有的数据就能够存放到表格里，如表 6-1、表 6-2 所示。

表 6-1    一维数组

| a[0] |
| --- |
| a[1] |
| a[2] |
| a[3] |
| a[4] |

表 6-2    二维数组

| a[0][0] | a[0][1] | a[0][2] | a[0][3] | a[0][4] |
| --- | --- | --- | --- | --- |
| a[1][0] | a[1][1] | a[1][2] | a[1][3] | a[1][4] |
| a[2][0] | a[2][1] | a[2][2] | a[2][3] | a[2][4] |
| a[3][0] | a[3][1] | a[3][2] | a[3][3] | a[3][4] |
| a[4][0] | a[4][1] | a[4][2] | a[4][3] | a[4][4] |

二维数组的两个下标分别称为行下标和列下标，在前面的是行下标，在后面的是列下标。什么时候用到二维数组呢？一般有两种情况，一种是描述一个二维的事物。比如用 1 表示墙，用 0 表示通路，可以用二维数组来描述一个迷宫地图；用 1 表示有通路，0 表示没有通路，可以用二维数组来描述几个城市之间的交通情况。还有一种是描述多个具有多项属性的事物。比如有多个学生，每个学生有语文、数学和英语三门成绩，就可以用二维数组来描述。

### 2）二维数组的声明和初始化

二维数组的声明和一维数组类似，不同之处只是多了一个下标：

   数据类型   数组名[行数][列数]；

注意，二维数组的下标也都是从 0 开始的。

二维数组的初始化分为两种，一种是顺序初始化，一种是按行初始化。下面通过一段程序来进行了解。

【例 6.4】 二维数组的初始化。

程序代码如下：

```
01  #include <stdio.h>
02  int main()
03  {
04    int array1[3][2]={4,2,5,6};              /*顺序初始化*/
05    int array2[3][2]={{4,2},{5},{6}};        /*按行初始化*/
06    printf("array1: \n");
07    for (int i=0;i<3;i++)                     /*输出数组 array1*/
08    {
09    for (int j=0;j<2;j++)
```

```
10        printf("%d\n",array1[i][j]);
11        printf("\n");
12        }
13        printf("array1：\n");
14        for (int k=0;k<3;k++)                    /*输出数组 array2*/
15        {
16        for (int l=0;l<2;l++)
17        printf("%d\n",array1[k][l]);
18        printf("\n");
19        }
20    }
```

可以看出，所谓顺序初始化，就是先从左向右再由上而下地初始化，即第一行所有元素都初始化完成以后再对第二行初始化。按行初始化则是用一对大括号来表示每一行，跳过前一行没有初始化的元素，在行内从左向右地进行初始化。对于没有初始化的元素，则都是一个不确定的值。

运行结果：
  array1
  4 2
  5 6
  13 4
  array2
  4 2
  5 8
  6 8

3) 省略第一维的大小

一维数组的大小可以省略，可是二维数组的元素个数是行数和列数的乘积，如果只告诉电脑元素个数，电脑无法知道这个数组究竟是几行几列。所以，C 语言规定，在声明和初始化一个二维数组时，只有第一维(行数)可以省略。如：

  int array[][3]={1，2，3，4，5，6};

相当于

  int array[2][3]={1，2，3，4，5，6};

## 2．字符数组

1) 字符的存储情况

电脑是用电来计算和保存信息的。在电脑里，就好像有许许多多的开关，用导通(开)来表示 1，用断开(关)来表示 0。那么这些"0"和"1"是如何表示字符的呢？

当只有一个开关的时候，这个开关能表示两种状态，即 0 和 1；当有两个开关的时候，这两个开关可以表示四种状态，即 00，01，10，11，…如果学过排列，就不难理解，当有 8 个开关的时候，可以表示 $2^8$=256 种状态，分别是 0～255。在电脑中，就是用 8 个开关(0 或 1)来表示一个字节的，每一个开关(0 或 1)称为一个"位"(bit)，即 8 位组成一个字节。把一个字节所能表示的 256 种状态和 256 个字符按一定的顺序一一对应起来，一个字节就可以表示 256 种不同的字符。这种用 8 位二进制表示一个字符的编码称为 ASCII 码，它的全称是美国信息交换标准码(America Standard Code for Information Interchange)。我们需要记住的 ASCII 码有三个，数字 0 的 ASCII 码为十进制的 48，大写字母 A 的 ASCII 码为十进制的 65，小写字母 a 的 ASCII 码为十进制的 97。

  2) 字符数组在内存中的存储情况

  字符和字符串是不同的：字符是指单个字符，而字符串是由若干个字符连接而成。可是，'a' 和 "a" 有区别吗？

  其实字符和字符串的区别有点像单词和句子的区别。一个句子可能只由一个单词组成，但是句号却是必不可少的，否则就不能称为句子了。字符串在结尾处也会加上一个"句号"来表示字符串的结束，称为结尾符。在 C 语言中用数组表示的字符串的结尾符是 '\0'，它也是一个字符。所以字符串 "a" 实际上是两个字符，即字符 'a' 和结尾符 '\0'。

  初始化一个字符数组的时候有两种方式，一种是按字符串初始化，一种是按字符初始化。按字符串初始化会在最后一个元素出现结尾符，而结尾符也要占用一个字符的空间，所以在声明数组的时候一定要注意空间是否足够。下面通过程序来了解这两种初始化方法。

  【例 6.5】字符数组的初始化。

  程序代码如下：

```
01  #include <stdio.h>
02  int main()
03  {
04      char a[]={"Hello"};              /*按字符串初始化*/
05      char b[]={'H','e','l','l','o'};   /*按字符初始化*/
06      char c[]={'H','e','l','l','o','\0'};  /*按字符串初始化*/
07      printf("Size of A=%d\n",sizeof(a));
08      printf("Size of B=%d\n",sizeof(b));
09      printf("Size of C=%d\n",sizeof(c));
10      printf("%s\n",a);
11      printf("%s\n",b);
12      printf("%s\n",c);
13  }
```

从数组 a、b 和 c 的大小可以看出按字符串和按字符初始化的不同。从下面的运行结果可能还会发现，输出的数组 a 和 c 都是正常的，为什么输出的 b 却夹杂着乱码呢？这是因为 a 和 c 的属性都是字符串的字符数组，而 b 是普通字符数组。b 数组没有结尾符，电脑在输出它的时候就会发生问题。

运行结果：

    Size of A=6

    Size of B=5

    Size of C=6

    Hello

    Hello 烫蘴 ello

    Hello

## ⊠ 任务小结

通过"班级学生成绩管理系统"中最高分和最低分查找的初步实现，应该熟悉数组的概念、一维数组的定义、初始化和引用；能够熟练掌握一维数组在编程中的实际应用。

### 任务二　用数组初步实现学生成绩排序

任务目标：用二维数组初步实现学生成绩排序。

## 一、任务情境

本任务初步实现"班级学生成绩管理系统"中按升序和降序排列学生成绩，排序方法采用"选择法排序"。在排序过程中，创建并生成一个新的成绩数组，其目的是在排序的过程中不影响原成绩数组的排列。

## 二、知识必备

引例：分别输入 4 个学生的高等数学成绩、大学英语成绩和 C 语言成绩，求每个学生的总成绩和平均成绩。

程序代码如下：

```
01  #define N 4
02  #include<stdio.h>
03  int main()
04    {
05    int mark[N][3],sum[N];          /*数组 mark 存放学生成绩,数组 sum 存放学生
                                         的总成绩*/
06    int i,j;
07    system("cls");                  /*清屏*/
08    printf("在对应的序号后输入每个学生每门课程的成绩，以回车结束\n");
09    printf("%10s%10s%10s%10s\n","学生序号","高等数学","大学英语","C 语言");
10    for(i=0;i<N;i++)
11      {
```

```
12        sum[i]=0;
13        printf("%8d",i+1);                /*输出学生序号*/
14        for(j=0;j<3;j++)
15        {
16        scanf("%d",&mark[i][j]);           /*输入各科成绩*/sum[i]=sum[i]+mark[i][j];
17        }
18        }
19        printf("\n%10s%10s%10s\n", "学生序号", "总成绩", "平均成绩");
20        for(i=0;i<N;i++)
21        {
22              printf("%10d%10d%10.2f\n",i+1,sum[i],sum[i]/3.0);
23        }
24  }
25
```

      本程序在第 05 行定义了数组 mark 存放学生成绩，数组 sum 存放学生的总成绩，使用二维数组可精简代码。第 10～19 行用一个循环来输入学生各科成绩并计算学生的总成绩，第 21～24 行是输出部分，输出学生的序号、总成绩以及平均成绩。

### 1. 排序方法

    排序是经常使用到的一项功能。排序的算法有多种，如选择排序法、快速排序法、插入排序法等。下面结合实例来介绍选择排序法。

    选择排序的思想是：在未排序的元素中选择最小的一个与未排序的首元素交换，直至所有的元素均已排序。

    【例 6.6】 输入 10 个学生的语文考试成绩，用选择法将成绩由高到低排序，即根据考试成绩排出名次。

    程序分析：使用数组存放要排序的 10 个学生的成绩，按由大到小的顺序排序，则首先在 10 个成绩中找到最大值，将它放在数组的第一个元素位置上，再在其余的 9 个成绩中找到最大值，放在第二个元素的位置上，……，这样不断重复，直到只剩下最后一个成绩为止。

    例如：存放在数组 score 中的原始数据为

| 88 | 70 | 95 | 100 | 74 | 62 | 82 | 79 | 53 | 66 |
|----|----|----|-----|----|----|----|----|----|----|

    第一轮：将 score[0]的值依次与 score[1]～score[9](用 score[j]表示)相比较，如果 score[j]的值比 score[0]大，则交换 score[0]与 score[j]的值。第一轮交换的结果为

| 100 | 70 | 88 | 95 | 74 | 62 | 82 | 79 | 53 | 66 |
|-----|----|----|----|----|----|----|----|----|----|

    经过第一轮的比较，10 个成绩中的最大值 100 就被放在了第一个元素(score[0])的位置。

    第二轮：将 score[1]的值依次与 score[2]～score[9](用 score[j]表示)相比较，如果 score[j]

的值比 score[1]大，则交换 score[1]与 score[j]的值。第二轮交换的结果为

| 100 | 95 | 70 | 88 | 74 | 62 | 82 | 79 | 53 | 66 |
|-----|----|----|----|----|----|----|----|----|----|

经过第二轮的比较，剩下 9 个成绩中的最大值 95 就被放在了第二个元素(score[1])的位置。

第三轮：将 score[2]的值依次与 score[3]～score[9](用 score[j]表示)相比较，如果 score[j]的值比 score[2]大，则交换 score[2]与 score[j]的值。第三轮交换的结果为

| 100 | 95 | 88 | 70 | 74 | 62 | 82 | 79 | 53 | 66 |
|-----|----|----|----|----|----|----|----|----|----|

可以看出，经过三轮比较，剩下 8 个成绩中的最大值 88 被放在了第三个元素(score[2])的位置。

……

可以得出，如果排序的个数为 n，则要比较 n−1 轮。本例中比较 9 轮。

程序代码如下：

```
01  #define   N 10
02  #include   <stdio.h>
03  int main()
04  {
05    int score[N],t;
06    int i,j;
07    printf("输入%d 个学生的语文考试成绩：\n"，N);
08    for(i=0;i<N;i++)              /*输入 10 个学生的语文成绩*/
09      scanf("%d"，&score[i]);
10    for(i=0;i<N-1;i++)           /*用选择法对 10 个学生成绩排序*/
11      for(j=i+1;j<N;j++)
12        if(score[j]>score[i])
13        {
14            t=score[i];
15            score[i]=score[j];
16            score[j]=t;
17        }
18    printf("成绩由高到低排序后的结果为：\n");
19    for(i=0;i<10;i++)            /*输出排序后的成绩*/
20      printf("%d   ",score[i]);
21  }
```

本例定义了 score 数组来放置 10 个学生的语文成绩，用一个循环输入 10 个学生成绩，然后利用选择排序的算法实现成绩由高到低的排序，最后将排序后的数据输出。

运行结果：

输入 10 个学生的语文考试成绩：

88　70　95　100　74　62　82　79　53　66 ↙

成绩由高到低排序后的结果为：

100　95　88　82　79　74　70　66　62　53

## 2．字符串处理函数

1) 字符串输出函数 puts

格式：puts (字符数组名)

功能：把字符数组中的字符串输出到显示器，即在屏幕上显示该字符串。

【例6.7】　puts 函数应用。

```
01  #include <stdio.h>
02  int main()
03  {
04      char c[]="BASIC\ndBASE";
05      puts(c);
06  }
```

可以看出：puts 函数中可以使用转义字符，因此输出结果为两行。puts 函数完全可以由 printf 函数取代。当需要按一定格式输出时，通常使用 printf 函数。

2) 字符串输入函数 gets

格式：gets(字符数组名)

功能：从标准输入设备(键盘)上输入一个字符串。gets 函数得到一个函数值，即为该字符数组的首地址。

【例6.8】　gets 函数应用。

```
01  #include <stdio.h>
02  int main()
03  {
04      char st[15];
05      printf("input string:\n");
06      gets(st);
07      puts(st);
08  }
```

可以看出：当输入的字符串中含有空格时，输出仍为全部字符串，说明 gets 函数并不以空格作为字符串输入结束的标志，而只以回车作为输入结束，这是与 scanf 函数不同的。

3) 字符串拷贝函数 strcpy

格式：strcpy (字符数组 1，字符数组 2)

功能：把字符数组 2 中的字符串拷贝到字符数组 1 中。串结束标志 "\0" 也一同拷贝。字符数组 2 也可以是一个字符串常量，这时相当于把一个字符串赋予一个字符数组。

【例 6.9】 strcpy 函数应用。

```
01  #include<string.h>
02  #include<stdio.h>
03  int main()
04  {
05      char st1[15],st2[]="C Language";
06      strcpy(st1,st2);
07      puts(st1);
08      printf("\n");
09  }
```

 本函数要求字符数组 1 应有足够的长度，否则不能容纳所拷贝的全部字符串。

# 三、任务实施

经过必要的知识储备后，下面用数组初步实现学生成绩排序这一任务。

【例 6.10】 设计一程序，依次输入 4 位学生的姓名、高等数学成绩、大学英语成绩和 C 语言成绩，最后按总成绩从高到低的顺序输出每个学生的名次、姓名、总成绩和平均成绩。

编程思路：设置一个二维数组 name 用来存放 4 个学生的姓名，二维数组 mark 用来存放学生的三门课的成绩。此程序可由三大部分组成，即：数据输入(输入学生姓名和各科成绩)、数据排序、数据输出(输出每个学生的名次、姓名及总成绩和平均成绩)。按学生的总成绩进行排序时，使用的是例 6.6 中介绍的选择排序法，由于需要使用两个不同的数组分别存放学生姓名和学生总成绩，因此，在排序过程中，交换总成绩数组相关元素的同时，分别交换了姓名数组中相对应的下标元素，这样保证了下标相同的两个数组元素中存放的是同一个学生的姓名及总成绩。

程序代码如下：

```
01  #define N 4
02  #include "string.h"
03  #include "stdio.h"
04  int main()
05  {
06  char name[N][9],name_t[9];  /*数组 name 存放学生姓名，每个姓名最多 8 个字符
                                (4 个汉字)，name_t[9]用于存放排序时产生的姓名的中间变量*/
```

```
07    int mark[N][3],sum[N];  /*数组 mark 存放学生成绩，数组 sum 存放学生的总成绩*/
08    int i，j，t;
      /* ------------------------数据输入------------------------ */
09    printf("%10s%10s%10s%10s\n"，"学生姓名"，"高等数学"，"大学英语"，"C 语言");
10    for(i=0;i<N;i++)
11    {
12        sum[i]=0;
13        scanf("%s",name[i]);
14        for(j=0;j<3;j++)
15          {
16            scanf("%d",&mark[i][j]);
17            sum[i]=sum[i]+mark[i][j];
18          }
19    }
      /* ------------------------数据排序------------------------ */
20    for(i=0;i<N-1;i++)
21      for(j=i+1;j<N;j++)
22        if(sum[j]>sum[i])
23          {
24            t=sum[i];
25            sum[i]=sum[j];
26            sum[j]=t;
27            strcpy(name_t,name[i]);
28            strcpy(name[i],name[j]);
29            strcpy(name[j],name_t);
30          }
      /* ------------------------数据输出------------------------ */
31    printf("\n%10s%10s%10s%10s\n","名次","学生姓名","总成绩","平均成绩");
32    for(i=0;i<N;i++)
33    {
34        printf("%10d%10s%10d%10.2f\n",i+1,name[i],sum[i],sum[i]/3.0);
35      }
36    }
```

程序中第 09～19 行是数据输入部分，用来输入学生姓名和三门课程的成绩；第 20～30 行是数据排序，采用的是选择排序法，主要依据总成绩排序，如果排序过程中总成绩发生了交换(第 23～25 行)，那么姓名也随之进行交换(第 26～28 行)；第 31～36 行是数据输出部分，将排序后的数据进行输出。

运行结果：

输入每个学生的姓名及每门课的成绩。每行的姓名和成绩用空格分隔，行与行之间可用回车。

| 学生姓名 | 高等数学 | 大学英语 | C 语言 |
|---|---|---|---|
| 张飞 | 84 | 78 | 92 ✓ |
| 刘备 | 80 | 85 | 81 ✓ |
| 赵云 | 92 | 95 | 88 ✓ |
| 关羽 | 73 | 82 | 87 ✓ |

| 名次 | 学生姓名 | 总成绩 | 平均成绩 |
|---|---|---|---|
| 1 | 赵云 | 275 | 91.67 |
| 2 | 张飞 | 254 | 84.67 |
| 3 | 刘备 | 246 | 82.00 |
| 4 | 关羽 | 242 | 80.67 |

## 四、知识扩展

### 1. 字符串连接函数 strcat

格式：strcat (字符数组 1，字符数组 2)

功能：把字符数组 2 中的字符串连接到字符数组 1 中字符串的后面，并删去字符串 1 后的串标志 '\0'。本函数返回值是字符数组 1 的首地址。

【例 6.11】 strcat 函数应用。

```
01  #include <stdio.h>
02  #include <string.h>
03  int main()
04  {
05      char st1[30]="My name is ";
06      char st2[10];
07      printf("input your name:\n");
08      gets(st2);
09      strcat(st1,st2);
10      puts(st1);
11  }
```

本程序把初始化赋值的字符数组与动态赋值的字符串连接起来。注意：字符数组 1 应定义足够的长度，否则不能容纳被连接的全部字符串。

### 2. 字符串比较函数 strcmp

格式：strcmp(字符数组 1，字符数组 2)

功能：按照 ASCII 码顺序比较两个数组中的字符串，并由函数返回值返回比较结果。

字符串 1=字符串 2，返回值=0；

字符串 1>字符串 2，返回值>0；

字符串 1<字符串 2，返回值<0。

本函数也可用于比较两个字符串常量，或比较数组和字符串常量。

【例 6.12】 strcmp 函数应用。

```
01  #include <stdio.h>
02  #include <string.h>
03  int main()
04  {
05      int k;
06      char st1[15],st2[]="C Language";
07      printf("input a string:\n");
08      gets(st1);
09      k=strcmp(st1,st2);
10      if(k==0) printf("st1=st2\n");
11      if(k>0) printf("st1>st2\n");
12      if(k<0) printf("st1<st2\n");
13  }
```

本程序中对输入的字符串和数组 st2 中的字符串进行比较，比较结果返回到 k 中，根据 k 值再输出结果提示串。当输入为 dBASE 时，由 ASCII 码可知 "dBASE" 大于 "C Language"，故 k>0，输出结果 "st1>st2"。

## 3. 测字符串长度函数 strlen

格式：strlen(字符数组)

功能：测字符串的实际长度(不含字符串结束标志 '\0')并作为函数返回值。

【例 6.13】 strlen 函数应用。

```
01  #include <stdio.h>
02  #include <string.h>
03  int main()
04  {
05      int k;
06      char st[]="C language";
07      k=strlen(st);
08      printf("The lenth of the string is %d\n", k);
09  }
```

本程序用 strlen 函数求出数组 st 的长度，结果返回到 k 中，根据 k 值再输出串的长度。

【例6.14】 把一个整数按大小顺序插入已排好序的数组中。

程序分析：为了把一个数按大小插入已排好序的数组中，应首先确定排序是从大到小还是从小到大进行的。设排序是从大到小进行的，则可把欲插入的数与数组中各数逐个比较，当找到第一个比插入数小的元素i时，该元素之前即为插入位置。然后从数组最后一个元素开始到该元素为止，逐个后移一个单元，最后把插入数赋予元素i即可。如果被插入数比所有的元素值都小则插入最后位置。

程序代码如下：

```
01  #include <string.h>
02  #include <stdio.h>
03  int main()
04  {
05      int i,j,p,q,s,n,a[11]={127,3,6,28,54,68,87,105,162,18};
06      for(i=0;i<10;i++)
07          { p=i;q=a[i];
08      for(j=i+1;j<10;j++)
09      if(q<a[j]) {p=j;q=a[j];}
10      if(p!=i)
11      {
12          s=a[i];
13          a[i]=a[p];
14          a[p]=s;
15      }
16      printf("%d ",a[i]);
17          }
18      printf("\n input number:\n");
19      scanf("%d",&n);
20      for(i=0;i<10;i++)
21          if(n>a[i])
22          {for(s=9;s>=i;s--) a[s+1]=a[s];
23          break;}
24          a[i]=n;
25      for(i=0;i<=10;i++)
26          printf("%d ",a[i]);
27      printf("\n");
28  }
```

本程序首先对数组 a 中的 10 个数从大到小排序并输出排序结果，然后输入要插入的整数 n，再用一个 for 语句对 n 和数组元素逐个进行比较，发现有 n>a[i] 时，则由一个内循环把 i 以下各元素值顺次后移一个单元。后移应从后向前进行(从

a[9]开始到 a[i]为止),后移结束跳出外循环。插入点为 i,把 n 赋给 a[i]即可。如所有的元素均大于被插入数,则未进行过后移工作,此时 i=10,结果是把 n 赋给 a[10]。最后一个循环输出插入数后的数组各元素值。

## ⊠ 任务小结

本节通过"初步实现学生成绩排序"这一任务,介绍了程序设计中最常用的数据结构——数组。数组可分为数值数组(整数组、实数组)、字符数组等;数组可以是一维、二维或多维的;数组类型说明由类型说明符、数组名、数组长度(数组元素个数)三部分组成。数组元素又称为下标变量;对数值数组不能用赋值语句整体赋值、输入或输出,而必须用循环语句逐个对数组元素进行操作。

习　　题

### 一、填空题

1. 数组是_____的数据集合。

2. 如果一个数组的长度为 30,则该数组中数组元素下标的最小值为_____,最大值为_____。

3. 若有 int a[]={10,20,30,40,50};则数组 a 的长度为_____。

4. 在 C 语言中,没有字符串变量,字符串的存储是通过_____来实现的。

5. strlen 函数的功能是_____,strcmp 函数的功能是_____,strcpy 函数的功能是_____。

### 二、选择题

1. 定义一个有 100 个元素的 float 型数组,下面正确的语句是(　　　)。
A. float　a(100);　　　　　　　　　B. float　a[99];
C. float　a[100];　　　　　　　　　D. float　a[101];

2. 下面对数组 num 进行初始化的正确语句是(　　　)。
A. int　num[10]=1　　　　　　　　B. int　num[10]=(1,2,3);
C. int　num[10]={};　　　　　　　D. int　num[]={1,2,3};

3. 在 C 程序中,引用一个数组元素时,其下标的数据类型允许是(　　　)。
A. 任何类型的表达式　　　　　　　B. 整型常量
C. 整型表达式　　　　　　　　　　D. 整型常量或整型表达式

4. 下面语句中正确的是(　　　)。
A. char　name[]={'T','o','m'};
B. char　name="Tom";
C. char　name[3]= "Tom";
D. char　name[]='T','o','m','\0';

5. 若有定义：char  str[]="Hello"；则数组 str 所占空间为(        )。

A. 5 个字节                              B. 6 个字节

C. 7 个字节                              D. 8 个字节

## 三、分析下列程序，写出运行结果

1.
```c
#include<stdio.h>
int main()
{
int a[10],i;
for(i=0;i<10;i++)
{
    a[i]=i+1;
    printf("a[%d]=%d\n",i,a[i]);
}
}
```

2.
```c
#include<stdio.h>
int main()
{
        int a[5]={10,20,30,40,50};
        int b[5]={1,2,3};
        int c[]={0,1,2,3};
        int i;
        printf("数组 a：");
        for(i=0;i<5;i++)
            printf("%5d"， a[i]);
        printf("\n");
        printf("数组 b：");
        for(i=0;i<5;i++)
            printf("%5d",b[i]);
        printf("\n");
        printf("数组 c：");
        for(i=0;i<4;i++)
            printf("%5d",b[i]);
    printf("\n");
    }
```

3.
```c
#include<stdio.h>
#include<string.h>
int main()
{
```

```
        char str[80];
        int i;
        gets(str);
        for(i=0;i<strlen(str);i++)
            printf("str[%d]=%c\n",i,str[i]);
    }
```

## 四、编程题

1．输入一个数组，求其中的最大值、最小值以及这组数的和及平均值。

2．判断一个浮点数是否在另一个浮点型数组中。

3．输入二维数组 a[4][6]，输出其中最大值及其对应的行列的位置。

4．将一个字符串插入到另一个字符串的指定位置。例如，将字符串"abc"插入到字符串"123456"中的第 3 个位置，则插入后的结果应为"12abc3456"。

5．在一个能存放 10 个整数的数组中，存放了 9 个已按从小到大顺序排列的整数。现输入一个整数插入到该数组中，要求数组的各个元素仍然按从小到大的顺序排列。

# 第7章 项目整体框架设计——模块化程序设计

本章的主要任务是对"班级学生成绩管理系统"这一项目的整体框架进行设计并进行函数定义。在本章的学习过程中，主要让学生掌握函数的定义和调用方法，能够善于利用函数，减少重复编写程序段的工作量。学习本章后应能对"班级学生成绩管理系统"的整体框架结构进行正确的函数设计。在本章的学习中，学生将要达到如下的知识目标和能力目标：

**知识目标**
➢ 熟悉模块化设计思想。
➢ 掌握函数的定义和调用方法。
➢ 了解局部变量和全局变量的概念及其作用范围。

**能力目标**
➢ 能够对项目整体框架的函数进行设计。

## 任务 项目整体框架设计

任务目标：能够对"班级学生成绩管理系统"中所涉及的函数进行总体设计。

## 一、任务情境

项目的整体框架设计是程序开发中关系重大的一环。整体框架是程序的总体结构，是程序设计中非常重要的部分。整体框架设计的好处是为项目搭好一个骨架，这个骨架包含了项目的各种功能模块，后面的工作就是如何实现这些功能模块，当这些功能模块全部实现后，整个项目也就完成了。

项目的整体框架设计应当充分地进行调查研究，充分与用户进行沟通，充分了解用户的需要，在此基础上给出项目的总体规则设计方案并写出相应的函数设计。

## 二、知识必备

引例：编写一个函数，打印一条由星号构成的横线。
程序代码如下：

```
01  #include<stdio.h>
02  int main()
03  {
04      void print_star();
05      print_star();                    /*第一次调用 print_star*/
```

```
06        printf("        欢迎使用本程序！\n");
07        print_star();                    /*第二次调用 print_star*/
08  }
09  void print_star()                      /*定义 print_star*/
10  {
11        printf("*******************************\n");
12  }
```

本程序中，main()函数两次调用 print_star()函数都打印出数目相同的星号构成的横线。

### 1．模块化程序设计思想

在进行程序设计时，如果遇到一个复杂的问题，最好的办法就是将原始问题分解成若干个易于求解的小问题，每一个小问题都用一个相对独立的程序模块来处理，最后再把所有模块像搭积木一样拼合在一起，形成一个完整的程序。这种在程序设计中分而治之的策略被称为模块化程序设计方法，这是结构化程序设计中的一条重要原则。

几乎所有的高级程序设计语言都提供了自己实现程序模块化的方法。在 C 语言中，由于函数是程序的基本组成单位，所以可以很方便地利用函数来实现程序的模块化，这也是 C 语言的重要特色之一。

利用函数不仅可以实现程序的模块化，使程序设计变得简单和直观，同时也提高了程序的易读性和易维护性。我们还可以把程序中需要多次执行的计算或操作编写成通用的函数，以备需要时调用。同一函数不论在程序中被调用多少次，在源程序中只须书写一次，编译一次，这样避免了大量重复程序段，缩短了源程序的长度，也节省了占用的内存空间，减少了编译时间。

C 语言通过函数来实现模块化程序设计，如图 7-1 所示。

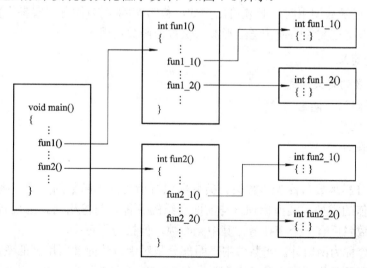

图 7-1    C语言通过函数来实现模块化程序设计

C 函数是一种独立性很强的程序模块，所有的函数都处于平等地位，不存在从属关系。一个 C 程序的函数既可以放在一个程序文件内，也可以分散地放在几个不同的程序文件中。通过函数调用可以实现不同函数之间的逻辑联系。一个 C 程序总是从 main()函数开始执行，由 main()函数调用其他函数，而其他函数之间又可以相互调用。

在图 7-1 中，某个程序执行时，由 main 函数调用 fun1 函数和 fun2 函数，fun1 函数调用 fun1_1 函数和 fun1_2 函数，fun2 函数又调用了 fun2_1 函数和 fun2_2 函数。

### 2．C 函数的分类

1) 从函数定义的角度，可分为库函数和用户定义函数

(1) 库函数：由 C 系统提供，用户无需定义，也不必在程序中作类型说明，只需在程序前包含有该函数原型的头文件即可在程序中直接调用。前面各章例题中反复用到的 printf、scanf、getchar、putchar、gets、puts、strcat 等函数均属此类。

(2) 用户定义函数：由用户按需要编写的函数。对于用户自定义函数，不仅要在程序中定义函数本身，而且在主调函数模块中还必须对该被调函数进行类型说明，然后才能使用。

2) 从函数的返回值角度，可分为有返回值函数和无返回值函数

(1) 有返回值函数：此类函数被调用执行完后将向调用者返回一个执行结果，称为函数返回值，数学函数即属于此类函数。由用户定义的这种要返回函数值的函数，必须在函数定义和函数说明中明确返回值的类型。

(2) 无返回值函数：此类函数用于完成某项特定的处理任务，执行完成后不向调用者返回函数值。这类函数类似于其他语言的过程。由于无需返回值，用户可将此类函数定义为"空类型"，空类型的说明符为"void"。

3) 从主调函数和被调函数之间数据传送的角度，可分为无参函数和有参函数

(1) 无参函数：函数定义、函数说明及函数调用中均不带参数的函数。主调函数和被调函数之间不进行参数传送。此类函数通常用来完成一组指定的功能，可以返回或不返回函数值。

(2) 有参函数：也称为带参函数。在函数定义及函数说明时都有参数，称为形式参数(简称"形参")。在函数调用时也必须给出参数，称为实际参数(简称"实参")。进行函数调用时，主调函数将把实参的值传送给形参，供被调函数使用。

### 3．函数的定义

1) 无参函数的定义形式

```
类型标识符 函数名()
{声明部分
    语句
}
```

其中类型标识符和函数名称为函数头。类型标识符指明了本函数的类型，函数的类型实际上是函数返回值的类型。类型标识符与前面介绍的各种说明符相同。函数名是由用户定义的标识符，函数名后有一个空括号，其中无参数，但括号不可少。

{}中的内容称为函数体。函数体中声明部分是对函数体内部所用到的变量的类型说明。

在很多情况下都不要求无参函数有返回值，此时函数类型标识符可以写为 void。

我们可以定义一个无参、无返回值的函数：

```
void Hello()
{
    printf ("Hello,world \n");
}
```

这里，只把 main 改为 Hello 作为函数名，其余不变。Hello 函数是一个无参函数，当被其他函数调用时，输出 Hello world 字符串。

2) 有参函数定义的一般形式

```
类型标识符  函数名(形式参数表列)
    {声明部分
        语句
    }
```

有参函数比无参函数多了一个内容，即形式参数表列。在形参表中给出的参数称为形式参数，它们可以是各种类型的变量，各参数之间用逗号间隔。在进行函数调用时，主调函数将赋予这些形式参数实际的值。形参既然是变量，则必须在形参表中给出形参的类型说明。

例如，定义一个函数，用于求两个数中的大数，可写为

```
int max(int a,int b)
{
    if (a>b) return a;
    else return b;
}
```

第一行说明 max 函数是一个整型函数，其返回的函数值是一个整数。形参为 a、b，均为整型量。a、b 的具体值是由主调函数在调用时传送过来的。在 {} 中的函数体内，除形参外没有使用其他变量，因此只有语句而没有声明部分。max 函数体中的 return 语句是把 a(或 b)的值作为函数的值返回给主调函数。有返回值函数中至少应有一个 return 语句。

在 C 程序中，一个函数的定义既可放在主函数 main 之前，也可放在 main 之后。

### 4. 函数的参数——形参和实参

函数的参数分为形参和实参两种。形参出现在函数定义中，在整个函数体内都可以使用，离开该函数则不能使用。实参出现在主调函数中，进入被调函数后，实参变量也不能使用。形参和实参的功能是数据传送。发生函数调用时，主调函数把实参的值传送给被调函数的形参，从而实现主调函数向被调函数的数据传送。

函数的形参和实参具有以下特点：

(1) 形参变量只有在被调用时才分配内存单元，在调用结束时即释放所分配的内存单元。因此，形参只有在函数内部有效，函数调用结束返回主调函数后则不能再使用该形参变量。

(2) 实参可以是常量、变量、表达式、函数等，无论实参是何种类型的量，在进行函数调用时，它们都必须具有确定的值，以便把这些值传送给形参。因此应预先用赋值、输入等办法使实参获得确定值。

(3) 实参和形参在数量、类型、顺序上应严格一致，否则会发生"类型不匹配"的错误。

(4) 函数调用中发生的数据传送是单向的，即只能把实参的值传送给形参，而不能把形参的值反向地传送给实参。因此在函数调用过程中，形参的值发生改变，而实参中的值不会变化。

**【例 7.1】** 求两个数中较大者。

```
01  #include <string.h>
02  #include <stdio.h>
03  int max(int a,int b)
04  {
05      int k;
06      if(a>b) k=a;
07      else k=b;
08      return k;
09  }
10  int main()
11  {
12      int max(int a,int b);
13      int x,y,z;
14      printf("input two numbers:\n");
15      scanf("%d%d",&x,&y);
16      z=max(x,y);
17      printf("maxmum=%d\n",z);
18  }
```

从函数定义、函数说明及函数调用的角度来分析整个程序，从中进一步了解函数的各种特点。

程序的第 03～09 行为 max 函数定义。进入主函数后，因为准备调用 max 函数，故先对 max 函数进行说明。从第 12 行可以看出函数说明与函数定义中的函数头部分相同，但是末尾要加分号。程序第 16 行为调用 max 函数，并把 x、y 中的值传送给 max 的形参 a、b。max 函数执行的结果(a 或 b)将返回给变量 z。最后由主函数输出 z 的值。传递过程如图 7-2 所示。

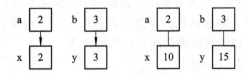

图 7-2 函数参数的传递

## 5. 函数的返回值

有的函数在被调用执行完后会向主调函数返回一个执行结果，这个结果就称为函数的返回值。函数的返回值用 return 语句来实现。它的语法格式为

　　return　符合返回值类型的表达式；

对于返回值，有两层意思。其一是指将表达式的值作为该函数运行的结果反馈给调用

函数的地方。如例 7.1 中 return k 就是把 k 的值作为 max 函数的运行结果反馈给主函数，即 z=max(x，y)。其二是指结束该函数的运行，返回到调用该函数的地方，继续执行后面的语句。所以，如果执行了函数中的某一个 return 语句，那么之后的语句不会再被运行。

如果返回值类型不是空类型，那么必须保证函数一定会返回一个值，否则会导致错误。如下列函数定义是有问题的，因为当 a < b 时，函数没有返回值。

```
int m(int a,int b)
{
    if(a>=b)return a;
}
```

如果返回类型为空类型，则 return 语句的用法为

```
return;
```

在返回空类型的函数中可以使用 return 语句，人为地停止函数的运行，也可以不使用 return 语句，使其运行完所有语句后自然停止。平时在返回空类型的主函数中不使用 return 语句就属于第二种情况。

注意，返回值和运行结果是两个概念。返回值是函数反馈给调用函数的信息，运行结果是函数通过屏幕反馈给用户的信息。

### 6. 函数的调用

1) 函数的语句调用

把函数调用作为一个语句时，一般形式为

函数名(实际参数表)

这种调用方式通常用于调用一个不带返回值的函数。例如，引例中对 print_star 函数的调用就是语句调用。

如果调用的函数无形式参数，则实参表可以没有，但函数名后面的小括号不能省去。下面是一个函数语句调用的例子。

【例 7.2】 求三个数中的最大值。

```
01  #include <string.h>
02  #include <stdio.h>
03  void max(int n1,int n2,int n3)
04  {
05      int m;
06      if(n1>n2) m=n1;
07      else m=n2;
08      if(m>n3)
09      printf("最大值为：%d",m);
10      Else
11      printf("最大值为：%d",n3);
12  }
13  int main()
14  {
```

```
15        int a,b,c;
16        printf("输入三个数：\n");
17        scanf("%d%d%d",&a,&b,&c);
18        max(a,b,c);
19  }
```

　　程序第 03～12 行为 max 函数定义。进入主函数后，第 18 行为调用 max 函数，并把 a、b、c 中的值传送给 max 的形参 n1、n2、n3。max 函数执行的结果就是程序执行的结果，在这里，被调用的函数 max 是作为一个语句执行的。

2) 函数的表达式调用

函数可以出现在表达式中，这种表达式称为函数表达式。其一般形式为

　　　　变量名=函数表达式

这种调用方式用于调用带有返回值的函数，函数的返回值将参加表达式的运算。如例 7.1 中对 max 函数的调用就是函数表达式调用。

【例 7.3】 改写例 7.2，求三个数中的最大值。

```
01  #include <string.h>
02  #include <stdio.h>
03  int max(int n1,int n2,n3)
04  {
05        int m;
06        if(n1>n2) m=n1;
07        else m=n2;
08        if(m>n3)
09        return(m);
10        else
11        return(n3);
12  }
13  int main()
14  {
15        int a,b,c,z;
16        printf("输入三个数：\n");
17        scanf("%d%d%d",&a,&b,&c);
18        z=max(a,b,c);
19  }
```

　　本程序是对例 7.2 的改写，第 08～11 行给出了返回值，因此在第 18 行调用的时候将返回值赋给了变量 z。这是一个把函数作为表达式调用的例子。

说明：

对于一个带有返回值，并且返回值类型不为 int 型的函数，定义该函数时必须指明函数类型，即函数名之前应该有类型标识符。同时，在调用该函数之前还必须在主调函数中声明被调用函数的类型。

3) 函数声明

【例 7.4】 调用函数求 n!。

```
01   #include <stdio.h>
02   int main()
03   {
04       int n，t;
05       int f(int num);                    /*声明被调函数 f()的类型为 int 型*/
06       printf("输入一个整数：\n");
07       scanf("%d",&n);
08       t=f(n);
09       printf("%d!=%d\n",n,t);
10   }
11   int f(int num)
12   {
13       int x;
14       int i;
15       x=1;
16       for(i=1;i<=num;i++)
17           x*=i;
18       return (x);
19   }
```

主函数中的函数声明语句 int f();声明了 f()函数的返回值类型为 int 型。在主调函数中对被调函数声明意在告诉编译系统本函数中将要用到的某函数是什么类型，以便让编译系统作出相应的处理。

在主调函数中调用某函数之前应对该被调函数进行说明(声明)，这与使用变量之前要先进行变量说明是一样的。其目的是使编译系统知道被调函数返回值的类型，以便在主调函数中按此种类型对返回值作相应的处理。

类型声明的一般形式为

　　　类型说明符 被调函数名(类型 形参，类型 形参……);

或为

　　　类型说明符 被调函数名(类型，类型……);

括号内给出了形参的类型和形参名，或只给出形参类型，这便于编译系统进行检错，以防止可能出现的错误。

例 7.4 main 函数中对 f 函数的说明为

  int f(int num);

或写为

  int f(int);

C 语言中规定在以下几种情况时可以省去主调函数中对被调函数的函数说明。

(1) 如果被调函数的返回值是整型或字符型，可以不对被调函数作说明而直接调用。这时系统将自动对被调函数返回值按整型处理。

(2) 当被调函数的函数定义出现在主调函数之前时，在主调函数中也可以不对被调函数再作说明而直接调用。

(3) 如在所有函数定义之前，在函数外预先说明了各个函数的类型，则在以后的各主调函数中，可不再对被调函数作说明。例如：

  char str(int a);

  float f(float b);

  main()

  {

   ⋮

  }

  char str(int a)

  {

   ⋮

  }

  float f(float b)

  {

   ⋮

  }

其中第 1、2 行对 str 函数和 f 函数预先作了说明，因此在以后各函数中无需对 str 和 f 函数再作说明就可直接调用。

(4) 对库函数的调用不需要再作说明，但必须把该函数的头文件用 include 命令包含在源文件前部。

4) 函数的嵌套调用

C 语言中不允许作嵌套的函数定义，因此各函数之间是平行的，不存在上一级函数和下一级函数的关系。但是 C 语言允许在一个函数的定义中出现对另一个函数的调用，这样就出现了函数的嵌套调用，即在被调函数中又调用其他函数。这与其他语言的子程序嵌套的情形类似。调用关系如图 7-3 所示。

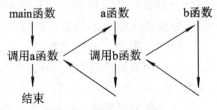

图 7-3　函数的嵌套调用

图 7-3 表示了两层嵌套的情形。其执行过程是：执行 main 函数中调用 a 函数的语句时，即转去执行 a 函数，在 a 函数中调用 b 函数时，又转去执行 b 函数，b 函数执行完毕返回 a 函数的断点继续执行，a 函数执行完毕返回 main 函数的断点继续执行。

**【例 7.5】** 函数的嵌套调用：求两数之和。

```
01  #include<stdio.h>
02  int main()
03  {
04      int a,b;
05      void head();
06      head();
07      printf("请输入两个数：");
08      scanf("%d%d",&a,&b);;
09      printf("a+b=%d",a+b);
10  }
11  void head()
12  {
13      void pstar();
14      pstar();
15      printf("    本程序的功能是求两个整数之和\n");
16      pstar();
17  }
18  void pstar()
19  {
20      printf("*****************************************\n");
21  }
```

程序中，main 函数调用了 head()函数，head()函数又调用了 pstar()函数。pstar()函数执行完之后，返回到调用它的 head()函数中，继续执行调用处后面的语句。同样，head()函数执行完之后，返回到调用它的 main 函数中。

# 三、任务实施

## 1. 需求分析

一个学校需要管理学生的基本信息和各门功课的考试成绩，希望当用到时直接从计算机中输出，从而减轻管理人员的负担，也使学生的成绩和信息能够长期保存。通过建立一个简单的学生成绩管理系统来管理学生的成绩和信息。其完成的功能如下：

(1) 可以实现学生基本信息和成绩的录入。

(2) 可以实现按学号进行学生成绩查询，以及对学生成绩和基本信息的增加、删除、排序和修改操作。

## 2. 班级学生成绩管理系统结构设计

(1) 编辑成绩模块可以实现学生基本信息和成绩的录入、删除、修改。

(2) 计算模块可以计算总成绩和平均成绩、计算最高分和最低分。

(3) 显示成绩模块可以实现按学号进行学生成绩查询，能够查询指定记录、全部记录、排序记录、不及格记录。班级学生成绩管理系统工作模块图如图 7-4 所示。

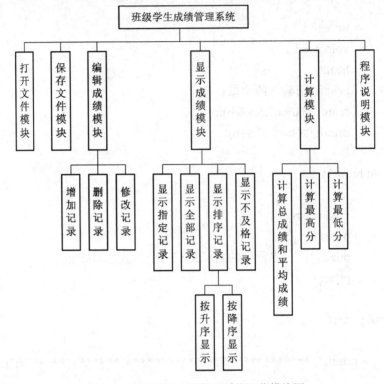

图 7-4　班级学生成绩管理系统工作模块图

根据功能模块图，对系统中用到的函数进行如下命名：打开文件子菜单函数 Open()；保存文件函数 Save()；增加学生记录函数 Add()；删除学生记录函数 Del()；修改学生记录函数 Modify()；显示一个记录函数 DispOne()；显示全部记录函数 DispAll()；按升序排序函数 AsceSort()；按降序排序函数 DropSort()；查找不及格记录函数 NotElig()；计算总成绩和平均成绩函数 CompSum()；查找最高成绩函数 SearchMax()；查找最低成绩函数 SearchMin()；程序说明函数 Explain()；退出函数 Quit()。

### 3．C 语言中函数的设计

【例 7.6】　主函数设计：由于系统中菜单选项比较多，因此函数中可使用 switch 语句通过菜单选项调用各个功能函数。

程序代码如下：

```
01   #include<stdio.h>
02   #include<conio.h>
03   #include<windows.h>
04   #include<stdlib.h>
05   void StuCover();              /*项目封面函数声明*/
06   void MainMenu();              /*主菜单函数声明*/
```

```
07    void EditMenu();                /*编辑子菜单函数声明*/
08    void DispMenu();                /*显示子菜单函数声明*/
09    void CompMenu();                /*计算子菜单函数声明*/
10    void SortMenu();                /*排序子菜单函数声明*/
11    void Open();                    /*打开文件子菜单函数声明*/
12    void Save();                    /*保存文件函数声明*/
13    void Add();                     /*增加学生记录函数声明*/
14    void Del();                     /*删除学生记录函数声明*/
15    void Modify();                  /*修改学生记录函数声明*/
16    void DispOne();                 /*显示一个记录函数声明*/
17    void DispAll();                 /*显示全部记录函数声明*/
18    void AsceSort();                /*按升序排序函数声明*/
19    void DropSort();                /*按降序排序函数声明*/
20    void NotElig();                 /*查找不及格记录函数声明*/
21    void CompSum();                 /*计算总成绩和平均成绩函数声明*/
22    void SearchMax();               /*查找最高成绩函数声明*/
23    void SearchMin();               /*查找最低成绩函数声明*/
24    void Explain();                 /*程序说明函数声明*/
25    void Quit(int);                 /*退出函数声明*/
26    void gotoxy(int x，int y);      /*光标定位函数声明*/
27    int main()
28    {
29        int choose,editnum,dispnum,compnum,sortnum;    /*定义5个输入变量*/
30        system("cls");
31        StuCover();
32        getch();
33        while(1)                              /*外循环开始*/
34        {
35            MainMenu();                       /*调用主菜单函数*/
36            printf("\t\t 请输入序号： ");
37            scanf("%d",&choose);
38            switch(choose)                    /*主菜单的 switch 开始*/
39            {
40              case 1:Open();break;
41              case 2:Save();break;
42              case 3:
43                  do                          /*内循环 1 开始*/
44                  {
45                      EditMenu();             /*调用编辑子菜单函数*/
```

```
46            printf("\t\t 请输入序号："); 
47            scanf("%d",&editnum); 
48            switch(editnum)        /*编辑子菜单 switch 开始*/ 
49            { 
50              case 1:Add();break; 
51              case 2:Del();break; 
52              case 3:Modify();break; 
53              case 0:Quit(0);break; 
54            }                      /*编辑子菜单 switch 结束*/ 
55        }while(editnum!=0);        /*内循环 1 结束*/ 
56        break; 
57        case 4: 
58          do                       /*内循环 2 开始*/ 
59          { 
60            DispMenu();            /*调用显示子菜单函数*/ 
61            printf("\t\t 请输入序号："); 
62            scanf("%d",&dispnum); 
63            switch(dispnum)        /*显示子菜单 switch 开始*/ 
64            { 
65              case 1:DispOne();break; 
66              case 2:DispAll();break; 
67              case 3: 
68                do                 /*内循环 3 开始*/ 
69                { 
70                  printf("\t\t 请输入序号："); 
71                  scanf("%d",&sortnum); 
72                  switch(sortnum)  /*排序子菜单 switch 开始*/ 
73                  { 
74                    case 1:AsceSort();break; 
75                    case 2:DropSort();break; 
76                    case 0:Quit(0);break; 
77                  }                /*排序子菜单 switch 结束*/ 
78                }while(sortnum!=0); /*内循环 3 结束*/ 
79              break; 
80              case 4:NotElig();break; 
81              case '0':Quit(0);break; 
82            }                      /*显示子菜单 switch 结束*/ 
83        }while(dispnum!=0);        /*内循环 2 结束*/ 
84        break; 
```

```
85          case 5:
86            do                              /*内循环 4 开始*/
87            {
88              CompMenu();          /*调用计算子菜单函数*/
89              printf("\t\t 请输入序号：");
90              scanf("%d",&compnum);
91              switch(compnum)      /*计算子菜单 switch 开始*/
92              {
93                case 1:CompSum();break;
94                case 2:SearchMax();break;
95                case 3:SearchMin();break;
96                case 0:Quit(0);break;
97              }                              /*计算子菜单 switch 结束*/
98            }while(compnum!=0);   /*内循环 4 结束*/
99            break;
100           case 6:Explain();break;        /*程序说明*/
101           case 0:Quit(1);break;
102         }                                  /*主菜单的 switch 结束*/
103       }                                    /*外循环结束*/
```

这是"班级学生成绩管理系统"的 main() 函数程序，首先声明了在 main() 函数中要调用的所有函数，接着显示了主菜单，用 switch 语句分别对应主菜单中的选项，选择选项 1 调用 Open() 函数，选项 2 调用 Save() 函数，选项 3 调用编辑子菜单函数，选项 4 调用 NotElig() 函数，选项 5 调用计算子菜单函数，选项 6 调用 Explain() 函数，选项 0 调用 Quit() 函数。

【例 7.7】 其他函数框架设计：根据函数的特性，设计出各个功能函数的框架，这些函数都使用了一个 getch 库函数，它在这里的作用是使程序暂停，等待用户输入一个任意字符后继续向下执行。

程序代码如下：

```
01  void Open()                      /*打开文件函数*/
02  {
03      printf("打开文件！\n");getch();
04  }
05  void Save()                      /*保存文件函数*/
06  {
07      printf("保存文件！\n");getch();
08  }
09  void Add()                       /*增加学生记录函数*/
```

```
10  {
11      printf("增加记录！\n");getch();
12  }
13  void Del()                          /*删除学生记录函数*/
14  {
15      printf("删除记录！\n");getch();
16  }
17  void Modify()                       /*修改学生记录函数*/
18  {
19      printf("修改记录！\n");getch();
20  }
21  void DispOne()                      /*显示一个记录函数*/
22  {
23      printf("显示选定记录！\n");getch();
24  }
25  void DispAll()                      /*显示全部记录函数*/
26  {
27      printf("显示全部记录！\n");getch();
28  }
29  void AsceSort()                     /*按升序排列函数*/
30  {
31      printf("按升序排序！\n");getch();
32  }
33  void DropSort()                     /*按降序排列函数*/
34  {
35      printf("按降序排序！\n");getch();
36  }
37  void NotElig()                      /*显示不及格记录函数*/
38  {
39      printf("显示不及格记录！\n");getch();
40  }
41  void CompSum()                      /*计算总成绩和平均成绩函数*/
42  {
43      printf("计算总成绩和平均成绩！\n");getch();
44  }
45  void SearchMax()                    /*查找最高成绩函数*/
46  {
47      printf("计算最高分！\n");getch();
48  }
```

```
49   void SearchMin()                        /*查找最低成绩函数*/
50   {
51       printf("计算最低分！\n");getch();
52   }
```

这是 main()函数调用函数的框架，这些函数分散在各个章节之中，学习的时候把它们补充完整就可以了。

【例 7.8】 光标定位函数。

在 Visual C++ 环境中是没有光标定位函数 gotoxy 的，为了方便系统格式输出，给出 gotoxy 函数代码如下：

```
01   void gotoxy(int x，int y)                        /*光标定位函数*/
02   {
03       COORD c;
04       c.X=x-1;
05       c.Y=y-1;
06       SetConsoleCursorPosition(GetStdHandle(STD_OUTPUT_HANDLE)，c);
07   }
```

函数中的 COORD 和 SetConsoleCursorPosition 定义在 wincon.h 中，SetConsoleCursorPosition 用于在相应的设备设置光标的位置，两个参数分别是设备句柄和光标位置结构。GetStdHandle 定义在 winbase.h 上用于获得标准输入、输出、错误输出句柄，当参数标识为 STD_OUTPUT_HANDLE 时获得标准输出句柄。

【例 7.9】 退出函数。

函数代码如下：

```
01   void Quit(int flag)                        /*退出函数*/
02   {
03       if(flag==1)
04       {
05           system("cls");
06           printf("\n\n\n\n\n\t\t\t 操作结束，退出系统！");
07           getch();
08           system("cls");
09           exit(0);                        /*退出程序，返回操作系统库函数*/
10       }
11       else
12       if(flag==0)                        /*返回上级菜单*/
13       {
```

```
14          system("cls");
15          printf("\n\n\n\n\n\n\t\t\t 操作结束，返回上级菜单！");
16          getch();
17          system("cls");
18      }
19  }
```

 当函数传递过来的参数 flag 的值为 1 时，退出程序，返回操作系统界面；当 flag 的值为 0 时，返回到上级菜单。

【例 7.10】 程序说明函数。

函数代码如下：

```
01  void Explain()                          /*程序说明*/
02  {
03      system("cls");
04      gotoxy(10,3);                        /*光标定位函数*/
05      printf("  这是一个教学程序。它以开发班级学生成绩管理系统为主要项目，");
06      gotoxy(10,5);
07      printf("旨在通过简单学生成绩管理系统软件的开发，使读者了解并掌握用 C 语");
08      gotoxy(10,7);
09      printf("言开发程序的方法与技巧。");
10      gotoxy(10,9);
11      printf("  该项目由 15 个任务完成，将 C 语言基本知识与理论融入到任务中，");
12      gotoxy(10,11);
13      printf("完成 15 个任务后即完成整个项目的设计。通过任务驱动和项目导向教学，");
14      gotoxy(10,13);
15      printf("最终实现教学目的，达到培养目标。");
16      gotoxy(10,15);
17      printf("    该项目实施贯穿在整个教学过程中，它将重点与难点分散在各个任务");
18      gotoxy(10,17);
19      printf("中，达到循序渐进、逐个突破的目的，教学最后将安排一定的时间归纳汇");
20      gotoxy(10,19);
21      printf("总。");
22          getch();
23  }
```

本函数使用自定义的光标定位函数 gotoxy() 和输出函数 printf() 对程序作出说明。

## 四、知识扩展

### 1. 函数的递归调用

　　一个函数在它的函数体内调用它自身称为递归调用，这种函数称为递归函数。C 语言允许函数的递归调用。在递归调用中，主调函数又是被调函数。执行递归函数将反复调用其自身，每调用一次就进入新的一层。

　　例如：

```
int f(int x)
{
    int y;
    z=f(y);
    return z;
}
```

　　这是一个递归函数，运行该函数将无休止地调用其自身，这当然是不正确的。为了防止递归调用无终止地进行，必须在函数内有终止递归调用的手段。常用的办法是加条件判断，满足某种条件后就不再作递归调用，然后逐层返回。下面举例说明递归调用的执行过程。

　　【例 7.11】 用递归法计算 n!。

　　程序分析：用递归法计算 n! 可用下述公式表示：

$$n!=\begin{cases}1 & (n=0,1)\\ n*(n-1)! & (n>1)\end{cases}$$

　　程序代码如下：

```
01  #include<stdio.h>
02  long ff(int n)
03  {
04      long f;
05      if(n<0) printf("n<0,input error");
06      else if(n==0||n==1) f=1;
07      else f=ff(n-1)*n;
08      return(f);
09  }
10  int main()
11  {
12      int n;
```

```
13          long y;
14          printf("\n input a inteager number:\n");
15          scanf("%d",&n);
16          y=ff(n);
17          printf("%d!=%ld",n,y);
18      }
```

程序中给出的函数 ff 是一个递归函数。主函数调用 ff 后即进入函数 ff 执行，n<0、n==0 或 n=1 时都将结束函数的执行，否则就递归调用 ff 函数自身。由于每次递归调用的实参为 n-1，即把 n-1 的值赋予形参 n，所以每次递归实参的值都减 1，直到最后 n-1 的值为 1 时再作递归调用，形参 n 的值也为 1，将使递归终止，然后可逐层退回。

下面举例说明该过程。设执行本程序时输入为 5，即求 5!。主函数中的调用语句即为 y=ff(5)，进入 ff 函数后，由于 n=5，不等于 0 或 1，故应执行 f=ff(n-1)*n，即 f=ff(5-1)*5。该语句对 ff 作递归调用即 ff(4)。

进行四次递归调用后，ff 函数形参取得的值变为 1，故不再继续递归调用而开始逐层返回主调函数。ff(1)的函数返回值为 1，ff(2)的返回值为 1*2=2，ff(3)的返回值为 2*3=6，ff(4)的返回值为 6*4=24，最后返回值 ff(5)为 24*5=120。

例 7.11 也可以不用递归的方法来完成。如可以用递推法，即从 1 开始乘以 2，再乘以 3，……直到 n。递推法比递归法更容易理解和实现。

### 2. 数组作为函数参数

数组可以作为函数的参数使用，进行数据传送。数组用作函数参数有两种形式，一种是把数组元素(下标变量)作为实参使用；另一种是把数组名作为函数的形参和实参使用。

1) 数组元素作为函数实参

数组元素就是下标变量，它与普通变量并无区别，因此它作为函数实参使用与普通变量是完全相同的。在发生函数调用时，把作为实参的数组元素的值传送给形参，实现单向的值传送。

【例 7.12】 判别一个整数数组中各元素的值，若大于 0 则输出该值，若小于等于 0 则输出 0 值。

程序代码如下：

```
01      #include<stdio.h>
02      void nzp(int v)
03      {
04          if(v>0)
05              printf("%d ",v);
06          else
```

```
07          printf("%d ",0);
08  }
09  int main()
10  {
11      int a[5],i;
12      printf("input 5 numbers\n");
13      for(i=0;i<5;i++)
14        {scanf("%d",&a[i]);
15         nzp(a[i]);}
16  }
```

本程序中首先定义一个无返回值函数 nzp，并说明其形参 v 为整型变量。在函数体中根据 v 值输出相应的结果。在 main 函数中用一个 for 语句输入数组各元素，每输入一个就以该元素作实参调用一次 nzp 函数，即把 a[i]的值传送给形参 v，供 nzp 函数使用。

2) 数组名作为函数参数

数组名作函数参数时实参和形参都应为数组名，此时，实参和形参的传递为"地址传递"。所谓地址传递，是指在调用函数时，系统并没有给形参数组分配新的存储空间，而只是将实参数组的首地址传递给形参数组，使形参数组与实参数组共用同一数组空间。

【例 7.13】 数组 a 中存放了一个学生 5 门课程的成绩，求平均成绩。

程序代码如下：

```
01  #include<stdio.h>
02  float aver(float a[5])
03  {
04      int i;
05      float av，s=a[0];
06      for(i=1;i<5;i++)
07        s=s+a[i];
08      av=s/5;
09      return av;
10  }
11  int main()
12  {
13      float sco[5],av;
14      int i;
15      printf("\ninput 5 scores:\n");
16      for(i=0;i<5;i++)
17        scanf("%f",&sco[i]);
```

```
18      av=aver(sco);
19          printf("average score is %5.2f", av);
20  }
```

本程序首先定义了一个实型函数 aver，有一个形参为实型数组 a，长度为 5。在函数 aver 中，把各元素值相加求出平均值，返回给主函数。主函数 main 中首先完成数组 sco 的输入，然后以 sco 作为实参调用 aver 函数，函数返回值送 av，最后输出 av 值。从运行情况可以看出，程序实现了所要求的功能。

说明：在变量作函数参数时，所进行的值传送是单向的，即只能从实参传向形参，不能从形参传回实参。形参的初值和实参相同，而形参的值发生改变后，实参并不变化，两者的终值是不同的。而当用数组名作函数参数时，情况则不同。由于实际上形参和实参为同一数组，因此当形参数组发生变化时，实参数组也随之变化。当然这种情况不能理解为发生了"双向"的值传递。但从实际情况来看，调用函数之后实参数组的值将由于形参数组值的变化而变化。

【例 7.14】 题目同例 7.12。改用数组名作函数参数。

程序代码如下：

```
01  #include<stdio.h>
02  int nzp(int a[5])
03  {
04      int i;
05      printf("\nvalues of array a are:\n");
06      for(i=0;i<5;i++)
07      {
08      if(a[i]<0) a[i]=0;
09      printf("%d ",a[i]);
10      }
11  }
12  int main()
13  {
14      int b[5],i;
15      printf("\ninput 5 numbers:\n");
16      for(i=0;i<5;i++)
17          scanf("%d",&b[i]);
18      printf("initial values of array b are:\n");
19      for(i=0;i<5;i++)
20          printf("%d ",b[i]);
21      nzp(b);
22      printf("\nlast values of array b are:\n");
```

```
23        for(i=0;i<5;i++)
24          printf("%d ",b[i]);
25    }
```

本程序中函数 nzp 的形参为整型数组 a，长度为 5。主函数中实参数组 b 也为整型，长度也为 5。在主函数中首先输入数组 b 的值，接着输出数组 b 的初始值，然后以数组名 b 为实参调用 nzp 函数。在 nzp 中，按要求把负值单元清 0，并输出形参数组 a 的值。返回主函数之后，再次输出数组 b 的值。从运行结果可以看出，数组 b 的初值和终值是不同的，数组 b 的终值和数组 a 是相同的。这说明实参、形参为同一数组，它们的值同时得以改变。

### 3. 局部变量和全局变量

在讨论函数的形参变量时曾经提到，形参变量只在被调用期间才分配内存单元，调用结束立即释放。这表明形参变量只有在函数内才是有效的，离开该函数就不能再使用了。这种变量有效性的范围称为变量的作用域。不仅对于形参变量，C 语言中所有的量都有自己的作用域。变量说明的方式不同，其作用域也不同。C 语言中的变量按作用域范围可分为两种，即局部变量和全局变量。

#### 1) 局部变量

局部变量也称为内部变量。局部变量是在函数内作定义说明的，其作用域仅限于函数内，离开该函数后再使用这种变量是非法的。

例如：

```
int f1(int a)          /*函数 f1*/
{
    int b，c;                              ⎫
    ⋮                                      ⎬  a,b,c 有效
}                                          ⎭

int f2(int x)          /*函数 f2*/
{
    int y，z;                              ⎫
    ⋮                                      ⎬  x,y,z 有效
}                                          ⎭

main()
{
    int m，n;                              ⎫
    ⋮                                      ⎬  m,n 有效
}                                          ⎭
```

在函数 f1 内定义了三个变量，a 为形参，b、c 为一般变量。在 f1 的范围内 a、b、c 有效，或者说 a、b、c 变量的作用域限于 f1 内。同理，x、y、z 的作用域限于 f2 内，m、n 的作用域限于 main 函数内。关于局部变量的作用域还要说明以下几点：

(1) 主函数中定义的变量也只能在主函数中使用，不能在其他函数中使用。同时，主函数也不能使用其他函数中定义的变量，因为主函数也是一个函数，它与其他函数是平行关系。这一点是与其他语言不同的，应予以注意。

(2) 形参变量是属于被调函数的局部变量，实参变量是属于主调函数的局部变量。允许在不同的函数中使用相同的变量名，它们代表不同的对象，分配不同的单元，互不干扰，也不会发生混淆。

(3) 在复合语句中也可定义变量，其作用域只在复合语句范围内。例如：

```
main()
{
    int s，a;
        ⋮
        {
            int b;
            s=a+b;
                ⋮
        }                   } b 作用域         } s、a 作用域
        ⋮
}
```

【例 7.15】 复合语句变量作用域。

```
01  #include<stdio.h>
02  int main()
03  {
04      int i=2,j=3,k;
05      k=i+j;
06      {                        /*复合语句开始*/
07          int k=8;
08          printf("%d\n",k);
09      }                        /*复合语句结束*/
10      printf("%d,%d\n",i,k);
11  }
```

本程序在 main()函数的第 04 行定义了 i、j、k 三个变量，其中 k 未赋初值，而在复合语句内第 07 行又定义了一个变量 k，并赋初值为 8。应该注意这两个 k 不是同一个变量。在复合语句外由 main 定义的 k 起作用，而在复合语句内则由在复合语句内定义的 k 起作用。因此程序第 05 行的 k 为 main 所定义，其值应为 5。第 08 行输出 k 值，该行在复合语句内，由复合语句内定义的 k 起作用，其初值为 8，故输出值为 8。第 10 行输出 i、k 值。i 是在整个程序中有效的，第 04 行对 i 赋值为 2，故输出也为 2。第 10 行已在复合语句之外，输出的 k 应为 main 所定义的 k，此 k 值由第 05 行已获得为 5，故输出也为 5。

2) 全局变量

全局变量也称为外部变量，是在函数外部定义的变量。它不属于哪一个函数，而属于一个源程序文件，其作用域是整个源程序。在函数中使用全局变量一般应作全局变量说明。只有在函数内经过说明的全局变量才能使用。全局变量的说明符为 extern。在一个函数之前定义的全局变量，在该函数内使用可不再加以说明。

例如：

```
int a,b;                /*外部变量*/
void f1()               /*定义函数 f1*/
{
 ⋮
}
float x,y;              /*外部变量*/
int fz()                /*定义函数 fz*/
{
 ⋮
}
main()                  /*主函数*/
{
 ⋮
}
```

从上例可以看出，a、b、x、y 都是在函数外部定义的外部变量，都是全局变量。但 x、y 定义在函数 f1 之后，而在 f1 内又无对 x、y 的说明，所以它们在 f1 内无效。a、b 定义在源程序最前面，因此在 f1、f2 及 main 内不加说明也可使用。

【例 7.16】 外部变量与局部变量同名。

```
01  #include <stdio.h>
02  int a=3,b=5;                    /*a、b 为外部变量*/
03  max(int a,int b)                /*a、b 为外部变量*/
04  {int c;
05   c=a>b?a:b;
06   return(c);
07  }
08  main()
09  {int a=8;
10   printf("%d\n",max(a， b));
11  }
```

如果同一个源文件中外部变量与局部变量同名，则在局部变量的作用范围内外部变量被"屏蔽"，即不起作用。

### 4．变量的存储类别

**1) 动态存储方式与静态存储方式**

前面已经介绍了，从变量的作用域(即从空间)角度来分，可以分为全局变量和局部变量。

从另一个角度，即变量值存在的时间(生存期)角度来分，可以分为静态存储方式和动态存储方式。静态存储方式是指在程序运行期间分配固定的存储空间的方式。动态存储方式是在程序运行期间根据需要动态地分配存储空间的方式。

根据变量的作用域和生存期的不同，可以将变量分为四种存储类别，如表 7-1 所示。

**表 7-1　变量的存储类别**

| 存储类别 | 作用域 | 生存期 | 存储位置 |
|---|---|---|---|
| auto | 局部 | 动态 | 内存 |
| register | 局部 | 动态 | 寄存器 |
| static | 局部 | 静态 | 内存 |
| extern | 全局 | 静态 | 内存 |

**2) auto 变量**

函数中的局部变量如不专门声明为静态存储类别，都是动态地分配存储空间的，数据存储在动态存储区中。函数中的形参和在函数中定义的变量(包括在复合语句中定义的变量)都属此类，在调用该函数时系统会给它们分配存储空间，函数调用结束时自动释放这些存储空间，这类局部变量称为自动变量。自动变量用关键字 auto 作为存储类别的声明。

例如：

```
int f(int a)            /*定义 f 函数，a 为参数*/
{auto int b,c=3;        /*定义 b、c 自动变量*/
  ⋮
}
```

a 是形参，b、c 是自动变量，对 c 赋初值 3。执行完 f 函数后，自动释放 a、b、c 所占的存储单元。

关键字 auto 可以省略，auto 不写则隐含定义为"自动存储类别"，属于动态存储方式。

**3) 用 static 声明局部变量**

有时希望函数中局部变量的值在函数调用结束后不消失而保留原值，这时就应该指定该局部变量为"静态局部变量"，用关键字 static 进行声明。

【例 7.17】 考察静态局部变量的值。

```
01  #include <stdio.h>
02  f(int a)
03  {
04    auto b=0;
05     static c=3;
06     b=b+1;
07     c=c+1;
```

```
08 │      return(a+b+c);
09 │ }
10 │ int main()
11 │ {
12 │      int a=2，i;
13 │      for(i=0;i<3;i++)              /*先后三次调用 f 函数*/
14 │      printf("%d",f(a));
15 │ }
```

　　本程序在第一次调用 f 函数时 b 的初值为 0，c 的初值为 3，第一次调用结束时，b=1，c=4，a+b+c=7。由于 c 被定义为静态局部变量，因此在函数调用结束后它并不释放，仍保留 c=4。在第二次调用 f 函数时，b 的初值为 0，而 c 的初值为 4(上次调用结束时的值)，调用结束时，b=1，c=5，a+b+c=8。在第三次调用 f 函数时，b 的初值为 0，c 的初值为 5，调用结束时，b=1，c=6，a+b+c=9。

对静态局部变量的说明：

(1) 静态局部变量属于静态存储类别，在静态存储区内分配存储单元，在程序整个运行期间都不释放。自动变量(即动态局部变量)属于动态存储类别，占用动态存储空间，函数调用结束后即释放。

(2) 静态局部变量在编译时赋初值，即只赋初值一次。对自动变量赋初值则是在函数调用时进行，每调用一次函数重新给一次初值，相当于执行一次赋值语句。

(3) 如果在定义局部变量时不赋初值，则对静态局部变量来说，编译时自动赋初值 0(对数值型变量)或空字符(对字符变量)。对自动变量来说，如果不赋初值则它的值是一个不确定的值。

4) 用 extern 声明外部变量

外部变量(即全局变量)是在函数的外部定义的，它的作用域为从变量定义处开始，到本程序文件的末尾。如果外部变量不在文件的开头定义，其有效的作用范围只限于定义处到文件终了。如果在定义点之前的函数想引用该外部变量，则应该在引用之前用关键字 extern 对该变量作"外部变量声明"，表示该变量是一个已经定义的外部变量。有了此声明，就可以从"声明"处起合法地使用该外部变量。

【例 7.18】 用 extern 声明外部变量，扩展程序文件中的作用域。

程序代码如下：

```
01 │ #include <stdio.h>
02 │ int max(int x,int y)
03 │ {int z;
04 │   z=x>y?x:y;
05 │   return(z);
06 │ }
07 │ int main()
```

```
08    {extern A,B;
09      printf("%d\n",max(A，B));
10    }
11    int A=13,B=-8;
```

本程序的最后 1 行定义了外部变量 A、B。由于外部变量定义的位置在函数 main 之后，因此本来在 main 函数中不能引用外部变量 A、B。现在在 main 函数中用 extern 对 A 和 B 进行"外部变量声明"，就可以从"声明"处起合法地使用外部变量 A 和 B。

## ⊠ 任务小结

通过"班级学生成绩管理系统"项目整体框架设计，掌握了程序的模块化设计思想、函数的定义和调用方法、局部变量和全局变量的概念及其作用范围，在实际编程中能够合理地使用不同作用域的变量。

## 习　题

### 一、填空题

1．C 语言函数分成_____和_____两大类。

2．一个 C 程序由主函数和若干_____组成，各个函数在程序中的定义是_____的。

3．函数的递归调用是指_____。

4．当_____作为函数参数时，实参和形参的传递为"地址传递"。

5．根据变量的作用范围不同，可将变量分为_____变量和_____变量。根据变量的生存期不同，可将变量分为_____变量和_____变量。

6．局部变量是指_____，用 static 声明的局部变量的特点是_____。

### 二、选择题

1．如果一个函数有返回值，那么这个函数只有(　　　　)个返回值。

A．1　　　　　　　B．2　　　　　C．3　　　　　D．不确定

2．下面关于空函数的定义正确的是(　　　　)。

A．int　max(int　x,int y);　　　　　B．int　max(int　x,int　y){}

C．int　max(int　x,y){}　　　　　　D．int　max(int　x,int　y){}

3．以下描述错误的是(　　　　)。

A．函数调用可以出现在执行语句中

B．函数调用可以出现在一个表达式中

C．函数调用可以作为一个函数的形参

D．函数调用可以作为一个函数的实参

4．调用一个不含 return 语句的函数，以下说法正确的是(　　　　)。

A. 该函数没有返回值

B. 该函数返回一个固定的系统默认值

C. 该函数返回一个用户所希望的函数值

D. 该函数返回一个不确定的值

5. 下面函数调用语句中含有实参的个数为(        )。

func(exp1，(exp2，exp3)，exp4);

A. 1            B. 2            C. 3            D. 4

6. 数组名作函数参数时，实参传递给形参的是(        )。

A. 数组元素的个数            B. 数组的首地址

C. 数组第一个元素的值        D. 数组中所有元素的值

## 三、分析下列程序，写出运行结果

1.
```c
#include<stdio.h>
int main()
{
    int f(int x);
    int a=2,b;
    b=f(a);
    printf("b=%d\n",b);
}
int f(int x)
{
    int y;
    y=x*x;
    return y;
}
```

2.
```c
#include<stdio.h>
int main()
{
    void swap(int x,int y);
    int a，b;
    printf("a=");
    scanf("%d",&a);
    printf("b=");
    scanf("%d",&b);
    swap(a，b);
    printf("a=%d,b=%d",a,b);
}
void swap(int x,int y)
```

```
        {
            int t;
            t=x;
            x=y;
            y=t;
        }
3.  #include<stdio.h>
    int x;
    int main()
    {
            void f();
            x=1;
            f();
            x++;
            printf("x=%d",x);
    }
    void f()
    {
            x++;
    }
4.  #include<stdio.h>
    int main()
    {
            int x=10;
            {
                int x=20;
                printf("x=%d\n",x);
            }
            x++;
            printf("x=%d\n",x);
    }
5.  #include<stdio.h>
    f(int a[])
    {
            int i;
            for(i=0;i<5;i++)
                    a[i]=a[i]+1;
    }
    void main()
```

```
{
    int i, num[5]={1,2,3,4,5};
    f(num);
    for(i=0;i<5;i++)
        printf("num[%d]=%d\n",i,num[i]);
}
```

## 四、编程题

1. 编写一个判断奇偶数的函数，要求在主函数中输入一个整数，输出该数是奇数还是偶数的信息。

2. 编写函数将 3 个数按从小到大的顺序输出。

3. 编写程序，输入一个以秒为单位的时间值，将其转化成"时:分:秒"的形式输出，将转换操作定义成函数。

4. 编写函数求一组学生成绩的总分、平均分、最高分和最低分，要求在调用该函数的主函数中输入学生成绩。

5. 编写程序显示如下菜单并实现相应的菜单选择功能：

```
****************************************************
                1——求整数 n 的立方
                2——求整数 n 的立方根
                3——结束程序
****************************************************
```

要求：

(1) 菜单中的 1 和 2 两项功能分别由两个函数来实现。

(2) 每项功能执行完之后均回到菜单，直到输入 3 结束程序的运行。

6. 用递归的方法求 n!(n!=1*2*3*…*n)。

# 第 8 章 指 针

本章的主要任务是实现"班级学生成绩管理系统"中学生最高、最低等成绩查找及排序。在任务学习中，主要培养学生掌握指针的概念，了解指针与数组、指针与函数。指针是 C 语言中重要的数据类型，是使用 C 语言进行程序设计的重要部分。在本章的学习中，学生将要达到如下的知识目标和能力目标：

**知识目标**

➤ 掌握 C 语言中指针的使用方法，深刻理解各种类型的指针变量的定义，掌握其引用方法，理解指针变量运算的含义，学会使用指针数组和指向指针的指针，灵活运用指针作函数参数和返回值。

**能力目标**

➤ 能灵活方便地利用指针变量实现学生最高、最低等成绩查找及排序。学会与人打交道，完成调查任务。

## 任务一　用指针实现学生最高、最低等成绩查找

任务目标：能用指针实现学生最高、最低等成绩查找。

## 一、任务情境

"指针"所涉及的主要知识有：指针和指针变量，指针变量的定义、赋值及其运算，指针变量作为函数参数的用法，指针数组与字符串，指针与函数。

"班级学生成绩管理系统"中查找最高分、最低分成绩的两个函数也可以用指针变量作为参数来实现。指针可以说是 C 语言的精华。

下面通过相关理论的学习，掌握如何用指针实现"学生最高、最低等成绩查找"的程序设计。

## 二、知识必备

【例 8.1】 从 10 个数中找出其中最大值和最小值。

程序代码如下：

```
01  int max,min;                    /*全局变量*/
02  void max_min_value(int array[],int n)
03  {int *p,*array_end;
04   array_end=array+n;
05   max=min=*array;
06  for(p=array+1;p<array_end;p++)
```

```
07 |     if(*p>max)max=*p;
08 |     else if (*p<min)min=*p;
09 |   return;
10 | }
11 | main()
12 | {int i,number[10];
13 |   printf("enter 10 integer umbers:\n");
14 |   for(i=0;i<10;i++)
15 |     scanf("%d",&number[i]);
16 |   max_min_value(number,10);
17 |   printf("\nmax=%d,min=%d\n",max,min);
18 |   }
```

 调用一个函数只能得到一个返回值，用全局变量在函数之间"传递"数据。

### 1. 指针变量

一个变量的地址称为该变量的"指针"，如果一个变量专门用来存放另一变量的地址，则称它为"指针变量"。

1) 指针变量的定义

其一般形式为

　　类型说明符　＊变量名；

其中，＊表示这是一个指针变量，变量名即为定义的指针变量名，类型说明符表示指针变量所指向的变量的数据类型。例如：

　　int *p1;

表示 p1 是一个指针变量，它的值是某个整型变量的地址，或者说 p1 指向一个整型变量。至于 p1 究竟指向哪一个整型变量，应由向 p1 赋予的地址来决定。

2) 指针变量的初始化

先介绍两个有关的运算符：

● &：取地址运算符。使用方法：&变量名。

● *：指针运算符(也称"间接访问"运算符)。使用方法：*指针变量名。

取地址运算符"&"表示取变量的地址，实际上是变量的起始地址。指针运算符"*"表示取指针变量所对应内存单元的值。

初始化的一般形式为

　　数据类型名：*变量名 = 初始地址值；

例如：

　　int a ;char c;

　　int *pa = &a;

　　char *pc = &c;

3) 指针变量的引用

在定义了一个指针变量并确定了其指向后,就可以用来访问所指向的变量。

引用指针变量的一般形式为

  * 指针变量名

这里的星号( * )称为指针运算符,也称作间接访问运算符。

【例 8.2】 引用输出两个数的值。

程序代码如下:

```
01  main()
02  { int a,b;
03      int *pointer_1,*pointer_2;
04      a=100;b=10;
05      pointer_1=&a;
06      pointer_2=&b;
07      printf("%d,%d\n",a,b);
08      printf("%d,%d\n",*pointer_1,*pointer_2);
09  }
```

  程序开始处虽然定义了两个指针变量 pointer_1 和 pointer_2,但它们并未指向任何一个整型变量,只是提供两个指针变量,规定它们可以指向整型变量。程序第 05、06 行的作用就是使 pointer_1 指向 a, pointer_2 指向 b。第 08 行的 *pointer_1 和 *pointer_2 就是变量 a 和 b。最后两个 printf 函数作用是相同的。程序中有两处出现 *pointer_1 和 *pointer_2,请区分它们的不同含义。程序第 05、06 行的 "pointer_1=&a;" 和 "pointer_2=&b;" 不能写成 "*pointer_1=&a;" 和 "*pointer_2=&b;"。

请思考下面关于 "&" 和 "*" 的问题:

(1) 如果已经执行了 "pointer_1=&a;" 语句,则&*pointer_1 是什么含义?

(2) *&a 的含义是什么?

(3) (pointer_1)++和 pointer_1++的区别是什么?

## 2. 指针与函数

函数的参数不仅可以是整型、实型、字符型等数据,还可以是指针类型。它的作用是将一个变量的地址传送到另一个函数中。

【例 8.3】 输入 a、b 两个整数,按先大后小的顺序输出。

程序代码如下:

```
01  #include <stdio.h>
02  int main()
03  {   int *p1,*p2,*p,a,b;
04      scanf("%d,%d","&a,&b");
05      p1=&a;p2=&b;
```

```
06 │   if(a<b)
07 │     {p=p1;p1=p2;p2=p;}
08 │   printf("a=%d,b=%d\n\n",a,b);
09 │   printf("max=%d,min=%d\n",*p1,*p2);
10 │ }
```

该程序中，当输入 a=5，b=9 时，由于 a<b，将 p1 和 p2 进行交换，实际上 a 和 b 并未交换，它们仍保持原值，但 p1 和 p2 的值改变了。p1 的值原为&a，后来为&b，p2 原值为&b，后来变成&a。这样在输出\*p1 和\*p2 时，实际上是输出变量 b 和 a 的值。

### 3. 指针与数组

一个变量有一个地址，一个数组包含若干元素，每个数组元素都在内存中占用存储单元，它们都有相应的地址。所谓数组的指针是指数组的起始地址，数组元素的指针是数组元素的地址。

#### 1) 指向数组元素的指针变量

一个数组是由连续的一块内存单元组成的。数组名就是这块连续内存单元的首地址。一个数组也是由各个数组元素(下标变量)组成的，每个数组元素按其类型不同占有几个连续的内存单元。一个数组元素的首地址也是指它所占有的几个内存单元的首地址。

定义一个指向数组元素的指针变量的方法与以前介绍的指针变量相同。例如：

    int a[10];      /\*定义 a 为包含 10 个整                型数据的数组\*/
    int \*p;          /\*定义 p 为指向整型变量                 的指针\*/

注意，因为数组为 int 型，所以指针变量也应为指向 int 型的指针变量，下面是对指针变量赋值：

    p=&a[0];

其作用是把 a[0]元素的地址赋给指针变量 p。也就是说，p 指向 a 数组的第 0 号元素，如图 8-1 所示。

C 语言规定，数组名代表数组的首地址，也就是第 0 号元素的地址。因此，下面两个语句等价：

    p=&a[0];

    p=a;

在定义指针变量时可以赋初值：

    int \*p=&a[0];

它等效于

    int \*p;

    p=&a[0];

当然定义时也可以写成

    int \*p=a;

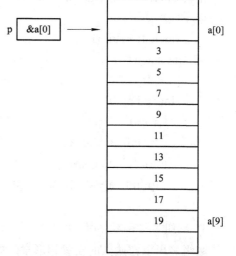

图 8-1 指向数组元素的指针变量的赋值

从图 8-1 中可以看出有以下关系：p、a、&a[0]均指向同一单元，它们是数组 a 的地址，也是 0 号元素 a[0]的地址。应该说明的是 p 为变量，而 a、&a[0]都是常量。在编程时应予以注意。

数组指针变量说明的一般形式为

类型说明符　*　指针变量名；

其中类型说明符表示所指数组的类型。从一般形式可以看出指向数组的指针变量和指向普通变量的指针变量的说明是相同的。

2) 通过指针引用数组元素

C 语言规定：如果指针变量 p 已指向数组中的一个元素，则 p+1 指向同一数组中的下一个元素。

引入指针变量后，就可以用两种方法来访问数组元素了。

如果 p 的初值为&a[0]，则：

(1) p+i 和 a+i 就是 a[i]的地址，或者说它们指向 a 数组的第 i 个元素，如图 8-2 所示。

(2) *(p+i)或 *(a+i)就是 p+i 或 a+i 所指向的数组元素，即 a[i]。例如，*(p+5)或*(a+5)就是 a[5]。

(3) 指向数组的指针变量也可以带下标，如 p[i]与 *(p+i)等价。

根据以上叙述，引用一个数组元素可以用下标法和指针法。下标法即用 a[i]形式访问数组元素，前面介绍数组时都采用这种方法。指针法即采用 *(a+i)或 *(p+i)

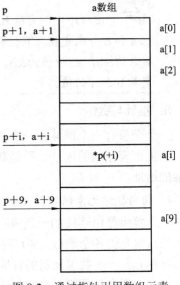

图 8-2　通过指针引用数组元素

形式，用间接访问的方法来访问数组元素，其中 a 是数组名，p 是指向数组的指针变量，其初值 p=a。

【例 8.4】 输出数组中的全部元素。

程序代码如下：

```
#include <stdio.h>
int main()
{
 int *p,i,a[10]
   for(i=0;i<10;i++)
     scanf("%d",p++);
   for(i=0;i<5;i++,p++)
     printf("a[%d]=%d\n",i,*p);
}
```

3) 数组名作函数参数

数组名可以作函数的实参和形参，如：

```
main()
{int array[10];
```

```
        ⋮
    f(array,10);
        ⋮
  }

    f(int arr[],int n);
    {
        ⋮
    }
```

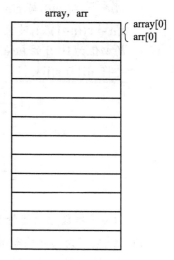

图 8-3　数组名作函数参数时的
函数调用

array 为实参数组名，arr 为形参数组名。

数组名就是数组的首地址，实参向形参传送数组名实际上就是传送数组的地址，形参得到该地址后也指向同一数组。这就好像同一件物品有两个彼此不同的名称一样，如图 8-3 所示。

同样，指针变量的值也是地址，数组指针变量的值即为数组的首地址，当然也可作为函数的参数使用。

【例 8.5】 将数组 a 中的 n 个整数按相反顺序存放。

程序代码如下：

```
01 │ #include <stdio.h>
02 │ void inv(int x[],int n)            /*形参 x 是数组名*/
03 │ {
04 │   int temp,i,j,m=(n-1)/2;
05 │   for(i=0;i<=m;i++)
06 │     {j=n-1-i;
07 │      temp=x[i];x[i]=x[j];x[j]=temp;}
08 │   return;
09 │ }
10 │ int main()
11 │ {int i，a[10]={3,7,9,11,0,6,7,5,4,2};
12 │   printf("The original array:\n");
13 │   for(i=0;i<10;i++)
14 │     printf("%d,",a[i]);
15 │   printf("\n");
16 │   inv(a,10);
17 │   printf("The array has benn inverted:\n");
18 │   for(i=0;i<10;i++)
19 │     printf("%d,",a[i]);
20 │   printf("\n");
21 │ }
```

将 a[0]与 a[n-1]对换，再将 a[1]与 a[n-2]对换……，直到将 a[(n-1/2)]与
a[n-int((n-1)/2)]对换。今用循环处理此问题，设两个"位置指示变量"i 和 j，i
的初值为 0，j 的初值为 n-1。将 a[i]与 a[j]对换，然后使 i 的值加 1，j 的值减 1，
再将 a[i]与 a[j]对换，直到 i=(n-1)/2 为止。程序示意图如图 8-4 所示。

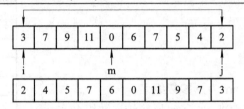

图 8-4　例 8.5 程序示意图

4) 指向多维数组的指针和指针变量

以二维数组为例介绍多维数组的指针变量。

设有整型二维数组 a[3][4]如下：

```
0   1   2   3
4   5   6   7
8   9   10  11
```

它的定义为：

　　　int a[3][4]={{0,1,2,3},{4,5,6,7},{8,9,10,11}};

设数组 a 的首地址为 1000，各下标变量的首地址及其值如图 8-5 所示。

C 语言允许把一个二维数组分解为多个一维数组来处理，因此数组 a 可分解为三个一维
数组，即 a[0]、a[1]、a[2]。每个一维数组又含有四个元素，如图 8-6 所示。

| 1000 0 | 1002 1 | 1004 2 | 1006 3 |
|---|---|---|---|
| 1008 4 | 1010 5 | 1012 6 | 1014 7 |
| 1016 8 | 1018 9 | 1020 11 | 1022 12 |

| a → | | | |
|---|---|---|---|
| a[0] | = | 1000 0 1002 1 1004 2 1006 3 | |
| a[1] | = | 1008 4 1010 5 1012 6 1014 7 | |
| a[2] | = | 1016 8 1018 9 1020 11 1022 12 | |

图 8-5　数组 a 各下标变量的首地址及值　　　图 8-6　二维数组 a 可分解为三个一维数组

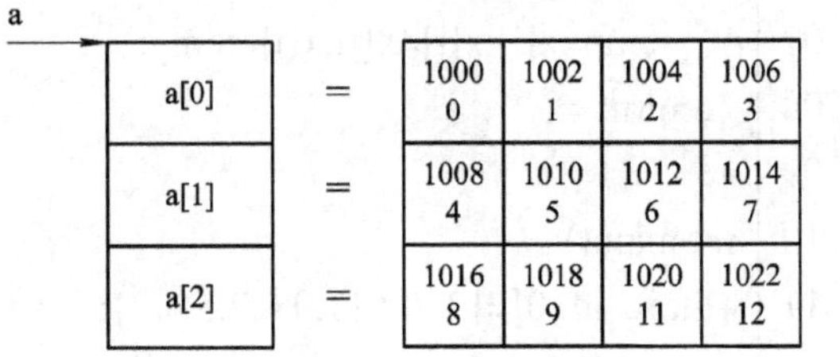

例如 a[0]数组含有 a[0][0]、a[0][1]、a[0][2]、a[0][3]四个元素。

从二维数组的角度来看，a 是二维数组名，a 代表整个二维数组的首地址，即二维数组
第 0 行的首地址，等于 1000。a+1 代表第一行的首地址，等于 1008，如图 8-7 所示。

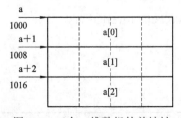

图 8-7　三个一维数组的首地址

a[0]是第一个一维数组的数组名和首地址,因此也为 1000。*(a+0)或 *a 是与 a[0]等效的,它表示一维数组 a[0]第 0 号元素的首地址,也为 1000。&a[0][0]是二维数组 a 的 0 行 0 列元素首地址,同样是 1000。因此,a、a[0]、*(a+0)、*a、&a[0][0]是相等的。

同理,a+1 是二维数组第 1 行的首地址,等于 1008。a[1]是第二个一维数组的数组名和首地址,因此也为 1008。&a[1][0]是二维数组 a 的第 1 行第 0 列元素地址,也是 1008。因此 a+1、a[1]、*(a+1)、&a[1][0]是等同的。

由此可得出:a+i、a[i]、*(a+i)、&a[i][0]是等同的。

此外,&a[i]和 a[i]也是等同的。在二维数组中不能把&a[i]理解为元素 a[i]的地址,因为不存在元素 a[i]。C 语言规定,它只是一种地址计算方法,表示数组 a 第 i 行的首地址。由此可以得出:a[i]、&a[i]、*(a+i)和 a+i 也都是等同的。

另外,a[0]也可以看成是 a[0]+0,是一维数组 a[0]第 0 号元素的首地址,而 a[0]+1 则是 a[0]第 1 号元素的首地址,由此可得出 a[i]+j 则是一维数组 a[i]第 j 号元素的首地址,它等于&a[i][j],如图 8-8 所示。

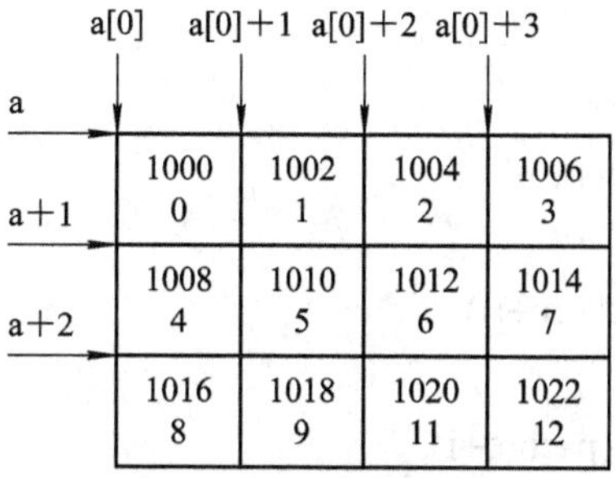

|  | a[0] | a[0]+1 | a[0]+2 | a[0]+3 |
|---|---|---|---|---|
| a → | 1000 0 | 1002 1 | 1004 2 | 1006 3 |
| a+1 → | 1008 4 | 1010 5 | 1012 6 | 1014 7 |
| a+2 → | 1016 8 | 1018 9 | 1020 11 | 1022 12 |

图 8-8　地址表示示意图

由 a[i]=*(a+i)得 a[i]+j=*(a+i)+j。由于 *(a+i)+j 是二维数组 a 的 i 行 j 列元素的首地址,所以,该元素的值等于 *(*(a+i)+j)。

【例 8.6】　通过二维数组输出相应的值。

程序代码如下:

```
01  #include <stdio.h>
02  int main(){
03      int a[3][4]={0,1,2,3,4,5,6,7,8,9,10,11};
04      int(*p)[4];
05      int i,j;
06      p=a;
07      for(i=0;i<3;i++)
08      {for(j=0;j<4;j++) printf("%2d    ",*(*(p+i)+j));
09      printf("\n");}
10  }
```

通过循环输出 p+i+j 的值。

## 三、任务实施

"班级学生成绩管理系统"中查找最高分、最低分和不及格成绩的三个函数可以用指针变量作为参数来实现。下面给出的这三个函数，只将原函数中的数组形参修改成指针形参，函数按指针访问方式编写。

(1) 函数声明可修改成：

```
void searchmax(float *,int);        /*查找最高分指针访问函数*/
void searchmin(float *,int);        /*查找最低分指针访问函数*/
```

(2) 函数调用可以不修改。

(3) 函数定义按下面给出的程序修改。

查找最高分指针访问函数程序如下：

```
void SearchMax(float *pscore, int stusize)   /*查找最高分指针访问函数*/
{    floast max=*pscore;
     int i, floag;
     system("cls");
     for(i=1;i<stusize;i++)
     {
         if(max<*(pscore+i))
         {
             max=*(pscore+i);
             flag=i;
         }
     }
     gotoxy(20,5);
     printf("成绩最高的是:%.1f\n",*(pscore+flag));
     gotoxy(20,10);
     printf("查找最高分成功，按任意键返回上级菜单！");
     getch();
}
```

查找最低分指针访问函数程序如下：

```
void SearchMin(float *pscore,int stusize)    \*查找最低分指针访问函数*/
{
     float min=*pscore;
     int i,flag;
     system("cls");
     for(i=1;i<stusize;i++)
     {
         if(min>*(pscore+i))
```

```
            {
                min=*(pscore+i);
                flag=i;
            }
        }
        gotoxy(20,5);
        printf("成绩最低的是：&.1f\n",*(pscore+flag));
        gotoxy(20,10);
        printf("查找最低分成功，按任意键返回上级菜单! ");
        getch();
    }
```
查找不合格学生成绩指针访问函数程序如下：
```
    void NotElig(float *pscore,int stusize)        /*查找不合格学生成绩指针访问函数*/
    {
        int i,flag=0;
        system("cls);
        gotoxy(20,5);
        printf("不及格成绩：");
        for(i=0;i<stusize;i++)
        {
            if(*(pscore+i)<60)
            {
                printf("%6.1f",*(pscore+i));
                flag=1;
            }
        }
        if(!flag)
        {
            gotoxy(35,5);
            printf("没有不及格成绩! ");
        }
        gotoxy(20,10);
        printf("查找不及格成绩成功，按任意键返回上级菜单! ");
        getch();
    }
```

## 四、知识扩展

访问一维数组元素的方式有三种：下标法、地址法、指针法。

一维数组的数组名实际上就是指向该数组的第一个单元的指针。一个一维数组若定义为

    int   a[10];

则数组名 a 的类型是 int*(数组名代表数组的首地址，因此是指针类型)，并且指向第一个元素，因此 *a 和 a[0] 访问的是同一个元素，两种表达形式完全等价。这种地址表达形式不仅可以访问第一个元素，结合算术运算还可以访问数组的其他元素，例如：

    *(a+1)等价于 a[1];

    *(a+2)等价于 a[2];

    ⋮

    *(a+i)等价于 a[i]。

因此，访问数组元素的操作可以采用三种方法：下标法、地址法和指针法。采用指针法比采用地址法更为简洁，执行效率也更高。

指向一维数组第一个元素的指针都可以像一维数组名那样使用，例如：

    int   a[10]，*pa=a;

    *(pa+1)等价于 a[1];

    *(pa+2)等价于 a[2];

    ⋮

    *(pa+i)等价于 a[i]。

下标法与地址法、下标法与指针法的对应关系如图 8-9 所示。

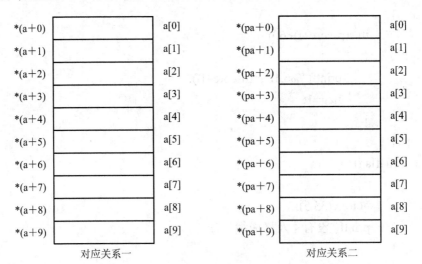

图 8-9　下标法与地址法、下标法与指针法的对应关系

三种访问方式在形式上遵守图 8-10 所示的等价关系。

图 8-10　三种访问方式在形式上的关系

例如：

```
int a[5]={7, 9, 4, 3, 8};
int *pa=a;
printf ("%d  ",a[0]);printf ("%d\n",a[2]);
printf ("%d  " *a); printf ("%d\n",*(a+2));
printf ("%d  ",*pa);printf ("%d\n",*(pa+2));
```

执行结果为

```
7  4
7  4
7  4
```

指针变量还可以用自增或自减运算来改变指针所指向的位置，例如：

```
printf ("%d",*(pa++)); printf("%d",*(++pa));
printf ("%d",*(pa--)); printf("%d",*(--pa));
```

【例 8.7】 输出数组的全部元素(几种访问方法比较)。

方法一：下标法。

```
#include <stdio.h>
int main()
{
    int a[5]={1, 2, 3, 4, 5};
    int i;
    for(i=0;i<5;i++)
        printf("%d,",a[i]);
    printf("\n");
}
```

方法二：地址法。

```
#include <stdio.h>
int main()
{
    int a[10]={1, 2, 3, 4, 5};
    int i;
    for(i=0; i<5; i++)
        printf("%d,",*(a+i));
    printf("\n");
}
```

方法三：指针法。

```
#include <stdio.h>
int main()
```

```
        {
            int a[10]={1，2，3，4，5};
            int *p;
            for(p=a；p<a+5；p++)
                printf("%d,",*p);
            printf("\n");
        }
```

三种方法的输出结果均为

1，2，3，4，5

【例 8.8】 下面的程序的输出结果是什么？

程序代码如下：

```
    #include <stdio.h>
    int main()
    {
        int a[10],*p,i;
        p=a;
        for(i=0;i<10;i++)
            scanf("%d",p++);/*特别要注意输入时指针的变化*/
        printf("\n");
        for(i=0;i<10;i++,p++)    /*指针p的值已经变化*/
            printf("%d ",*p);
    }
```

程序运行结果：

<u>1 2 3 4 5 6 7 8 9 0</u> ✓

输出结果不是预期的值!!

怎样解决？其实很简单：重新使指针变量指向数组的首地址，请看改进后的例子：

```
    #include <stdio.h>
    int main()
    {    int a[10],*p,i;
        p=a;
        for(i=0;i<10;i++)
            scanf("%d",p++);
        printf("\n");
        p=a;      /*使p指针重新指向了数组的首地址*/
        for(i=0;i<10;i++,p++)
            printf("%d ",*p);
        printf("\n");
    }
```

程序运行结果：

      1 2 3 4 5 6 7 8 9 0 ↙

      1 2 3 4 5 6 7 8 9 0

当执行到第 6～7 两行时，随着循环的执行，指针 p 的指向在不断地变化，循环结束后，指针 p 已指向数组的外面了，如果这时直接用指针来实现输出其值的操作，指针指向的就不是数组的值，而是数组外面的内容，输出结果就不是预期的值。如果在输出之前调整指针 p 的指向，使它重新指向数组的首地址，增加第 9 行 p=a;语句，再输出，就能得到预期的结果。

## ⊠ 任务小结

指针是 C 语言与数据结构中的一个重要组成部分，是学习后面知识的基础。任务一主要介绍了以下几方面内容：

(1) 指针就是内存地址，指针变量是一个特殊的变量，是专门用来存放内存地址的。在定义一个指针变量时，将其初始化为空可以避免造成系统混乱。

(2) 指针变量可以进行赋值运算、加减运算及关系运算。两个有关的运算符如下：

- 取地址运算符&：取变量的地址。
- 取内容运算符*：表示指针所指变量的内容。

(3) 指针变量可以作为函数的参数，函数的返回值可以是指针类型，还可以是指向函数的指针变量，并将函数的入口地址赋给函数的指针变量。

通过对"班级学生成绩管理系统"的相关数据的设计与定义，我们掌握了 C 的常量、变量类型和基本使用方法以及算术运算符和表达式的运算方法；理解了基本指针类型及表达式在程序中的使用。

### 任务二　用指针实现学生成绩排序

任务目标：用指针实现学生成绩排序。

## 一、任务情境

指针是 C 语言中广泛使用的一种数据类型。运用指针编程是 C 语言最主要的风格之一。利用指针变量可以表示各种数据结构。本任务初步实现按升序排列学生成绩函数 AsceSort() 和按降序排列学生成绩函数 DropSort()，排序方法采用"冒泡法"，任务中将学习指针的应用。

在排序函数中，创建并生成了一个新的成绩数组(temp_score)，其目的是在排序过程中不影响原成绩数组的排列。

## 二、知识必备

【例 8.9】 用选择法对 10 个整数排序。

程序代码如下：

```
01    include <stdio.h>
02    int main()
03    {int *p,i,a[10]={3,7,9,11,0,6,7,5,4,2};
04      printf("The original array:\n");
05      for(i=0;i<10;i++)
06        printf("%d,",a[i]);
07      printf("\n");
08      p=a;
09      sort(p,10);
10      for(p=a,i=0;i<10;i++)
11        {printf("%d    ",*p);p++;}
12        printf("\n");
13      }
14    sort(int x[],int n)
15    {int i,j,k,t;
16      for(i=0;i<n-1;i++)
17        {k=i;
18          for(j=i+1;j<n;j++)
19                if(x[j]>x[k])k=j;
20                if(k!=i)
21                    {t=x[i];x[i]=x[k];x[k]=t;}
22        }
23    }
```

函数 sort 用数组名作为形参，也可改为用指针变量，这时函数的首部可以改为 sort(int *x，int n)，其他可一律不改。

## 1. 指针与字符串

字符串在程序中可用双引号括起来的若干字符表示，其结束标志为 '\0'，字符串指针就是指向字符串的字符指针变量。

1) 字符串的表示形式

在 C 语言中，可以用两种方法访问一个字符串。

(1) 用字符数组存放一个字符串，然后输出该字符串。

【例8.10】 用字符数组表示字符串。

```
#include <stdio.h>
int main()
{   char string[]="I love China! ";
    printf("%s\n",string);
}
```

和前面介绍的数组属性一样，string 是数组名，它代表字符数组的首地址，如图 8-11 所示。

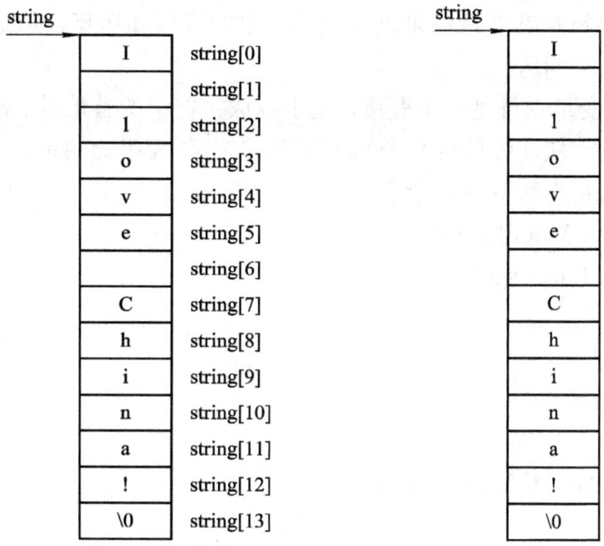

| string | | |
|---|---|---|
| I | string[0] | I |
|  | string[1] |  |
| l | string[2] | l |
| o | string[3] | o |
| v | string[4] | v |
| e | string[5] | e |
|  | string[6] |  |
| C | string[7] | C |
| h | string[8] | h |
| i | string[9] | i |
| n | string[10] | n |
| a | string[11] | a |
| ! | string[12] | ! |
| \0 | string[13] | \0 |

图 8-11　用指针访问字符串

(2) 用字符串指针指向一个字符串。

【例 8.11】　用字符串指针指向一个字符串。

```
#include <stdio.h>
int main()
{   char *string="I love China! ";
    printf("%s\n",string);
}
```

字符串指针变量的定义说明与指向字符变量的指针变量说明是相同的。只能按对指针变量的赋值不同来区别。对指向字符变量的指针变量应赋予该字符变量的地址。

【例 8.12】　在输入的字符串中查找有无 'k' 字符。

程序代码如下：

```
#include <stdio.h>
int main(){
  char st[20]，*ps;
      int i;
  printf("input a string:\n");
  ps=st;
  scanf("%s",ps);
  for(i=0;ps[i]!='\0';i++)
    if(ps[i]=='k'){
        printf("there is a 'k' in the string\n");
        break;
    }
  if(ps[i]=='\0') printf("there is no 'k' in the string\n");}
```

2) 使用字符串指针变量与字符数组的区别

用字符数组和字符指针变量都可以实现字符串的存储和运算，但两者是有区别的。在使用时应注意以下几个问题：

(1) 字符串指针变量本身是一个变量，用于存放字符串的首地址。而字符串本身是存放在以该首地址为首的一块连续的内存空间中并以 '\0' 作为串的结束。字符数组是由若干个数组元素组成的，它可用来存放整个字符串。

(2) 对字符串指针变量定义和赋初值：

```
char *ps="C Language";
```

可以写为

```
char *ps;
ps="C Language";
```

而对数组初始化时

```
static char st[]={"C Language"};
```

不能写为

```
char st[20];
st={"C Language"};
```

只能对字符数组的各元素逐个赋值。

从以上几点可以看出字符串指针变量与字符数组在使用时的区别，同时也可看出使用指针变量更加方便。

前面说过，当一个指针变量在未取得确定地址前使用是危险的，容易引起错误。但是对指针变量直接赋值是可以的，因为 C 系统对指针变量赋值时要给以确定的地址。

因此，

```
char *ps="C Langage";
```

或者

```
char *ps;
ps="C Language";
```

都是合法的。

## 2．指针与结构体

指针变量非常灵活方便，可以指向任一类型的变量，若定义指针变量指向结构体类型变量，则可以通过指针来引用结构体类型变量。

首先定义结构体：

```
struct stu
{
char name[20];
    long number;
    float score[4];
};
```

再定义指向结构体类型变量的指针变量：

struct stu *p1，*p2 ;

定义指针变量 p1、p2，分别指向结构体类型变量。引用形式为：指针变量->成员名。

【例8.13】 输入一个结构体类型变量的成员并输出。

程序代码如下：

```
01    #include <stdlib.h>                /*使用 malloc()需要包含头文件*/
02    struct data                        /*定义结构体*/
03    {
04    int day,month,year;
05      } ;
06     struct stu                        /*定义结构体*/
07    {
08    char name[20];
09    long num;
10    struct data birthday;              /*嵌套的结构体类型成员*/
11    } ;
12    int main()                         /*定义 main()函数*/
13    {
14    struct stu *student;               /*定义结构体类型指针*/
15    student=malloc(sizeof(struct stu)); /*为指针变量分配安全的地址*/
16    printf("Input name,number,year,month,day:\n");
17    scanf("%s",student->name);         /*输入学生姓名、学号、出生年月日*/
18    scanf("%ld",&student->num);
19    scanf("%d%d%d"，&student->birthday.year，&student->birthday.month，
20       &student->birthday.day);
21    printf("\nOutputname,number,year,month,day\n");
22    /*打印输出各成员项的值*/
23    printf("%20s%10ld%10d//%d//%d\n",student->name,student->num,
24       student->birthday.year,student->birthday.month，
25       student->birthday.day);
26    }
```

程序中使用结构体类型指针引用结构体变量的成员，需要通过 C 提供的函数 malloc()来为指针分配安全的地址。函数 sizeof()返回值是计算给定数据类型所占内存的字节数。指针所指各成员形式为

student->name

student->num

student->birthday.year

student->birthday.month

student->birthday.day

运行结果如下：

RUN↙

Input name,number,year,month,day:

<u>Wangjian   34   1987 5 23</u>

Wangjian   34   1987//5//23

### 3. 指向结构体类型数组的指针

定义一个结构体类型数组，其数组名是数组的首地址。定义结构体类型的指针，既可以指向数组的元素，也可以指向数组，在使用时要加以区分。

【例 8.14】 在例 8.13 中定义了结构体类型，根据此类型再定义结构体数组及指向结构体类型数组的指针。

程序代码如下：

```
struct data
{
    int day，month，year;
};
struct stu                      /*定义结构体*/
{
    char name[20]
    long num;
    struct data birthday;        /*嵌套的结构体类型成员*/
};
struct stu*student[4]，*p;        /*定义结构体数组及指向结构体类型数组的指针*/
```

使 p=student，此时指针 p 就指向了结构体数组 student。

p 是指向一维结构体数组的指针，对数组元素的引用可采用三种方法。

(1) 地址法。student+i 和 p+i 均表示数组第 i 个元素的地址，数组元素各成员的引用形式为(student+i)->name、(student+i)->num 和(p+i)->name、(p+i)->num 等。student+i 和 p+i 与&student[i]意义相同。

(2) 指针法。若 p 指向数组的某一个元素，则 p++就指向其后续元素。

(3) 指针的数组表示法。若 p=student，我们说指针 p 指向数组 student，p[i]表示数组的第 i 个元素，其效果与 student[i]等同。对数组成员的引用描述为 p[i].name、p[i].num 等。

## 三、任务实施

通过相关理论学习后，可以对"用指针实现学生成绩排序"任务中学习成绩排序函数用指针变量作参数来实现。

下面给出按升序排列成绩函数 AsceSort()和按降序排列成绩函数 DropSort()，与任务一相比，只将原函数中的数组形参修改成指针形参，函数按指针访问方式编写。

(1) 函数声明可修改成：

```
void ascesort(float *,int);            /*按升序排列指针访问函数*/
```

```
            void dropsort(float *,int);          /*按降序排列指针访问函数*/
```
(2) 函数调用可以不修改。

(3) 函数定义按下面给出的程序修改。

按升序排列指针访问函数程序如下：

```
    void AsceSort(float *pscore,int stusize)    /*按升序排列指针访问函数*/
    {
        int i,j;
        float temp;
        float temp_score[stusize],*pf;
        system("cls");
        pf=temp_score;
        for(i=0;i<stusize;i++,pscore++)
            temp_score[i]=*pscore;
      for(i=0;i<stusize-1;i++)
            for(j=0;j<stusize-i-1;j++)
                if(*(pf+j+1)<*(pf+j))
                {
            temp=*(pf+j);
            *(pf+j)=*(pf+j+1);
            *(pf+j+1)=temp;
                }
        gotoxy(5,5);
        printf("升序排列结果：");
        for(i=0;i<stusize;i++)
            printf("%6.1f",*(pf+i));
        gotoxy(20,10);
        printf("升序排列成功，按任意键返回上级菜单!");
        getch();
    }
```

按降序排列指针访问函数程序如下：

```
    void DropSort(float *pscore,int stusize)              /*按降序排列指针访问函数*/
    {
        int i,j;
        float temp;
        float temp_score[stusize],*pf;
        system("cls");
        pf=temp_score;
        for(i=0;i<stusize;i++,pscore++)
```

```
        temp_score[i]=*pscore;
    for(i=0;i<stusize-1;i++)
        for(j=0;j<stusize-i-1;j++)
            if(*(pf+j+1)>*(pf+j))
            {
            temp=*(pf+j);
            *(pf+j)=*(pf+j+1);
            *(pf+j+1)=temp;
            }
    gotoxy(5,5);
    printf("降序排列结果：");
    for(i=0;i<stusize;i++)
        printf("%6.1f",*(pf+i));
    gotoxy(20,10);
    printf("降序排列成功，按任意键返回上级菜单!");
    getch();
}
```

## 四、知识扩展

任务二中我们用到了结构体，下面进行具体介绍。

### 1. 结构的定义

"结构"是一种构造类型，它是由若干"成员"组成的。每一个成员可以是一个基本数据类型或者又是一个构造类型。结构既然是一种"构造"而成的数据类型，那么在说明和使用之前必须先定义它，也就是构造它。如同在说明和调用函数之前要先定义函数一样。

定义一个结构的一般形式为

```
struct 结构名
{成员表列};
```

成员表列由若干个成员组成，每个成员都是该结构的一个组成部分。对每个成员也必须作类型说明，其形式为

```
类型说明符 成员名；
```

成员名的命名应符合标识符的书写规定。例如：

```
struct stu
{
    int num;
    char name[20];
    char sex;
    float score;
};
```

在这个结构定义中，结构名为 stu，该结构由 4 个成员组成。第一个成员为 num，整型变量；第二个成员为 name，字符数组；第三个成员为 sex，字符变量；第四个成员为 score，实型变量。应注意在括号后的分号是不可少的。结构定义之后，即可进行变量说明。凡说明为 stu 的结构变量都由上述 4 个成员组成。由此可见，结构是一种复杂的数据类型，是数目固定、类型不同的若干有序变量的集合。

### 2. 结构变量成员的表示方法

在程序中使用结构变量时，往往不把它作为一个整体来使用。在 ANSIC 中除了允许具有相同类型的结构变量相互赋值以外，一般对结构变量的使用，包括赋值、输入、输出、运算等都是通过结构变量的成员来实现的。

表示结构变量成员的一般形式是

    结构变量名.成员名

例如：

    boy1.num            即第一个人的学号
    boy2.sex            即第二个人的性别

如果成员本身又是一个结构则必须逐级找到最低级的成员才能使用。例如：

    boy1.birthday.month

即第一个人出生的月份成员可以在程序中单独使用，与普通变量完全相同。

### 3. 结构变量的赋值

结构变量的赋值就是给各成员赋值，可用输入语句或赋值语句来完成。

【例 8.15】 给结构变量赋值并输出其值。

```
01  #include <stdio.h>
02  int main()
03  {
04      struct stu
05        {
06          int num;
07          char *name;
08          char sex;
09          float score;
10        } boy1,boy2;
11      boy1.num=102;
12      boy1.name="Zhang ping";
13      printf("input sex and score\n");
14      scanf("%c %f",&boy1.sex,&boy1.score);
15      boy2=boy1;
16      printf("Number=%d\nName=%s\n",boy2.num,boy2.name);
17      printf("Sex=%c\nScore=%f\n",boy2.sex,boy2.score);
18  }
```

本程序中用赋值语句给 num 和 name 两个成员赋值，name 是一个字符串指针变量。用 scanf 函数动态地输入 sex 和 score 成员值，然后把 boy1 的所有成员的值整体赋予 boy2，最后分别输出 boy2 的各个成员值。本例表示了结构变量的赋值、输入和输出的方法。

### 4. 结构变量的初始化

和其他类型变量一样，对结构变量可以在定义时进行初始化赋值。

【例8.16】 对结构变量初始化。

```
01    #include <stdio.h>
02    int main()
03    {
04        struct stu        /*定义结构*/
05        {
06            int num;
07          char *name;
08          char sex;
09          float score;
10        }boy2,boy1={102,"Zhang ping",'M',78.5};
11    boy2=boy1;
12    printf("Number=%d\nName=%s\n",boy2.num,boy2.name);
13    printf("Sex=%c\nScore=%f\n",boy2.sex,boy2.score);
14    }
```

本例中，boy2、boy1 均被定义为外部结构变量，并对 boy1 作了初始化赋值。在 main 函数中，把 boy1 的值整体赋予 boy2，然后用两个 printf 语句输出 boy2 各成员的值。

我们将在下一章具体介绍结构体的使用方法。

## ⊠ 任务小结

利用指针实现了"班级学生成绩管理系统"中最高、最低及不及格学生成绩查找，并用指针实现了按升序及降序对学生成绩进行排序。通过学习实践，掌握了 C 语言中指针的引用方法及数据类型，会运用指针作函数参数和返回值。

现把全部指针运算列出如下：

(1) 指针变量加(减)一个整数。

例如：p++、p--、p+i、p-i、p+=i、p-=i

一个指针变量加(减)一个整数并不是简单地将原值加(减)一个整数，而是将该指针变量的原值(是一个地址)和它指向的变量所占用的内存单元字节数相加(减)。

(2) 指针变量赋值。将一个变量的地址赋给一个指针变量。如：

    p=&a;               （将变量 a 的地址赋给 p）

    p=array;           （将数组 array 的首地址赋给 p）

    p=&array[i];       （将数组 array 第 i 个元素的地址赋给 p）

    p=max;            （max 为已定义的函数，将 max 的入口地址赋给 p）

    p1=p2;            （p1 和 p2 都是指针变量，将 p2 的值赋给 p1）

注意：下面这种表示是不对的，不能把一个整数赋给指针变量。

    p=1000;

(3) 指针变量可以有空值，即该指针变量不指向任何变量，可以这样表示：

    p=NULL;

(4) 两个指针变量可以相减。如果两个指针变量指向同一个数组的元素，则两个指针变量值之差是两个指针之间的元素个数。

(5) 如果两个指针变量指向同一个数组的元素，则可以进行比较。指向前面的元素的指针变量"小于"指向后面的元素的指针变量。

# 习　题

## 一、选择题

1. 有以下程序段：

    int a[]={1,2,3,4,5,6,7,8,9,0},*p,i;

    p=a;

若 0<=i<10，下列选项中对数组元素的错误引用是(　　　　)。

    A. *(A+i)        B. a[p-a]        C. p+a        D. p*a

2. 若有以下程序段：

    float a[3]={1.2,45.6,−23.0};

    float *p=a;

则执行语句 a=p+2 后，a[0]的值为(　　　　)。

    A. 1.2        B. 45.6        C. −23.0        D. 语句有错

3. 若有以下程序段：

    int a[10]，*p1，*p2;

    p1=a;

    p2=&a[5];

则 p1-p2 的值为(　　　　)。

    A. 0        B. 1        C. −3        D. −5

4. 若有以下语句：

    int a[]={8,1,2,5,0,4,7,6,3,9};

则 a[*(a+a[3])]的值为(　　　　)。

    A. 0        B. 1        C. 3        D. 5

5. 若有以下程序：
```c
#include <stdio.h>
main()
{
    int a[]={1,2,3,4,5,6},*p;
    p=a;
    *(p+3)+=2;
    printf("%d,%d\n",*p,*(p+3));
}
```
则其输出结果是(　　　)。

A. 0，5　　　　　　B. 1，5　　　　　　C. 0，6　　　　　　D. 1，6

6. 变量的指针，其含义是指该变量的(　　　)。

A. 值　　　　　　B. 地址　　　　　　C. 名　　　　　　D. 一个标志

7. 设有语句 int ( * ptr)[M]；其中 ptr 是(　　　)。

A. M 个指向整型变量的指针

B. 指向 M 个整型变量的函数指针

C. 一个指向具有 M 个整型元素的一维数组的指针

D. 具有 M 个指针元素的一维指针数组，每个元素都只能指向整型量

8. 若有以下程序段
```c
int i;
char  * s="a\045+045\'b";
for ( i=0;s++;i++);
```
则执行后 i 的值为(　　　)。

A. 5　　　　　　B. 8　　　　　　C. 11　　　　　　D. 12

9. 以下程序的执行结果是(　　　)。
```c
# include < stdio.h >
main() {
    int i; char  * s="a\\\\\n";
    for( i=0; s[i]!= '\0';i++)
    printf("%c",  * (s+i)); }
```

A. a　　　　　　B. a\　　　　　　C. a\\　　　　　　D. a\\\\

## 二、编程题

1. 用指针法实现：输入任意一个字符串，包括 n 个字符，编写函数(该函数参数是字符指针)，将此字符串中从第 m 个字符开始的全部字符复制成另一个字符串。要求在主函数输入字符串及 m 值并输出复制结果。

2. 实现从键盘输入两个字符串，分别存入两个不同的字符数组中；将两个字符串连接为一个字符串，并打印输出连接后的整个字符。不用 strcat 函数实现字符串连接功能函数 strcat 的功能。请编写并调试运行程序，要求用指针实现。

三、分析程序，写出运行结果

1. ```c
   void GetMemory(char **p, int num)
   {
       *p=(char *)malloc(num);
   }
   int main()
   {
       char *str=NULL;
       GetMemory(&str,100);
       strcpy(str,"hello");
       free(str);
       if(str!=NULL)
       {
           strcpy(str,"world");
       }
       printf("\n str is %s",str);
       getchar();
   }
   ```

2. ```c
   int main()
   {
       int a[5]={1,2,3,4,5};
       int *ptr=(int *)(&a+1);
       printf("%d,%d",*(a+1),*(ptr-1));
   }
   ```

# 第9章　用户自定义数据类型

本章的主要任务是对"班级学生成绩管理系统"中学生的数据进行增加、删除、修改、显示等操作。在本章的学习中,主要培养学生掌握自定义数据类型的定义及使用,并将用户自定义类型应用到"班级学生成绩管理系统"中。在本章的学习中,学生将要达到如下的知识目标和能力目标:

**知识目标**

➢ 掌握结构体类型的定义。

➢ 掌握结构体类型变量定义及引用。

➢ 掌握使用结构体变量名和结构体指针引用结构体成员的方法。

➢ 掌握结构体数组的定义及使用。

**能力目标**

➢ 能够正确定义结构体类型和结构体变量。

➢ 能正确使用结构体变量名和结构体指针引用结构体成员的方法。

➢ 能将结构体类型数据定义成数组。

➢ 能用数组元素下标和指针变量访问结构体类型的数组成员。

➢ 能将"班级学生成绩管理系统"中的学生信息定义成结构体类型。

➢ 能对"班级学生成绩管理系统"中的结构数组进行输入/输出操作。

➢ 能用结构体实现"班级学生成绩管理系统"中学生数据的增加、删除、修改、显示等操作。

### 任务　用结构体实现学生数据的增加、删除、修改和显示

任务目标:用结构体类型变量实现"班级学生成绩管理系统"中学生数据的增加、删除、修改等操作。

## 一、任务情境

在"班级学生成绩管理系统"中,学生的记录数据通常采用不同的数据类型来存放。例如,在学生基本信息登记表中,学号通常采用整型或字符型;姓名往往为字符型;性别应为字符型;年龄采用整型;成绩可以为整型或实型。由于数据类型多样,因此不适合采用数组形式来存放这样一组数据,因为数组中各元素的类型和长度都必须一致,以便于编译系统处理。为了解决数据类型多样化的问题,C语言中给出了一种新的数据类型——"结构(structure)"或叫"结构体",它是一种构造类型,是由若干"成员"组成的。每一个成员类型可以是一个基本数据类型或者又是一个构造类型。这种构造类型同基本类型一样在说明和使用之前必须先定义。

下面通过相关理论的学习掌握如何利用结构体类型来处理"班级学生成绩管理系统"中学生的数据。

## 二、知识必备

**【例 9.1】** 对候选人得票的统计程序。设有三个候选人，每次输入一个候选人的名字，最后统计出每个候选人的得票结果(假定投票人数为 10 人)。

程序代码如下：

```
01  #include<stdio.h>
02   struct    person                               /*定义结构体类型*/
03   {
04    char name[20];
05    int count; }
06  leader[3]={ "Li",0, "Zhang",0, "Fun",0};        /*对结构体数组赋值*/
07  int main()
08  {
09   int i,j;
10   char leader_name[20];
11   for(i=1;i<=10;i++)                              /*填写选票*/
12    {
13    scanf("%s",leader_name);
14    for(j=0;j<3;j++)                               /*统计得票数*/
15       if(strcmp(leader_name,leader[j].name)==0)
16       leader[j].count++;
17    }
18   printf("\n");
19   for(i=0;i<3;i++)                                /*输出得票数*/
20    printf("%5s:%d\n",leader[i].name,lader[i].count);
21  }
```

程序中第 02 行定义结构体类型，第 06 行定义了结构体数组变量并对该数组进行了赋值，第 11 行利用循环结构对选票进行填写和统计，第 19 行利用循环输出得票结果。

在程序中，结构体中定义了两个成员变量，name 用来存放候选人姓名，count 用来存放得票数。在 main()函数中定义了两个用于控制循环的变量 i 和 j。

### 1. 结构体类型的声明

在前面章节中讲过，用数组来存放数据时，数组中各元素的类型和长度都必须一致，以便于编译系统处理，而在学生基本信息表中，在学生的学号、姓名和各科成绩的类型和长度存在差异的情况下，采用数组已经不能满足要求了。因此，需要构造出一种新的类型——"结构(structure)"或叫"结构体"。

声明结构体类型的形式为

struct 结构体名

{

  类型名　成员 1 名;

  类型名　成员 2 名;

  ⋮

  类型名　成员 n 名;

};

各成员类型既可以是前面章节里介绍的基本类型，也可以是构造类型，成员名的命名应符合标识符的命名规定。例如：

```
01   struct student
02   {
03       int stunum;                    /*学号*/
04       char stuname[8];               /*学生姓名*/
05       float stuscore[5];             /*三门课成绩、平均成绩、总成绩*/
06   };                                 /*"分号"不能缺少*/
```

  在这个结构定义中，结构体名为 student，该结构体由三个成员组成。第 03 行的第一个成员为 stunum，整型变量；第 04 行的第二个成员为 stuname，字符数组；第 05 行的第三个成员为 stuscore，实型数组。需特别注意的是：括号后的分号是必不可少的。结构定义之后即可进行变量说明。

结构体类型声明的一般形式是

struct 结构体名

{

  成员列表项;

};

## 2. 结构体类型变量的定义

学生基本情况信息表中存放的学生信息有学号(stu_ID)、姓名(name)、性别(sex)、年龄(age)、入学成绩(adm_result)、家庭地址(address)、联系电话(phone)，如图 9-1 所示。

| stu_ID | name | sex | age | adm_result | address | phone |
|---|---|---|---|---|---|---|
| 200819 | WangPing | M | 21 | 452.5 | HenanPingdingsan | 13903753330 |

图 9-1 结构体的组成

在 C 语言中没有提供保存图 9-1 中所示信息的数据结构，为了能够保存学生的信息，用户必须自己定义所需的结构体类型。

  struct studentIfor

  {

    int stu_ID;                    /*学号*/

```
        char name[16];              /*姓名*/
        char sex;                   /*性别*/
        int age;                    /*年龄*/
        float adm_result;           /*成绩*/
        char address[40];           /*家庭地址*/
        char phone[11];             /*电话*/
    };
```

为了能够在学生成绩管理系统中使用上述结构体类型的数据，应当定义结构体类型的变量。可以采用以下三种方法定义结构体类型变量。

1) 先声明结构体类型再定义变量名

上面定义了一个结构体类型 struct studentIfor，现在用它来定义结构体变量。如：

```
    struct    studentIfor        stu1,stu2;
    struct    studentIfor            stu1, stu2;
      结构体类型名              结构体变量名
```

2) 在定义结构体类型的同时定义该类型的变量

```
    struct studentIfor
    {
        int stu_ID;                 /*学号*/
        char name[16];              /*姓名*/
        char sex;                   /*性别*/
        int age;                    /*年龄*/
        float adm_result;           /*成绩*/
        char address[40];           /*家庭地址*/
        char phone[11];             /*电话*/
    }stu1,stu2;
```

这种定义的一般形式为

```
    struct  结构体名
    {
       成员列表项;
    }变量名列表项;
```

3) 直接定义结构体类型变量

```
    struct
    {
        int stu_ID;                     /*学号*/
        char name[16];                  /*姓名*/
        char sex;                       /*性别*/
        int age;                        /*年龄*/
        float adm_result;               /*成绩*/
```

```
        char address[40];          /*家庭地址*/
        char phone[11];            /*电话*/
    }stu1,stu2;
这种定义的一般形式为
    struct
    {
        成员列表项;
    }变量名列表项;
```
第三种方法与第二种方法的区别在于省去了结构体名，而直接给出结构体变量。

结构体中的成员也可以又是一个结构体，即构成嵌套的结构体，如图 9-2 所示。

| num | name | sex | birthday | | | score |
| | | | month | day | year | |

图 9-2　结构体成员也是一个结构体变量

按图 9-2 可给出以下结构定义：

```
    struct date
    {
            int month;
            int day;
            int year;
    };
    struct{
            int num;                /*学号*/
            char name[20];          /*姓名*/
            char sex;               /*性别*/
            struct date birthday;   /*出生日期*/
            float score;            /*成绩*/
    }student1,student2;
```

首先定义一个结构体类型 date，由 month(月)、day(日)、year(年)三个成员组成。在定义并说明变量 student1 和 student2 时，其中的成员 birthday 被说明为 data 结构体类型。成员名可与程序中其他变量同名，互不干扰。

### 3. 结构体类型变量的赋值及引用

与前面介绍的普通类变量的操作不同，在使用结构体变量时，往往都是通过对其成员进行操作来完成的，其中包括赋值、输入、输出、运算等。如果想对结构体变量进行整体使用，只能允许具有相同结构和类型的变量对其进行赋值。

1) 结构体成员的表示方法

表示结构体变量成员的一般形式是

　　　结构体变量名.成员名

例如：

|  | student1.num | 即第一个人的学号 |
|--|--------------|----------------|
|  | student2.sex | 即第二个人的性别 |

当成员本身又是一个结构体类型时，则必须从上到下逐级找到最低级的成员才能对其进行赋值或存取以及计算。例如：

student1.birthday.month

在程序中可以单独使用 student1 出生日期的月份成员，使用方法与普通变量完全相同。

2) 结构体变量初始化

【例9.2】 结构体变量和其他类型变量一样，在定义的同时可以进行初始化赋值。

```
01  int main()
02  {
03      struct student                                    /*定义结构*/
04      {
05        int num;
06        char *name;
07        char sex;
08        float score;
09      }student2,student1={268,"xing jun",'M',90.5};
10    student2=student1;
11    printf("Number=%d\nName=%s\n",student2.num,student2.name);
12    printf("Sex=%c\nScore=%f\n",student2.sex,student2.score);
13  }
```

函数中第 09 行对结构体变量 student1 进行赋初值。在第 10 行，相同类型变量进行整体赋值。

在程序中，结构体 student 中定义了四个成员变量，num 用来存放学号，name 指针变量用来存放学生姓名，sex 存放学生性别，score 存放学生成绩。同时定义了两个结构体变量用于存放学生的信息。

3) 结构体变量赋值

在程序中可用输入语句或赋值语句来完成对结构体变量的赋值，对结构体变量的赋值就是对其各成员赋值。

【例9.3】 对结构体变量赋值并输出其值。

```
01  int main()
02  {
03      struct stu
04      {
05        int num;
06        char *name;
07        char sex;
```

```
08          float score;
09        } student1,student2;
10        student1.num=246;
11        student1.name="Li feng";
12        printf("input sex and score\n");
13        scanf("%c %f",&student1.sex,&student1.score);
14        student2=student1;
15        printf("Number=%d\nName=%s\n",student2.num,student2.name);
16        printf("Sex=%c\nScore=%f\n",student2.sex,student2.score);
17    }
```

函数中第 10、11 行分别对 num 和 name 成员赋初值，在第 13 行对结构体变量 student1 的成员 sex 赋初值。在第 14 行相同类型变量进行整体赋值，在第 15、16 行分别输出结构变量的各成员值。

在程序中，结构体 stu 中定义了 4 个成员变量，num 用来存放学号，name 指针变量用来存放学生姓名，sex 存放学生性别，score 存放学生成绩。同时定义了两个结构体变量用于存放学生的信息。

### 4. 结构体数组的使用

在前面的例 9.1 程序中使用了结构体数组，因此我们知道，数组的元素类型既可以是基本类型，也可以是结构体类型，这样的数组一般称为结构体型数组。如学生信息表、公司员工薪金表、企业商品库存表等。

声明结构体类型数组的方法和声明结构体变量相似。只需要声明它为数组类型即可。例如：

```
struct student
{
    int num;
    char *name;
    char sex;
    float score;
}student_info[4];
```

以上定义了一个结构体数组 student_info，共有 4 个元素，student_info[0] ～ student_info[3]。每个数组元素都具有 struct student 的结构形式。

对结构体数组可以作初始化赋值。例如：

```
struct student
{
    int num;
```

```
        char *name;
        char sex;
        float score;
    }student_info[4]={
            {9023,"Du sai sai","M",92},
            {9024,"Wang yi li","M",85.5},
            {9025,"Ma ji long","F",91},
            {9026,"Zhang wen juan","F",94},
    }
```

对全部元素进行初始化赋值时，也可不给出该数组长度，系统会利用赋值长度来计算数组长度。

【例 9.4】 编程计算该组学生平均成绩和优秀学生的人数。

```
01  struct student
02  {
03      int num;
04      char *name;
05      char sex;
06      float score;
07  }student_info[4]={                              /*定义结构体数组并赋初值*/
08              {9023,"Du sai sai","M",92},
09              {9024,"Wang yi li","M",85.5},
10              {9025,"Ma ji long","F",91},
11              {9026,"Zhang wen juan","F",94},
12  }
13  int main()
14  {
15      int i,count=0;
16      float ave,sum=0;
17      for(i=0;i<4;i++)
18      {
19        sum+=student_info[i].score;
20        if(student_info[i].score>=90) count+=1;    /*统计优秀学生人数*/
21      }
22      printf("sum=%f\n",sum);
23      average=sum/4;                                /*计算平均成绩*/
24      printf("average=%f\ncount=%d\n",average,count);
25  }
```

函数中第 01 行定义了 student 的结构体类型，第 08 ~ 11 行对结构体数组赋初值，第 17 行利用循环来计算学生成绩并统计优秀学生人数，第 23 行计算平均成绩，并在第 24 行输出平均成绩及优秀学生人数。

在程序中，结构体中定义了 4 个成员变量，num 用来存放学号，name 指针变量用来存放学生姓名，sex 存放学生性别，score 存放学生成绩。同时定义了一个结构体数组变量用于存放一组学生的信息。在 main() 中，i 变量用于控制循环次数，count 用于统计优秀学生人数，sum 用于存放总成绩，ave 用于存放平均成绩。

## 三、任务实施

通过相关理论学习后，我们可以对"班级学生成绩管理系统"中用到的结构体类型的数据进行定义。在程序中实现对学生数据的操作。

### 1. 增加、删除、修改函数的实现

1) 定义学生数组长度和函数的声明

```
#define    STUDENTSIZE    40                /*假定处理的学生不超过 40 人*/
int    Addrecord(struct student *,int *);     /*追加记录函数*/
int    Delrecord(struct student *,int *);     /*删除记录函数*/
int    Modifyrecord(struct student *,int *);  /*修改记录函数*/
```

2) 定义学生基本信息结构体类型

```
struct student
{
    int stunum;                  /*学号*/
    char stuname[8];             /*学生姓名*/
    float stuscore[5];           /*三门课成绩、平均成绩、总成绩*/
};
```

3) 在主函数中定义能存储 40 个学生基本信息的数组和记录当前学生数的整型变量 stunum

```
struct student stu[STUDENTSIZE];     /*定义学生数组*/
int stunum=0;                        /*用来记录当前学生记录数*/
```

4) 学生数据的增加、删除、修改函数

(1) 增加学生记录函数源代码。

```
01 │ int Addrecord(struct    student    stu[],int  *size)      /*增加学生记录函数*/
02 │ {
03 │        int    i,j;
04 │        int    stunum;
05 │        int    number;
06 │        system("cls");
```

```
07        if(*size>=40)                              /*判断数组是否已经装满*/
08        {
09            gotoxy(35,5);                           /*光标定位函数35行5列*/
10            printf("数组已满，不能再增加记录！");
11    return    0;
12        }
13        else
14        {
15            do                          /*判断输入的增加记录个数是否合适*/
16            {
17                gotoxy(35,5);
18                printf("请输入增加的记录个数：");
19                scanf("%d",&number);
20                if(number<0||number+*size>=40)
21                {
22                gotoxy(35,5);
23                    printf("输入增加记录个数有错，请重新输入！");
24            }
25            }while(number<0||number+*size>=40)
26            stunum=*size+number;
27            system("cls");
28            gotoxy(35,5);
29            printf("学生信息输入！");
30            for(i=*size;i<stunum;i++)              /*增加学生记录*/
31            {
32                gotoxy(12,5);
33                printf("请输入第%d个学生学号：", i+1);
34                gotoxy(12,7);
35                printf("请输入第%d个学生姓名：", i+1);
36                gotoxy(12,9);
37                printf("请输入第1门成绩：");
38                gotoxy(12,11);
39                printf("请输入第2门成绩：");
40                gotoxy(12,13);
41                printf("请输入第3门成绩：");
42                gotoxy(39,7);
43                scanf("%d", &stu[i].stunum);
44                gotoxy(39,9);
45                    scanf("%s", &stu[i].stuname);
```

```
46          for(j=0;j<3;j++)
47          {
48              gotoxy(37,9+j*2);
49              scanf("%f",&stu[i].stuscore[j]);
50          }
51      }
52      if(i==*size)
53      {
54          gotoxy(38,4);
55          printf("没有记录输入！");
56      }
57      *size=stunum;                        /*用指针变量带回学生记录数*/
58      gotoxy(38,15);
59      printf("按任意键返回上级菜单"");
60      getch();
61      return   1;
62  }
63  }
```

> 该函数中，第 07 行是一个判断数组是否装满的语句，在数组没有装满的情况下执行增加学生记录的操作，学生数会随之发生变化。因此，用一个指针变量传递回变化后的学生记录，见第 57 行代码。

在程序中定义了 4 个变量，i、j 用于控制循环次数，number 变量用于存放新增加的记录的个数，stunum 变量用来存放最终的学生记录个数。

上述函数的功能是执行学生数据增加的操作，在该函数中使用了一个结构体类型来定义学生数组。

(2) 删除学生记录函数源代码。

```
01  int Delrecord(struct student stu[],  int *stusize)        /*删除学生记录函数*/
02  {
03      int i,k;
04      int    stu_number;
05      int loop=0;                                    /*学号输入正确标志*/
06      system("cls");
07      gotoxy(33,2);                                  /*光标定位函数*/
08      printf("删除学生记录！\n");
09      if(*stusize<=0)
10      {
```

```
11          gotoxy(20,4);
12          printf("数组中没有学生记录或文件没有打开，不能删除记录！");
13          getch();
14          return 0;
15      }
16  else
17      {
18          do                                      /*找出删除学生记录的下标*/
19          {
20              system("cls");
21              gotoxy(25,2);
22              printf("删除学生记录(不删除记录请输入-1)！\n");
23              gotoxy(28,4);
24              printf("请输入被删除学生的学号：");
25              scanf("%d"，% stu_number);
26              if(stu_number ==-1)
27              {
28                  return 0;
29              }
30              for(i=1，k=0;i<*stusize;i++)
31              {
32                  if(stu_number ==stu[i].stunum)
33                  {
34                      loop=1;
35                      k=i;                        /*被删除记录的下标*/
36                      break;
37                  }
38              }
39              if(loop！=1)
40              {
41                  gotoxy(25,6);
42                  printf("输入学生学号出错，按任意键重新输入！");
43                  getch();
44              }
45          }while(loop!=1);
46      }
47  for(i=k;i<*stusize;i++)                          /*删除操作*/
48      {
```

```
49          stu[i]=stu[i+1];
50        }
51        gotoxy(25,6);
52        printfy("删除成功，按任意键返回上级菜单！");
53        *stusize=*stusize-1;
54        getch();
55        return 1;
56  }
```

在函数中第 09 行是对学生记录进行判断，当未打开文件或文件中没有学生记录时不能进行删除。输入-1 时表示不删除学生记录。

在程序中定义了 4 个变量，i、k 用于控制循环次数，stu_number 变量用于存入被删除学生的学号，loop 用来存放判断学号正确输入的标志。

上述函数的功能是执行学生数据删除操作，在该函数中先判断学生记录是否存在，然后执行相应的操作。

(3) 修改学生记录函数源代码。

```
01  int Modify(struct student stu[],int *stusize)          /*修改学生记录函数*/
02  {
03      int i,k;
04      int number;
05      int loop=0;                                          /*学号输入正确标志*/
06      system("cls");
07      gotoxy(33,2);                                        /*光标定位函数*/
08      printf("修改学生记录！\n");
09      if(*stusize<=0)
10    {
11          gotoxy(20,4);
12          printf("数组中没有学生记录或文件没有打开，不能修改记录！");
13          getch();
14          return 0;
15    }
16  else
17  {
18      do                                                  /*找出修改学生记录的下标*/
19        {
20        system("cls");
21        gotoxy(25,2);
22            printf("修改学生记录！(不修改请输入-1)\n");
```

```
23              gotoxy(28,4);
24              printf("请输入被修改学生的学号：");
25              scanf("%d",&number);
26              if(number==-1)
27        {
28                  return 0;
29                  }
30              for(i=0,k=0;i<*stusize;i++)
31              {
32                  if(number==stu[i].stunum)
33                  {
34                      loop=1;
35                      k=i;                    /*被修改记录的下标*/
36                      break;
37                  }
38              }
39              if(loop!=1)
40              {
41                  gotoxy(25,6);
42                  printf("输入学生学号出错，按任意键重新输入！");
43                  getch();
44              }
45      }while(loop!=1);
46  }
47  system("cls");
48  gotoxy(33,2);
49  printf("修改学生记录！\n");
50  gotoxy(28,4);
51  printf("学号：%d",stu[k].stunum);
52  gotoxy(28,6);
53  printf("姓名：%s",stu[k].stuname);
54  gotoxy(28,8);
55  printf("成绩1：%lf",stu[k].stuscore[0]);
56  gotoxy(28,10);
57  printf("成绩2：%lf",stu[k].stuscore[1]);
58  gotoxy(28,12);
59  printf("成绩3：%lf",stu[k].stuscore[2]);
60      gotoxy(34,4);
```

```
61    scanf("%d",&stu[k].stunum);
62    gotoxy(34,6);
63    scanf("%d",&stu[k].stuname);
64    gotoxy(35,8);
65    scanf("%f",&stu[k].stuscore[0]);
66    gotoxy(35,10);
67    scanf("%f",&stu[k].stuscore[1]);
68    gotoxy(35,12);
69    scanf("%f",&stu[k].stuscore[2]);
70    gotoxy(25,14);
71    printf("修改成功，按任意键返回上级菜单！");
72    getch();
73    return 1;
74        }
```

　　函数中第 18 行代码的循环操作是查找要修改的学生下标，找到之后进行相应的修改。

　　在程序中定义了 4 个变量，i、k 用于控制循环次数，number 变量用于存放被修改学生的学号，loop 用来存放判断学号正确输入的标志。

　　上述函数的功能是执行学生数据修改操作，在该函数中先查找要修改的学生记录，然后执行相应的操作。

### 2. 显示函数的实现

　　"班级学生成绩管理系统"中通过显示函数来实现数据的显示。

　　显示学生记录函数源代码如下：

```
01    void DispAllrecord(struct student stu[],int size,char str[])   /*显示全部记录函数*/
02    {
03        int i,j;
04        system("cls");
05        if(size<=0)
06        {
07            gotoxy(20,4);
08            printf("数组中没有学生记录或文件没有打开，不能显示记录！");
09            getch();
10    }
11    else
12    {
13        gotoxy(30,2);
```

```
14            printf("%s\n",str);
15            gotoxy(5,4);
16            printf("学号   姓名   成绩1   成绩2   成绩3   总成绩   平均成绩");
17            for(i=0;i<size;i++)
18            {
19                  gotoxy(5,6+i);
20                  printf("%-5d",stu[i].stunum);
21                  printf("%8s",stu[i].stunam);
22                  for(j=0;j<5;j++)
23                  {
24                        ptintf("%10.1f",stu[i].stuscore[j]);
25                  }
26                  printf("\n");
27            }
28            gotoxy(28,7+size);
29            printf("按任键返回上级菜单！");
30            getch();
31  }
32  }
```

 在函数中第 17 行开始的循环体中将显示输出学生的信息。

## 四、知识扩展

在实际应用和编程过程中，不仅要用到基本的内容，同时还要扩展学习一些深层次的知识，以作为对基本内容的补充学习。

【例 9.5】 编程输出学生的记录信息。

程序代码如下：

```
01  struct student
02  {
03       int num;
04       char *name;
05       char sex;
06       float score;
07  }student_info[4]={                        /*定义结构体数组并赋初值*/
08              {9023, "Du sai sai","M",92},
09              {9024, "Wang yi li","M",85.5},
10              {9025,"Ma ji long","F",91},
11              {9026,"Zhang wen juan","F",94},
```

```
12          }
13        int main()
14        {
15          struct student *ps;                          /*声明结构体指针变量*/
16          printf("output   student   information!");
17          for(ps= student_info;ps< student_info +5;ps++)
18          printf("%d\t%s\t\t%c\t%f\t\n",ps->num,ps->name,ps->sex,ps->score);
19        }
```

程序中第 15 行定义结构体类型的指针变量，第 17 行中用数组的起始地址给该结构体指针变量赋值，第 18 行利用循环输出学生的信息。

在程序中，结构体中定义了 4 个成员变量，num 用来存放学号，name 指针变量用来存放学生姓名，sex 存放学生性别，score 存放学生成绩。同时定义了一个结构体数组变量用于存放一组学生的信息。在 main() 中，定义了结构体指针变量 ps，利用 ps 变量输出各个成员值。

**1. 结构体类型的指针变量**

在例 9.5 中，采用了结构体类型的指针变量将学生信息输出。什么是结构体指针变量？如何来定义和使用呢？

1) 结构体指针变量的声明

一个指针变量指向一个结构体变量时，称之为结构体指针变量。结构体指针变量的值是所指向的结构体变量的首地址。通过结构体指针即可访问该结构体变量。

结构体指针变量说明的一般形式为

struct 结构体名 *结构体指针变量名

例 9.5 程序中第 15 行即是对结构体指针变量的声明：

⋮

struct student *ps;          /*声明结构体指针变量*/

⋮

2) 结构体指针变量的赋值

与前面介绍过的各类指针变量相同，结构体指针变量也必须先赋值才能使用。在赋值时不能把结构体名赋予该指针变量，而是把结构体变量的首地址赋予该指针变量。在上述声明中，ps 被说明为 student 类型的结构体指针变量，如果再声明一个结构体变量 student2，则：

ps=& student2

是正确的，而

ps=&student

是错误的。

结构体名和结构体变量不能混淆，它们是两个不同的概念。结构体名只能表示一个结构形式，编译系统并不对它分配内存空间。只有当某变量被说明为这种类型的结构时，才对该变量分配存储空间。因此上面&student 这种写法是错误的，不可能去取一个结构体名的首地址。有了结构体指针变量，就能更方便地访问结构体变量的各个成员。

3) 结构体变量成员的访问

在例 9.5 程序的第 18 行中，采用了一种方式来引用结构体指针变量成员，是否还有其他方式呢？结构体指针变量成员访问的一般形式为

  (*结构指针变量).成员名

或

  结构指针变量->成员名

例如：

  (*student1).num

或者

  student1->num

注意：(*student1)两侧的括号必不可少，因为按照运算符的优先级来看，成员符 "."的优先级高于 "*"，如去掉括号写作*student1.num 则等效于*(student1.num)，这样形式的意义就完全不对了。

下面通过例子来说明结构指针变量的具体说明和使用方法。

【例9.6】 输出学生的基本信息。

```
01  struct student
02     {
03       int num;
04       char *name;
05       char sex;
06       float score;
07     } student_info ={9024,"Wang yi li","M",85.5},*student1;
08  int main()
09  {
10      student1=&student_info;
11      printf("Number=%d\nName=%s\n",student_info.num,student_info.name);
12      printf("Sex=%c\nScore=%f\n\n",student_info.sex,student_info.score);
13      printf("Number=%d\nName=%s\n",(*student1).num,(*student1).name);
14      printf("Sex=%c\nScore=%f\n\n",(*student1).sex,(*student1).score);
15      printf("Number=%d\nName=%s\n",student1->num,student1->name);
16      printf("Sex=%c\nScore=%f\n\n",student1->sex,student1->score);
17  }
```

  程序中，第 07 行定义结构体类型的指针变量，第 10 行用数组的起始地址给该结构体指针变量赋值，第 11～16 行输出学生的信息。

从运行结果可以看出：

结构体变量.成员名

(*结构体指针变量).成员名

结构体指针变量->成员名

这三种用于表示结构体成员的形式是完全等效的。

## 2. 动态存储分配

在学生信息表中，学生的记录可能动态增加，因此不能确定所需存储空间，为了解决这一问题，在 C 语言中提供了一些内存管理函数，这些内存管理函数可以按照需要动态地分配内存空间，也可把不再使用的空间回收待用，为有效地利用内存资源提供了管理手段。

常用的内存管理函数有以下三个：

1) 分配内存空间函数 malloc

该函数调用形式：

(类型说明符*)malloc(size)

功能：在内存的动态存储区中分配一块长度为"size"字节的连续区域。函数的返回值为该区域的首地址。

"类型说明符"表示该区域用于存储何种数据类型。(类型说明符*)表示把返回值强制转换为该类型指针。"size"是一个无符号数。

例如：

number=(char *)malloc(1000);

表示分配 1000 个字节的内存空间，并强制转换为字符数组类型，函数的返回值为指向该字符数组的指针，把该指针赋予指针变量 number。

2) 分配内存空间函数 calloc

该函数调用形式：

(类型说明符*)calloc(m,size)

功能：在内存动态存储区中分配 m 块长度为"size"字节的连续区域。函数的返回值为该区域的首地址。

(类型说明符*)用于强制类型转换。

calloc 函数与 malloc 函数的区别仅在于一次可以分配 m 块区域。例如：

Pnum=(struct student*)calloc(2,sizeof(struct stu));

其中的 sizeof(struct stu)是求 stu 的结构体长度。因此该语句的含义为：按 stu 的长度分配 2 块连续区域，强制转换为 student 类型，并把其首地址赋予指针变量 Pnum。

3) 释放内存空间函数 free

该函数调用形式：

free(void*ptr);

功能：释放 ptr 所指向的一块内存空间，ptr 是一个任意类型的指针变量，它指向被释放区域的首地址。被释放区应是由 malloc 或 calloc 函数所分配的区域。

【例9.7】 为存放一个学生的信息分配一块区域，并且输入该学生记录。

```
01    int main()
02    {
03        struct student
04        {
05            int num;
06            char *name;
07            char sex;
08            float score;
09        } *pstu;
10        pstu=(struct student*)malloc(sizeof(struct student));    /*分配内存*/
11        pstu->num=9052;
12        pstu->name="Xing Yan";
13        pstu->sex='M';
14        pstu->score=88.5;
15        printf("Number=%d\nName=%s\n",pstu->num,pstu->name);
16        printf("Sex=%c\nScore=%f\n",pstu->sex,pstu->score);
17        free(pstu);                                          /*释放内存*/
18    }
```

程序第 03 行定义了结构体 student，定义了 student 类型指针变量 pstu。然后分配一块内存区，并把首地址赋予 pstu，使 pstu 指向该区域。最后用 free 函数释放 pstu 指向的内存空间。程序中包含了申请内存空间、使用内存空间、释放内存空间三个步骤，实现存储空间的动态分配。第 10 行为 pstu 分配了一块存储空间。第 11～14 行使用了内存空间。第 17 行释放已用过的内存空间。

### 3. 链表

在例 9.7 中采用了动态分配的办法为一个结构体分配内存空间。每次分配一块空间，可用来存放一个学生的数据，称之为一个结点。有多少个学生就应该申请分配多少块内存空间，也就是说要建立多少个结点。在不能确定学生记录的情况下，无法用数组来实现，为了解决这一问题，最好的办法就是动态分配空间。当学生记录不需要的时候，可以删去该结点，并释放该结点占用的存储空间，从而节约了宝贵的内存资源。如果使用数组，则必须分配一块连续的内存区域。使用动态分配时，每个结点之间可以是不连续的，结点之间的联系可以用指针实现。即在结点结构中定义一个成员项用来存放下一结点的首地址，这个用于存放地址的成员常称为指针域。可在第一个结点的指针域内存入第二个结点的首地址，在第二个结点的指针域内又存放第三个结点的首地址，以此类推直到最后一个结点。最后一个结点因无后续结点连接，其指针域可赋为 0。这样一种连接方式在数据结构中称为"链表"。

图 9-3 是一个简单链表的示意图。

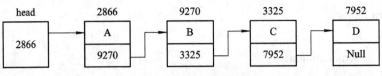

图 9-3　简单链表示意图

图中第 0 个结点称为头结点(以 head 表示)，存放第一个结点的首地址，它没有数据，只是一个指针变量。以下的每个结点都分为两个域，一个是数据域，存放各种实际的数据，如学号 num、姓名 name、性别 sex 和成绩 score 等。另一个域为指针域，存放下一结点的首地址。链表中的每一个结点都是同一种结构类型。

例如，创建一个学生学号和成绩的结点，该结点应该具有如下结构：

```
struct student
{
    int num;
    int score;
    struct student *next;
}
```

前两个成员项组成数据域，后一个成员项 next 构成指针域，它是一个指向 student 类型结构体的指针变量。

链表的基本操作有以下几种：

(1) 建立链表；

(2) 结点的查找与输出；

(3) 插入一个结点；

(4) 删除一个结点。

下面通过例题来说明这些操作。

【例 9.8】　建立一个简单的链表，存放学生数据。

```
01  struct student
02      {
03          int num;
04          int age;
05          struct student *next;
06      };
07    struct student *creat(int n)
08    {
09        struct student *head,*pfirst,* pnumber;
10        int i;
11        for(i=0;i<n;i++)
12        {
13            pnumber=( struct student *) malloc(sizeof (struct student));
14            printf("input Number and Age\n");
```

| | |
|---|---|
| 15 | scanf("%d%d",& pnumber ->num,& pnumber ->age); |
| 16 | if(i==0) |
| 17 | pfirst=head= pnumber; |
| 18 | else pfirst->next= pnumber; |
| 19 | pnumber ->next=0; |
| 20 | pfirst= pnumber; |
| 21 | } |
| 22 | return(head); |
| 23 | } |

第 07 行的 creat 函数用来建立一个具有 n 个结点的链表，它返回指向结构体 student 的一个地址(也就是首地址)。第 16 行对 i 进行判断，看是否是第一个输入的学生记录，如果是，在第 17 行将 pfirst 和 head 都指向 pnumber，否则在第 18 行将 pfirst 链接域指向 pnumber，然后将 pnumber 链接域指向 0 地址(0 代表空地址)，再移动 pfirst 到 pnumber。最后在 22 行返回首地址。

在程序中，结构体中定义了 3 个成员变量，num 用来存放学号，age 存放学生年龄，next 是一个指针型的结构变量，用于存放下一个结点的地址。

### 4．枚举类型

在学生管理系统中，我们限定学生的"政治面貌"有党员、团员和普通学生三种类型，因此在操作时需要限定一定的范围。这和现实生活中的一些现象很相似，例如一周从星期一至星期日有七天，一年从一月到十二月有十二个月，这些情况都是不能超出范围的。为了能更好地表述这种情况，C 语言提供了一种称为"枚举"的类型。在"枚举"类型的定义中列举出所有可能的取值，被说明为该"枚举"类型的变量取值不能超过定义的范围。

1) 枚举的定义

枚举类型定义的一般形式为

　　enum 枚举名{ 枚举值表 };

在枚举值表中应把所有可用到的值都列出来，这些值也称为枚举元素。例如：

　　enum weekday{ monday, tuesday,wednesday,thursday,friday,saturday,sunday};

该枚举名为 weekday，枚举值共有 7 个，即从星期一到星期日的七天。凡被说明为 weekday 类型变量的取值只能是七天中的某一天。

2) 枚举变量的说明

枚举变量也有几种不同的说明方式，即先定义后说明、在定义的同时说明及直接说明。设有变量 a、b、c 被说明为上述的 weekday，可采用下述任一种方式：

(1) 先定义后说明：

　　enum weekday{ monday, tuesday,wednesday,thursday,friday,saturday,sunday};

　　enum weekday a,b,c;

(2) 定义的同时说明：

enum weekday{ monday, tuesday,wednesday,thursday,friday,saturday,sunday}a,b,c;

(3) 直接说明:

enum weekday{ monday, tuesday,wednesday,thursday,friday,saturday,sunday}a,b,c;

3) 枚举类型变量的赋值和使用

枚举类型在使用中有以下规定:枚举值是常量,不是变量。不能在程序中用赋值语句再对它赋值,只能把枚举值赋予枚举变量,不能把元素的数值直接赋予枚举变量。

例如对枚举 weekday 的元素再作以下赋值:

monday =3;

是错误的,如果一定要把数值赋予枚举变量,则必须用强制类型转换:

a=(enum weekday)3;

枚举元素本身由系统定义了一个表示序号的数值,从 0 开始顺序定义为 0,1,2,…。如在 weekday 中,monday 值为 0,tuesday 值为 1,…,sunday 值为 6。

【例 9.9】 输出枚举值。

```
01   int main(){
02   enum weekday
03   { monday, tuesday,wednesday,thursday,friday,saturday,sunday}a,b,c;
04       a=monday;
05       b=thursday;
06       c=sunday;
07       printf("%d,%d,%d",a,b,c);
08   }
```

第 04～06 行赋值时要注意枚举元素不是字符常量也不是字符串常量,使用时不要加单、双引号。

## ⊠ 任务小结

通过对"班级学生成绩管理系统"中自定义数据类型的使用,掌握了结构体类型的定义、引用等操作,同时拓展学习了指针结构类型的使用、枚举类型的使用。

## 习　　题

一、选择题

1. 若有以下结构体定义:

sturct　example

{

　　int　x;

　　int　y;

```
        }v1;
```
则(　　)是正确的引用或定义。

A. example.x=10;　　　　　　　B. example　v2;v2.s=10;

C. struct v2;v2.x=10;　　　　　　D. struct　example v2={10};

2. 对于如下的结构体定义：
```
    struct   date
    {
       int year,mouth,day;
    };
    struct worklist
    {
       char name[20];
       char sex;
       struct date birthday;
    }person;
```
若对变量 person 的出生年份进行赋值，则(　　　　)是正确的赋值语句。

A. year=2010　　　　　　　　　B. birthday.year=2010

C. person.birthday.year=2010　　　D. person.year=2010

3. 若有以下程序：
```
    #include "stdio.h"
    main()
    { struct date
          { int year, month, day;
          } today;
    printf("%d\n",sizeof(struct date));
    }
```
则其运行的结果是_____。

A. 6　　　　　　　B. 8　　　　　C. 10　　　　　　D. 12

4. 设有以下语句：
```
    struct st
    { int n;
          struct st *next;
    };
    static struct st a[3]={ 5, &a[1], 7, &a[2], 9, '\0'}, *p;
    p=&a[0];
```
则以下表达式的值为 6 的是(　　　　)。

A. p++ ->n　　　　　B. p->n++　　　C. (*p) . n++　　　D. ++p ->n

5. 设有如下定义：
```
    struct   sk
```

```
      {int n;
       float  x;
      }data ,*p;
```
若要使 p 指向 data 中的 n 域，正确的赋值语句是(　　　　)。

A.　p=&data.n;                          B.　*p=data.n;

C.　p=(struct sk *)&data.n;          D.　p=(struct sk *)data.n;

6.　下面程序的运行结果是(　　　)。
```
   main()
     {
     struct cmplx{int x;
            int y;
            }cnum[2]={1,3,2,7};
       printf("%d\n",cnum[0].y/cnum[0].x*cnum[1].x);
     }
```
A.　0              B.　1              C.　3              D.　6

7.　以下 scanf 函数调用语句中对结构体变量成员的不正确引用是(　　　　)。
```
   struct  pupil
      {char name[20];
       int age;
       int sex;
      }pup[5],*p;
      p=pup;
```
A.　scanf("%s",pup[0].name);          B.　scanf("%d",&pup[0].age);

C.　scanf("%d",&(p->sex));            D.　scanf("%d",p->age);

## 二、程序分析题

1.　若有以下程序段：
```
   struct  num
      {int a;
       int b;
       float  f;
      }n={1,3,5.0};
      struct num *pn=&n;
```
则表达式 pn->b/n.a*++pn->b 的值是_____，表达式 (*pn).a+pn->f 的值是_____。

2.　分析以下程序的运行结果。
```
   struct ks
      {int a;
       int *b;
      }s[4],*p;
```

```
main()
{
 int n=1;
printf("\n");
for(i=0;i<4;i++)
 {
  s[i].a=n;
  s[i].b=&s[i].a;
  n=n+2;
 }
p=&s[0];
p++;
printf("%d,%d\n",(++p)->a,(p++)->a);
}
```

3. 结构体数组中存有三人的姓名和年龄，以下程序输出三人中最年长者的姓名和年龄。请在_____内填入正确内容。

```
stati struct man{
    char name[20];
     int age;
}person[]={"li=ming",18, "wang-hua",19, "zhang-ping",20
         };
main()
{struct man *p,*q;
 int old=0;
 p=person;
 for( _____;p_____;p++)
  if(old<p->age)
   {q=p;_____;}
  printf("%s %d",_____);
}
```

4. 以下程序段的功能是统计链表中结点的个数，其中 first 为指向第一个结点的指针(链表不带头结点)。请在_____内填入正确内容。

```
struct link
{char data ;
 struct link *next;
};
  ⋮
struct link *p,*first;
int c=0;
```

```
p=first;
while(_____)
 {_____;
 p=_____;
 }
```

三、编程题

1. 编写程序：有 N 个学生，每个学生的数据包括学号、姓名、3 门课的成绩，要求从键盘输入 N 个学生的数据，计算每个学生 3 门课的平均成绩，并按照平均分从高到低的顺序输出学生的所有信息，将结果保存到文件中。

2. 编写程序显示某公司每位员工的名字、年龄和个人月薪(float)，并显示每个人的出生年月。

# 第10章 文　　件

本章的主要任务是解决"班级学生成绩管理系统"中学生数据的存储和重复使用的问题。在本章的学习中，主要培养学生掌握文件的使用及操作，并将文件应用到"班级学生成绩管理系统"中。在本章的学习中，学生将要达到如下的知识目标和能力目标：

**知识目标**

➤ 掌握文件类型指针。

➤ 掌握文件的打开与关闭操作。

➤ 掌握文件的读写操作。

➤ 掌握文件的定位。

**能力目标**

➤ 能够正确使用文件类型进行编程。

➤ 能正确使用 fopen、fclose 函数对文件进行打开与关闭操作。

➤ 能利用 fgetc、fputc、fgets、fputs、freed、fwrite、fscanf、fprinf 函数操作文件。

➤ 能利用 rewind、fseek 函数对文件进行定位。

➤ 能用文件类型及文件操作函数对"班级学生成绩管理系统"中数据进行存储和重复操作。

## 任务　学生数据的存储和重复使用

任务目标：用文件保存"班级学生成绩管理系统"中的学生数据，通过相关的文件操作函数实现对数据的调用。

## 一、任务情境

在本次任务中，要会利用文件来存放"班级学生成绩管理系统"中的学生数据。需要的时候能够通过文件操作函数来读写相应的学生数据，以实现对数据的重复利用。

在"班级学生成绩管理系统"中，由于学生的数量较多，学生的数据采用不同的数据类型来存放，因此对信息的保存和操作要求较多，采用数组形式来保存数据已经不能满足要求，为此采用文件形式来存放数据。对文件信息的读写将由一些函数来完成。

下面通过相关理论的学习，掌握如何利用结构体类型来处理"班级学生成绩管理系统"中的学生数据。

## 二、知识必备

【**例 10.1**】 读入文件 record.txt，在屏幕上输出学生相关信息。

程序代码如下：

```
01   #include<stdio.h>
02   int main()
03   {
04     FILE *fp;                              /*文件类型指针变量定义*/
05     char ch;
06     if((fp=fopen("e:\\student\\ record.txt","rt"))==NULL)
07       {
08       printf("\nCannot open file strike any key exit!");
09       getch();
10       exit(1);
11       }
12     ch=fgetc(fp);                          /*读取字符操作*/
13     while(ch!=EOF)
14     {
15       putchar(ch);
16       ch=fgetc(fp);                        /*读取字符操作*/
17     }
18     fclose(fp);                            /*关闭文件操作*/
```

程序中第 04 行定义文件类型指针变量，第 12、16 行读取出字符数据，第 18 行关闭文件。

程序中定义了两个变量，fp 是文件类型指针变量，用来存放文件的地址；ch 是字符型变量，用来存放读取的字符。

在上述程序中，出现了文件类型及部分操作函数。那么什么是文件？文件操作函数又具有什么样的功能呢？下面将对其进行详细说明。

### 1. C 文件简介

"文件"一般指一组存储在外部介质上相关数据的有序集合。这个数据集合有一个名称，叫做文件名。前面接触到的源程序文件、目标文件、可执行文件、库文件(头文件)等都是文件。

C 语言把一组有序的字符(字节)称为文件，即文件由一个一个字符(字节)的数据顺序组成。根据数据的组织形式，文件可以分为 ASCII 文件和二进制文件。ASCII 文件又称文本文件，这种文件在磁盘中存放时每个字符对应一个字节，用于存放对应的 ASCII 码。二进制文件是按二进制的编码方式来存放的。

### 2. 文件类型指针

在 C 语言中用一个指针变量指向一个文件，这个指针称为文件指针。通过文件指针可对它所指的文件进行各种操作。

定义文件指针的一般形式为

　　　FILE *指针变量标识符；

其中 FILE 应为大写，它实际上是由系统定义的一个结构体，该结构体中包含文件名、文件状态、缓冲区的大小和文件当前位置等信息。在应用和编写源程序时不必关心 FILE 结构的细节。例如：

　　　FILE *fp；

表示 fp 是指向 FILE 结构体的指针变量，通过 fp 即可找到存放某个文件信息的结构体变量，然后按结构体变量提供的信息找到该文件，实施对文件的操作。

### 3. 文件的打开与关闭

在进行读写操作之前要先"打开"该文件，通过相应的操作函数对文件进行读写。使用结束之后，要把打开的文件"关闭"，禁止再对该文件进行操作。

1) 文件的打开函数(fopen)

fopen 函数用来打开一个文件，其调用的一般形式为

　　　文件指针名=fopen(文件名，使用文件方式)；

其中，"文件指针名"必须是被说明为 FILE 类型的指针变量；"文件名"是被打开文件的文件名；"使用文件方式"是指文件的类型和操作要求。"文件名"是字符串常量或字符串数组。例如：

　　　FILE *fp；

　　　fp=fopen("file    student","r")；

其意义是在当前目录下打开文件 file student，只允许进行"读"操作，并使 fp 指向该文件。又如：

　　　FILE *fpinfo

　　　fpinfo=fopen("e:\\infrmation8","rb")

其意义是打开 E 驱动器磁盘根目录下的文件 infrmation8，这是一个二进制文件，只允许按二进制方式进行读操作。两个反斜线"\\"中的第一个表示转义字符，第二个表示根目录。

当使用 fopen()函数不能实现打开文件操作时，该函数会传递回一个出错信息。出错的原因可能是：用"r"打开的文件并不存在；磁盘故障；磁盘已满无法建立新文件等。此时，fopen 函数会带回一个空的指针值 NULL(NULL 在 stdio.h 文件中已被定义为 0)。例如：

　　　if(fp=fopen("file1","r")==NULL)

　　　{

　　　　　printf("cannot open this file\n")；

　　　　　exit(0)；

　　　}

程序运行时，首先检查打开文件操作是否出错，若出错，会在终端上输出"cannot open this file"。exit 函数就会关闭所有文件，终止正在执行的程序。等待用户去检查并修复错误，然后再运行。

使用文件的方式共有 12 种，表 10-1 中列举出各方式的符号和含义并简单举例。表中假定 fp 是 FILE 类型，file1 是要操作的文件名。

表 10-1　文件使用方式

| 文件使用方式 | 含　义 | 举　例 | |
|---|---|---|---|
| "r" (只读) | 为输入打开一个文本文件 | fp=fopen("file1","r") | |
| "w" (只写) | 为输出打开一个文本文件 | fp=fopen("file1","w") | |
| "a" (追加) | 向文本文件尾增加数据 | fp=fopen("file1","a") | |
| "rb" (只读) | 为输入打开一个二进制文件 | fp=fopen("file1","rb") | |
| "wb" (只写) | 为输出打开一个二进制文件 | fp=fopen("file1","wb") | |
| "ab" (追加) | 向二进制文件尾增加数据 | fp=fopen("file1","ab") | |
| "r+" (读/写) | 为读/写打开一个文本文件 | fp=fopen("file1","r+") | |
| "w+"(读/写) | 为读/写建立一个新的文本文件 | fp=fopen("file1","w+") | |
| "a+"(读/写) | 为读/写打开一个文本文件 | fp=fopen("file1","a+") | |
| "rb+"(读/写) | 为读/写打开一个二进制文件 | fp=fopen("file1","rb+") | |
| "wb+"(读/写) | 为读/写建立一个新的二进制文件 | fp=fopen("file1","wb+") | |
| "ab+"(读/写) | 为读/写打开一个二进制文件 | fp=fopen("file1","ab+") | |
| 几个字符代 | r(read)：读 | w(write)：写 | a(append)：追加 |
| 表的含义 | t(text)：文本文件，可缺省 | b(binary)：二进制文件 | "+"：读和写 |

几种打开方式的说明：

(1) 使用"r"方式时要打开的文件必须存在，不存在时会出错。不能向该文件输出数据，只能利用该文件向计算机输入数据。

(2) 使用"w"方式时要打开的文件可以存在也可以不存在。当文件存在时，系统会把已经存在的文件删掉，然后再重新建立一个新的文件，该文件名就是要操作的文件名；如果要操作的文件不存在，在打开时会自动创建一个指定命名的文件。不能利用该文件向计算机输入数据，只能向该文件写入数据。

(3) 使用"a"方式时要打开的文件必须存在，不存在时会出错。该打开方式不会删除原有数据，只会向文件尾部添加新的记录，因此文件在打开时位置指针会自动移动到文件末尾，这种打开方式能保证原来数据的安全。

(4) "r+"、"w+"、"a+"这三种方式所具有的共同特点是打开的文件既可以作为输入文件向计算机输入数据，也可以作为输出文件，向文件中写入数据。三种打开方式的不同点是：用"r+"方式时要操作的文件已经存在，用该文件向计算机输入数据；用"w+"方式时，系统会自动新建一个文件，先向此文件写入数据，然后可以从该文件中读取数据；用"a+"方式时被打开的原文件不被删除，文件位置指针自动移到文件末尾，既可向文件添加数据也可以读取数据。

2) 文件关闭函数(fclose)

文件一旦使用完毕，应用关闭文件函数将其关闭，以避免文件的数据丢失等错误。

fclose 函数用来关闭文件，其调用的一般形式是

　　　fclose(文件指针);

例如：

　　　fclose(fp);

执行关闭操作时是通过 fp 把文件关闭，即 fp 不再指向该文件。编程人员应该养成一个良好的编程习惯，在程序终止前关闭所打开的文件，以免文件中的数据遭到破坏或者丢失。正常完成关闭文件操作时，fclose 函数返回值为 0，否则会返回一个非 0 的值 EOF(EOF 在 stdio.h 中定义为 –1)。可以调用 ferror 函数来测试该值。

### 4. 文件的读/写

在 C 语言中，文件的读/写操作是由函数来完成的。下面介绍 C 语言提供的多种文件的读/写函数，如表 10-2 所示。

表 10-2　文件的读/写函数

| 函　数 | 含　义 |
|---|---|
| fgetc 和 fputc | 字符读/写函数，每次以单个字符形式读/写数据 |
| fgets 和 fputs | 字符串读/写函数，每次以字符串形式读/写数据 |
| fread 和 fwrite | 数据块读/写函数，每次以数据块形式读/写数据 |
| fscanf 和 fprinf | 格式化读/写函数，每次按格式要求读/写数据 |

使用以上函数都要求包含头文件 stdio.h。

1) 字符读/写函数(fgetc 和 fputc 函数)

字符读/写函数是以字符为单位进行的读/写操作，即每次可向文件写入或从文件读出单个字符，而不能是字符串。

(1) 读字符函数 fgetc。fgetc 函数的功能是从指定的文件中读一个字符，该文件必须是以读或读/写的方式打开的，否则会出错。函数调用的形式为

字符变量=fgetc(文件指针);

例如：

ch=fgetc(fp);

ch 为字符变量，fp 为文件型指针变量。当 fgetc 函数读取字符数据遇到文件结束符时，函数会返回一个文件结束标志 EOF(–1)。注意：EOF 不是可输出的字符，因此不能在屏幕上显示。由于字符的 ASCII 码不可能出现–1，因此 EOF 定义成–1 是合适的。但在读入某个字节中二进制数据的时候，该位字符可能是–1，这恰好是 EOF 的值，为了解决这一矛盾，C 语言提供了一个判断文件是否结束的函数 feof()。feof(fp)测试 fp 所指向的文件是否结束，若文件结束，feof(fp)函数值为 1(真)，否则为 0(假)。下面分别举例说明在程序中使用 EOF 和 feof()函数。

例如：从文件中顺序读入字符并在屏幕上显示出来。代码如下：

```
ch=fgetc(fp);
while(ch!=EOF)
{   putchar(ch);
    ch=fgetc(fp);
}
```

在文件内部有一个位置指针，用来指向文件的当前读/写字节。在文件打开时，该指针总是指向文件的第一个字节。使用 fgetc 函数后，该位置指针将向后移动一个字节。例如：顺序读入一个二进制文件中的数据，代码如下：

⋮

```
    while(!feof(fp))
    {
            c=fgetc(fp);
            ⋮
    }
```

在程序中，c 为整型变量。当文件结束时，feof(fp)值为 1，否则值为 0。在循环中每次判断是否遇到结束状态，当遇到结束标识时，循环不再执行，否则会一直执行下去。

这种方法不仅适用于二进制文件，同时也适用于文本文件。

【例 10.2】 从学生数据文件 studentinfo.txt 中读取数据，在屏幕上输出学生数据。

程序代码如下：

```
01 | #include<stdio.h>
02 | int main()
03 | {
04 |    FILE *fp;                                          /*定义文件指针类型变量*/
05 |    char ch;
06 |    if((fp=fopen("e:\\studentinfo.txt","rt"))==NULL)    /*判断文件能否打开*/
07 |      {
08 |      printf("\nCannot open file strike any key exit!");
09 |      getch();
10 |      exit(1);
11 |      }
12 |    ch=fgetc(fp);
13 |    while(ch!=EOF)
14 |    {
15 |      putchar(ch);
16 |      ch=fgetc(fp);
17 |    }
18 |    fclose(fp);                                         /*执行文件关闭操作*/
19 | }
```

　　　　　程序第 06 行判断文件能否打开，如果不能打开，第 10 行会执行关闭退出操作。如果文件能打开，第 13 行开始利用循环将数据输出。输出完毕之后，在第 18 行执行文件关闭操作。

在程序中定义了两个变量，fp 是文件类型指针变量，用来存放文件打开的首地址，ch 是字符型变量，用来存放取得当前位置上的字符数据。程序中以读文本文件方式打开文件 "e:\\studentinfo.txt"，并使 fp 指向该文件。当打开文件出错时，会输出提示并退出程序。程序第 12 行先读取一个字符，然后进入循环，只要读出的字符不是文件结束标志(EOF)就把该字符显示在屏幕上，再读入下一字符。每读一次，文件内部的位置指针向后移动一个字符，文件结束时，该指针指向 EOF。程序执行完毕之后，会将整个学生信息全部输出到屏幕。

(2) 写字符函数 fputc。fputc 函数的功能是把一个字符写入指定的磁盘文件中，函数调用的一般形式为

fputc(字符量，文件指针);

其中，待写入的字符量可以是字符常量或变量，例如：

fputc(k,fp);

其意义是把字符 k 写入 fp 所指向的文件中。

注意：对要写入的文件可以用写、读/写、追加方式打开，用写或读/写方式打开一个已存在的文件时将会清除原有的文件内容，写入字符从文件首开始。如需保留原有文件内容，希望写入的字符从文件末开始存放，必须以追加方式打开文件。被写入的文件若不存在，则创建该文件。每写入一个字符，文件内部位置指针向后移动一个字节。调用 fputc 函数时会有一个返回值，如写入成功则返回写入的字符，否则返回一个 EOF，可用此来判断写入是否成功。

【例 10.3】 从键盘输入一行学生数据，写入到 studentinfo.txt 文件中，再把该文件内容读出显示在屏幕上。

程序代码如下：

```
01  #include<stdio.h>
02  int main()
03  {
04      FILE *fp;
05      char ch;
06      if((fp=fopen("e:\\studentinfo.txt ","w+"))==NULL)
07      {
08          printf("Cannot open file strike any key exit!");
09          getch();
10          exit(1);
11      }
12      printf("input a string:\n");
13      ch=getchar();
14      while (ch!='\n')
15      {
16          fputc(ch,fp);
17          ch=getchar();
18      }
19      rewind(fp);
20      ch=fgetc(fp);
21      while(ch!=EOF)
22      {
23          putchar(ch);
```

```
24 |      ch=fgetc(fp);
25 |   }
26 |   printf("\n");
27 |   fclose(fp);
28 | }
```

程序第 06 行以读/写文本文件方式打开文件。第 13 行从键盘读入一个字符后进入循环，当读入字符不为回车符时，则把该字符写入文件之中，然后继续从键盘读入下一字符。每输入一个字符，文件内部位置指针向后移动一个字节。写入完毕，该指针已指向文件末。如要把文件从头读出，需把指针移向文件头。第 19 行 rewind 函数用于把 fp 所指文件的内部位置指针移到文件头。第 20～25 行用于读出文件中的一行内容。

在程序中定义了两个变量，fp 是文件类型指针变量，用来存放文件打开的首地址，ch 是字符型变量，用来存放取得当前位置上的字符数据。程序中以读/写方式打开文件 "e:\\studentinfo.txt"，并使 fp 指向该文件。当打开文件出错时，会输出提示并退出程序。程序执行过程是将键盘输入的数据写入到指定的文件，然后再从文件中读取数据，将整个学生信息全部输出到屏幕。

2) 字符串读/写函数(fgets 和 fputs 函数)

字符串读/写函数是以字符串为单位进行的读/写操作，即每次可向文件写入或从文件读出一个字符串。

(1) 读字符串函数 fgets。函数的功能是从指定的文件中读一个字符串到字符数组中，函数调用的形式为

　　　　fgets(字符数组名,n,文件指针);

其中 n 是一个正整数。表示从文件中读出的字符串不超过 n–1 个字符。在读入的最后一个字符后加上串结束标志 '\0'。假如在读取 n–1 个字符之前遇到了换行或 EOF，读入操作结束，此时 fgets 函数将把 str 的首地址返回。例如：

　　　　fgets(str,n,fp);

该程序代码的含义是从 fp 所指的文件中读出 n–1 个字符送入字符数组 str 中。

【例 10.4】 从 studentfile.txt 文件中读入一串字符，读取该字符串的长度为 20 个字符。程序代码如下：

```
01 | #include<stdio.h>
02 | int main()
03 | {
04 |    FILE *fp;
05 |    char str[21];
06 |    if((fp=fopen("e:\\ studentfile.txt","r"))==NULL)
07 |    {
08 |       printf("\nCannot open file strike any key exit!");
```

```
09        getch();
10        exit(1);
11    }
12    fgets(str,21,fp);
13    printf("\n%s\n",str);
14    fclose(fp);
15  }
```

程序第 06 行以读文本文件方式打开文件。第 12 行从打开文件中读取指定长度的字符串存入数组 str 中。

程序中定义了两个变量，fp 是文件类型指针变量，用来存放文件打开的首地址，str 是字符型数组，用来存放读取到的字符串数据。程序中以读方式打开文件 "e:\\studentifile.txt"，并使 fp 指向该文件。当打开文件出错时，会输出提示并退出程序。程序执行过程是从打开文件中读出 20 个字符送入 str 数组，在数组最后一个单元内将加上 '\0'，然后在屏幕上显示输出 str 数组。

注意：使用 fgets 函数也有返回值，其返回值是字符数组的首地址。如果在读出 n−1 个字符之前就遇到了换行符或 EOF，则读出操作结束。

(2) 写字符串函数 fputs。fputs 函数的功能是向指定的文件写入一个字符串，函数调用的一般形式为

　　　　fputs(字符串,文件指针);

其中，字符串可以是字符串常量，也可以是字符数组名或指针变量，当输出成功时，函数值为 0，当输出失败时，函数值为 EOF。例如：

　　　　fputs("student_name",fp);

其意义是把字符串 "student_name" 写入 fp 所指的文件之中。

【例 10.5】 向 studentfile.txt 文件中追加一串学生信息。

程序代码如下：

```
01  #include<stdio.h>
02  int main()
03  {
04    FILE *fp;
05    char ch,st[20];
06    if((fp=fopen("studentfile.txt","a+"))==NULL)
07    {
08      printf("Cannot open file strike any key exit!");
09      getch();
10          exit(1);
11    }
12    printf("input a string:\n");
13    scanf("%s",st);
```

```
14      fputs(st,fp);
15      rewind(fp);
16      ch=fgetc(fp);
17      while(ch!=EOF)
18      {
19        putchar(ch);
20        ch=fgetc(fp);
21      }
22      printf("\n");
23      fclose(fp);
24    }
```

程序第 06 行以追加文本文件方式打开文件。第 13 行从键盘上读取一串字符。第 14 行将字符串追加到指定文件末尾。第 15 行用 rewind 函数把文件内部位置指针移到文件首，再进入循环逐个显示当前文件中的全部内容。

程序中定义了三个变量，fp 是文件类型指针变量，用来存放文件打开的首地址，ch 是字符型变量，用来存放从文件中读取的字符。str 是字符型数组，用来存放从键盘读取到的字符串数据。程序中以追加方式打开文件 "e:\\studentifile.txt"，并使 fp 指向该文件。当打开文件出错时，会输出提示并退出程序。程序执行过程是从键盘读取一串字符送入 str 数组，然后将该字符串追加到打开文件的末尾，再从指定文件中读取字符串信息，输出到屏幕，最后关闭文件。

3) 数据块读/写函数(fread 和 fwtrite 函数)

C 语言还提供了用于整块数据的读/写函数。可用来读/写一组数据，如一个数组元素、一个结构体变量的值等。

读数据块函数调用的一般形式为

   fread(buffer,size,count,fp);

写数据块函数调用的一般形式为

   fwrite(buffer,size,count,fp);

其中，buffer 是一个指针，在 fread 函数中，它存放输入数据的首地址，在 fwrite 函数中，它存放输出数据的首地址。size 表示数据块的字节数。count 表示要读写的数据块块数。fp 表示文件型指针。

注意：fread 和 fwrite 函数一般用于二进制文件的输入与输出。如果 fread 和 fwrite 函数调用成功，则函数返回值为 count 的值，即输入或输出数据项的完整个数。例如：

   fread(fa,4,8,fp);

其意义是从 fp 所指的文件中每次读 4 个字节(一个实数)送入实数组 fa 中，连续读 8 次，即读 5 个实数到 fa 中。

【例 10.6】 从键盘读取两个学生数据，写入 studentfile.txt 文件，再读出这两个学生的数据显示在屏幕上。

程序代码如下：

```
01  #include<stdio.h>
02  struct student
03  {
04      char name[8];
05      int num;
06      int age;
07      char addr[30];
08  }student1[2],student2[2],*pp,*qq;
09  int main()
10  {
11      FILE *fp;
12      char ch;
13      int i;
14      pp=student1;
15      qq=student2;
16      if((fp=fopen("e:\\ studentfile","wb+"))==NULL)
17      {
18          printf("Cannot open file strike any key exit!");
19          getch();
20          exit(1);
21      }
22      printf("\ninput data\n");
23      for(i=0;i<2;i++,pp++)
24      scanf("%s%d%d%s",pp->name,&pp->num,&pp->age,pp->addr);
25      pp=student1;
26      fwrite(pp,sizeof(struct student),2,fp);
27      rewind(fp);
28      fread(qq,sizeof(struct student),2,fp);
29      printf("\n\nname\tnumber        age          addr\n");
30      for(i=0;i<2;i++,qq++)
31      printf("%s\t%5d%7d         %s\n",qq->name,qq->num,qq->age,qq->addr);
32      fclose(fp);
33  }
```

程序第 16 行以读/写方式打开二进制文件。第 24 行从键盘上读取数据。第 26 行将学生信息写到打开的文件中。第 27 行用 rewind 函数把文件内部位置指针移到文件首。第 28 行读取相应的数据，再进入循环逐个显示读取的内容。

程序中定义了一个结构体 student，说明了两个结构体数组 student1 和 student2 以及两个结构体指针变量 pp 和 qq。pp 指向 student1，qq 指向 student2。在 main()函数中定义了三个变量，fp 是文件类型指针变量，用来存放文件打开的首地址。ch 是字符型变量，用来存放从文件中读取的字符。i 是一个整型变量，用来作为循环控制变量。程序第 16 行以读写方式打开二进制文件 "studentinfile"，输入两个学生数据之后写入该文件中，然后把文件内部位置指针移到文件首，读出两个学生数据后，在屏幕上显示。

4) 格式化读/写函数(fscanf 和 fprintf 函数)

fscanf、fprintf 函数与前面使用的 scanf 和 printf 函数的功能相似，都是格式化读/写函数。两者的区别在于 fscanf 函数和 fprintf 函数的读/写对象不是键盘和显示器，而是磁盘文件。

格式化读/写函数 fscanf 和 fprintf 的调用格式为

   fscanf(文件指针,格式字符串,输入表列);
   fprintf(文件指针,格式字符串,输出表列);

例如：

   fscanf(fp,"%d%s",&i,s);
   fprintf(fp,"%d%c",j,ch);

用 fscanf 和 fprintf 函数也可以完成例 10.6 的问题。修改后的程序如例 10.7 所示。

【例 10.7】 从键盘读取两个学生数据，写入 studentfile.txt 文件，再读出这两个学生的数据显示在屏幕上。

程序代码如下：

```
01   #include<stdio.h>
02   struct student
03   {
04     char name[8];
05     int num;
06     int age;
07     char addr[30];
08   }student1[2],student2[2],*pp,*qq;
09   int main()
10   {
11     FILE *fp;
12     char ch;
13     int i;
14     pp=student1;
15     qq=student2;
16     if((fp=fopen("studentfile","wb+"))==NULL)
17     {
18        printf("Cannot open file strike any key exit!");
```

```
19        getch();
20        exit(1);
21    }
22    printf("\ninput data\n");
23    for(i=0;i<2;i++,pp++)
24        scanf("%s %d%d%s",pp->name,&pp->num,&pp->age,pp->addr);
25    pp=student1;
26    for(i=0;i<2;i++,pp++)
27        fprintf(fp,"%s    %d    %d    %s\n",pp->name,pp->num,pp->age,pp->addr);
28    rewind(fp);
29    for(i=0;i<2;i++,qq++)
30        fscanf(fp,"%s %d %d %s\n",qq->name,&qq->num,&qq->age,qq->addr);
31    printf("\n\nname\tnumber        age            addr\n");
32    qq=student2;
33    for(i=0;i<2;i++,qq++)
34        printf("%s\t%5d    %7d    %s\n",qq->name,qq->num,qq->age, qq->addr);
35    fclose(fp);
36 }
```

程序第 16 行以读/写方式打开二进制文件。第 24 行从键盘上读取数据。第 27 行将学生信息写到打开的文件中。第 28 行用 rewind 函数把文件内部位置指针移到文件首。第 30 行读取相应的数据，再进入循环逐个显示读取的内容。

注意：本程序中 fscanf 和 fprintf 函数每次只能读/写一个结构体数组元素，因此采用了循环语句来读/写全部数组元素。还要注意由于循环改变了指针变量 pp、qq 的值，因此在程序的第 25 和第 32 行分别对它们重新赋予了数组的首地址。

## 三、任务实施

通过相关理论学习后，我们可以对"班级学生成绩管理系统"中的文件进行使用，"班级学生成绩管理系统"项目中数据的存储主要涉及学生信息的保存和学生信息的重复使用。学生信息的保存用 Save 函数实现，学生信息文件的打开用 Open 函数实现。

### 1. 函数声明及调用

函数在使用之前要进行声明，在主函数的前面对函数进行声明如下：

```
    ⋮
    void Save(struct student stu[],int size);              /*保存文件*/
    void Open(struct student stu[],int *size);             /*打开文件*/
    ⋮
```

函数声明之后就可以在相应的地方进行引用。

函数调用格式如下：

```
Open(stu,&stunum);
Save(stu,stunum);
```

## 2. 函数的实现

在这次任务中，主要完成 Open 和 Save 函数功能的实现。

【例 10.8】 用 Open 函数实现文件的打开操作。

程序代码如下：

```
01  void Open(struct student stu[],int *size)                  /*打开文件函数*/
02  {
03      int i=0;
04      FILE *fp;
05      system("cls");
06      if((fp=fopen("studentscore", "rb"))==NULL)
07      {
08          printf("文件不能正常打开！\n");
09          exit(0);
10      }
11      else
12      {
13          while(!feof(fp))
14      {
15          fread(&stu[i],sizeof(struct student),1,fp);
16          i++;
17      }
18      fclose(fp);
19      }
20      gotoxy(25,5);
21      printf("打开文件成功！");
22      *size=i-1;                                              /*文件中学生数*/
23      getch();
24  }
```

> 程序第 06 行以读方式打开二进制文件。第 15 行读取相应的数据，然后关闭打开的文件。

在 Open 函数中定义了两个变量，fp 是文件类型指针变量，用来存放文件打开的首地址，i 是一个整型变量，用来对学生人数计数。程序第 06 行以读方式打开二进制文件"studentsore"，读出学生数据后在屏幕上显示。

【例 10.9】 用 Save 函数实现数据信息的保存操作。

程序代码如下：

```
01    void Save(struct student stu[],int size)          /*保存文件函数*/
02    {
03        FILE *fp;
04        int i;
05        system("cls");
06        if((fp=fopen("studentscore", "wb"))==NUlLL)
07        {
08            printf("文件不能正常打开! \n");
09            exit(0);
10        }
11        else
12        {
13            for(i=0;i<size;i++)
14            {
15                fwrite(&stu[i],sizeof(struct student),1,fp);
16            }
17            fclose(fp);
18        }
19        gotoxy(25,5);
20        printf("保存文件成功，按任意键返回上级菜单! ");
21        getch();
22    }
```

程序第06行以写方式打开二进制文件。第15行把相应的数据写到文件中，然后关闭打开的文件。

在 Save 函数中定义了两个变量，fp 是文件类型指针变量，用来存放文件打开的首地址，i 是一个整型变量，用来作为循环控制变量。程序第 06 行以写方式打开二进制文件"studentscore"，向该文件中写入学生数据后关闭文件。

## 四、知识扩展

上面介绍的文件读/写方式都是顺序读/写，即读/写文件只能从头开始顺序读/写各个数据，但在实际问题中常要求只读/写文件中某一指定的部分。为了解决这个问题，可移动文件内部的位置指针到需要读/写的位置，再进行读/写，这种读/写称为随机读/写。实现随机读/写的关键是要按要求移动位置指针，这称为文件的定位。

### 1. 文件定位

移动文件内部位置指针的函数主要有两个，即 rewind 函数和 fseek 函数。rewind 函数前面已多次使用过，其调用形式为

    rewind(文件指针);

它的功能是把文件内部的位置指针移到文件首。

fseek 函数用来移动文件内部位置指针，其调用形式为

　　　fseek(文件指针，位移量，起始点);

其中，"文件指针"指向被移动的文件。"位移量"表示移动的字节数，要求位移量是 long 型数据，以便在文件长度大于 64 KB 时不会出错。当用常量表示位移量时，要求加后缀"L"。"起始点"表示从何处开始计算位移量，规定的起始点有三种：文件首、当前位置和文件末尾，其表示方法如表 10-3 所示。

表 10-3　fseek 函数中起始点的表示方法

| 起始点 | 表示符号 | 数字表示 |
| --- | --- | --- |
| 文件首 | SEEK_SET | 0 |
| 当前位置 | SEEK_CUR | 1 |
| 文件末尾 | SEEK_END | 2 |

例如：

　　　fseek(fp,50L,0);

其意义是把位置指针移到距文件首 50 个字节处。

注意：fseek 函数一般用于二进制文件。在文本文件中由于要进行字符转换，故往往计算的位置会出现错误。

2. 文件的随机读/写

在移动位置指针之后，即可用前面介绍的任一种读/写函数进行读/写。由于一般是读/写一个数据块，因此常用 fread 和 fwrite 函数。

下面举例说明文件的随机读/写。

【例 10.10】　从学生文件 studentfile 中读出第二个学生的数据，将读出的学生的数据显示在屏幕上。

程序代码如下：

```
01 | #include<stdio.h>
02 | struct student
03 | {
04 |   char name[8];
05 |   int num;
06 |   int age;
07 |   char addr[25];
08 | }student2,*qq;
09 | int main()
10 | {
11 |   FILE *fp;
12 |   char ch;
13 |   int i=1;
14 |   qq=&student2;
```

```
15      if((fp=fopen("studentfile ","rb"))==NULL)
16      {
17        printf("Cannot open file strike any key exit!");
18        getch();
19        exit(1);
20      }
21      rewind(fp);
22      fseek(fp,i*sizeof(struct student),0);
23      fread(qq,sizeof(struct student),1,fp);
24      printf("\n\nname\tnumber       age          addr\n");
25      printf("%s\t%5d    %7d    %s\n",qq->name,qq->num,qq->age, qq->addr);
26    }
```

程序第 15 行以读方式打开二进制文件。第 22 行从文件头开始，移动一个 student 类型的长度。第 23 行读取一个学生的数据。

程序中定义了一个结构体 student，声明了一个结构体指针变量 qq 和一个结构体变量 student2，qq 指向 student2。在 main()函数中定义了三个变量，fp 是文件类型指针变量，用来存放文件打开的首地址，ch 是字符型变量，用来存放从文件中读取的字符，i 是一个整型变量，用来指示指针移动的个数。程序第 15 行以读方式打开二进制文件"studentinfile"，i 值为 1，表示从文件头开始移动一个 student 类型的长度，然后再读出的数据即为第二个学生的数据，结果显示在屏幕上。

### 3. 流式文件的定位函数(ftell 函数)

当流式文件中的位置指针移动的时候，编程人员不容易知道该指针当前所处的位置，为此我们使用 ftell 函数得到当前指针的位置。因此可以说，ftell 函数的作用是获得流式文件指针当前位置值。如果 ftell 函数返回值为 -1L，表示已经出错。例如：

```
n=ftell(fp);
if(n==-1L)
    printf("have a error\n");
```

其中，变量 n 存放当前位置，当调用函数出现错误时，输出"have a error"。

### 4. 文件检测函数

在 C 语言中，除了前面提到的读/写函数和定位函数之外，还提供了一些用来检查输入/输出错误的函数。这些检测函数有 feof()、ferror()、clearerr 函数。

1) 文件结束检测函数 feof

在 C 语言中，为了判断文件是否处于结束位置，可以使用文件结束检测函数 feof()来检测。feof()函数调用的一般格式为

    feof(文件指针);

例如：

feof(fp);

其功能是判断文件是否处于文件结束位置。如文件结束，则返回值为真(非 0)，否则为假(0 值)。

2) 文件读/写出错检测函数 ferror

在 C 语言中，调用各种输入/输出函数时，如果出现错误，除了函数本身的返回值能够反映之外，还可以使用 ferror 函数来检查。ferror 函数调用的一般格式为

ferror(文件指针);

例如：

ferror(fp);

其功能是检查文件在用各种输入/输出函数进行读/写时是否出错。如 ferror 返回值为 0，表示未出错，否则表示有错。

注意：当执行 fopen 函数时，ferror 函数自动将初始值设置为 0。在同一个文件中每调用一次输入/输出函数时，都会产生一个新的 ferror 函数值，为了防止信息丢失，在调用一个输入/输出函数后应该立即检查 ferror 函数的值。

3) clearerr 函数

在 C 语言中，当调用输入/输出函数出现错误的时候，ferror 函数值为一个非零值，只要出现了错误标志，就将一直保留。为了解决这一问题，可以使用函数 clearerr()将文件错误标志或文件结束标志设置为 0，或者调用 rewind 函数或者其他输入/输出函数。

clearerr 函数调用的一般格式为

clearerr(文件指针);

例如：

clearerr(fp);

其功能是使文件错误标志和文件结束标志设置为 0。

## ⊠ 任务小结

通过对"班级学生成绩管理系统"文件的使用，掌握了文件读取函数的使用。同时拓展学习了文件定位函数的使用、文件检测函数、文件出错标志和文件结束标志置 0 函数的使用。

习　　题

### 一、选择题

1. 以下叙述中错误的是(　　　)。

A. C 语言中对二进制文件的访问速度比文本文件快

B. C 语言中，随机文件以二进制代码形式存储数据

C. 语句 FILE fp;定义了一个名为 fp 的文件指针

D. C 语言中的文本文件以 ASCII 码形式存储数据

2. 以下与函数 fseek(fp,OL,SEEK_SET)有相同作用的是(　　　)。

A.　feof(fp)　　　　　　B.　ftell(fp)　　　　　　C.　fgetc(fp)　　　　　　D.　rewind(fp)

3. 有以下程序：

```
#include "stdio.h"
void   writestring(char   *fn,char *str)
{
    FILE   *fp;
    fp=fopen(fn, "W");
    fputs(str,fp);
    fclose(fp);
}
main()
{
    writestring("t1.dat","start");
    writestring("t1.dat","end");
}
```

程序运行后，文件 t1.dat 中的内容是(　　　)。

A.　start　　　　　　　B.　end　　　　　　　C.　startend　　　　　　D.　ednrt

4. 有以下程序：

```
#include "stdio.h"
main()
{
    FILE   *fp;
    fp=fopen("f1.txt","W");
    fprintf(fp, "abc");
    fclose(fp);
}
```

若文本文件 f1.txt 中原有内容为 good，则运行以上程序后文件 f1.txt 中的内容是(　　　)。

A.　goodabc　　　　　　B.　abcd　　　　　　C.　abc　　　　　　D.　abcgood

5. 若 fp 已正确定义并指向某个文件，当未遇到该文件结束标志时函数 feof(fp)的值为(　　　)。

A.　0　　　　　　　　　B.　1　　　　　　　　C.　−1　　　　　　　D.　一个非 0 值

6. 以下关于 C 语言数据文件的叙述中正确的是(　　　)。

A.　文件由 ASCII 码字符序列组成，C 语言只能读/写文本文件

B.　文件由二进制数据序列组成，C 语言只能读/写二进制文件

C.　文件由数据流形式组成，可按数据的存放形式分为二进制文件和文本文件

D.　文件由记录序列组成，可按数据的存放形式分为二进制文件和文本文件

7. 有以下程序：

```
#include <stdio.h>
```

```
main()
    { FILE *fp; int i=20,j=30,k,n;
     fp=fopen("d1.dat""w");
     fprintf(fp, "%d\n",i);fprintf(fp, "%d\n"j);
     fclose(fp);
     fp=fopen("d1.dat", "r");
     fp=fscanf(fp, "%d%d",&k,&n); printf("%d%d\n",k,n);
     fclose(fp);
    }
```

程序运行后的输出结果是(          )。

A. 20  30           B. 20  50           C. 30  50           D. 30  20

8. 以下叙述中错误的是(          )。

A. 二进制文件打开后可以先读文件的末尾，而顺序文件不可以

B. 在程序结束时，应当用 fclose 函数关闭已打开的文件

C. 在利用 fread 函数从二进制文件中读数据时，可以用数组名给数组中所有元素读入数据

D. 不可以用 FILE 定义指向二进制文件的文件指针

9. 在 C 程序中，可把整型数以二进制形式存放到文件中的函数是(          )。

A. fprintf 函数       B. fread 函数       C. fwrite 函数       D. fputc 函数

10. 标准函数 fgets(s, n, f)的功能是(          )。

A. 从文件 f 中读取长度为 n 的字符串存入指针 s 所指的内存

B. 从文件 f 中读取长度不超过 n-1 的字符串存入指针 s 所指的内存

C. 从文件 f 中读取 n 个字符串存入指针 s 所指的内存

D. 从文件 f 中读取长度为 n-1 的字符串存入指针 s 所指的内存

二、编程题

1. 文件在读/写前后要分别做什么操作？打开与关闭操作的含义是什么？

2. 编程实现本班学生成绩的管理，将学生成绩排序保存在文件 studentinfo 中。

3. 从学生信息表 studentinfo 中删除已经退学的学生记录，并将其他数据保存在原文件中。

4. 输入一些字符存入到 studented 文件中，再从文件中读取数据，将每个字符变成其后面的一个字符输出，即 A 字符变成 B 字符输出。

# 第 11 章　C 语言综合实训

本章的主要任务是对完整的 C 语言游戏项目进行设计。在本章的学习过程中，主要让学生掌握 EasyX 与 VC 融合的 C 语言图形库的实训平台搭建，了解图形化函数，掌握编写游戏的基技能。学习本章后应能独立完成 C 语言游戏项目的设计。在本章的学习中，学生将要达到如下的知识目标和能力目标：

**知识目标**

➢ 掌握 EasyX 与 VC 融合的 C 语言实训平台的搭建技术。

➢ 掌握 C 语言游戏的程序设计技能。

➢ 了解图形库函数。

➢ 培养编程热情和团队合作能力。

**能力目标**

➢ 能够对 C 语言游戏项目进行设计。

## 一、基于图形库的实训平台搭建

### 1．基于 EasyX 与 VC 融合的实训平台

C 语言具备很强的绘图能力和数据处理能力，适于编写系统软件、三维/二维图形和动画。VC 的编辑和调试环境都很优秀，但是很可惜在 VC 下只能做一些文字性的练习题，想画一条直线或画一个圆都很难。标准的 C 是没有图形库的，图形库都是第三方的扩展，比如 TC2.0 的 graphics.h、OpenGL 的 glut 等，EasyX 是针对 C 和 C++ 的图形库。目前我们编写的 C 程序都是黑咕隆咚的 DOS 界面。如何用 C 语言在 Windows 界面下编写图形、游戏和有图形界面的软件呢？在本章我们将搭建 EasyX 与 VC 融合的 C 语言项目实训平台，更新陈旧的实训内容，将传统数字程序和图形程序相结合，通过课程项目实训培养同学们的编程热情和团队合作能力。EasyX 绘图库支持 Visual C++ 6.0 / 2008 / 2010 / 2012 等版本，编程方法和 TC 中的 graphics.h 基本一致。EasyX 图形库融合了 VC 方便的编译平台和 TC 简单的绘图功能，可以帮助 C 语言初学者快速上手图形和游戏编程，在 VC 环境中，使用 EasyX 可以很快地用几何图形画一个房子或者一辆移动的小车，可以编写俄罗斯方块、贪吃蛇、黑白棋等小游戏。

### 2．搭建步骤

1）系统要求

操作系统版本：Windows 2000 及以上操作系统。

编译环境版本：Visual C++ 6.0 / Visual C++ 2008～2013(x86 和 x64)。

2) 搭建步骤

第一步：在 www.easyx.cn 网站下载 EasyX 的安装压缩包。

第二步：将压缩包解压缩，关闭所有防火墙和杀毒软件，然后双击 Setup.hta 进行安装，如图 11-1 所示。

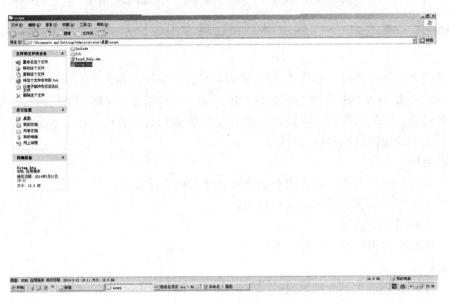

图 11-1　安装 EasyX(1)

第三步：单击安装向导界面中的"下一步"，如图 11-2 所示。

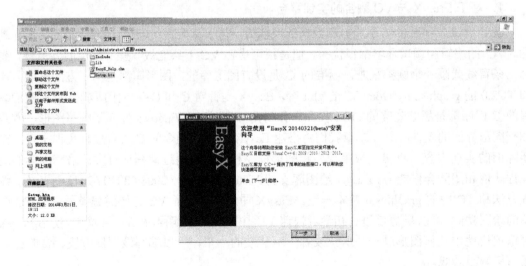

图 11-2　安装 EaxyX(2)

第四步：安装程序会检测机器已经安装的 VC 版本，单击版本后面的"安装"按钮，将对应的 .h 和 .lib 文件安装至 VC 的 include 和 lib 文件夹中，如图 11-3 所示。

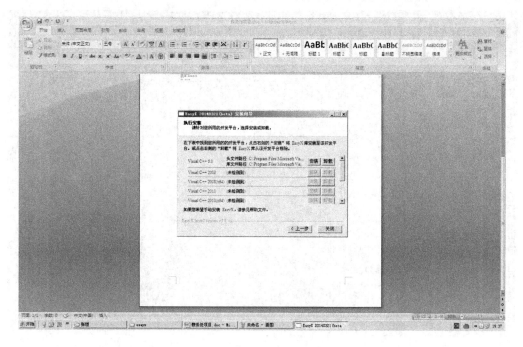

图 11-3　安装 EasyX(3)

第五步：单击"确定"，完成 EasyX 图形库的安装，如图 11-4 所示。

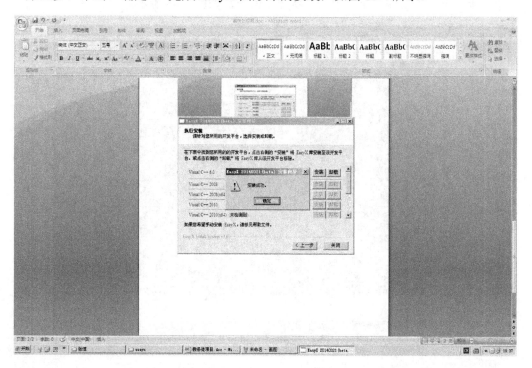

图 11-4　安装 EasyX(4)

第六步：单击"开始"按钮，选择"程序"中 C 语言的编译器"Visual C++ 6.0"，如图 11-5 所示。

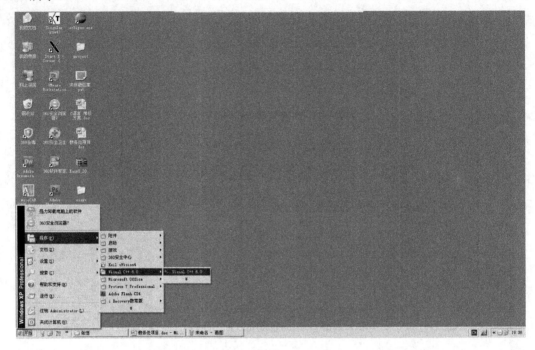

图 11-5　启动 Microsoft Visual C++ 6.0

第七步：选择"文件"菜单中的"新建"命令，如图 11-6 所示。

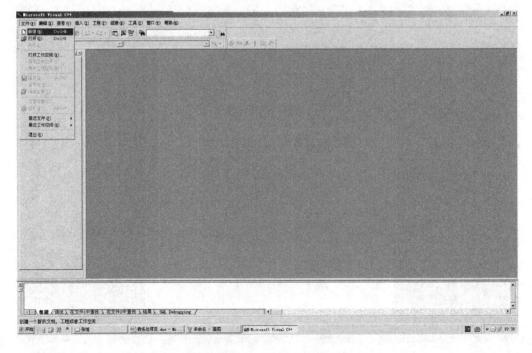

图 11-6　"文件"菜单

第八步：在"新建"对话框中选择"工程"选项卡，然后选择"Win32 console Application"，在"工程名称"处输入工程名，如图 11-7 所示。

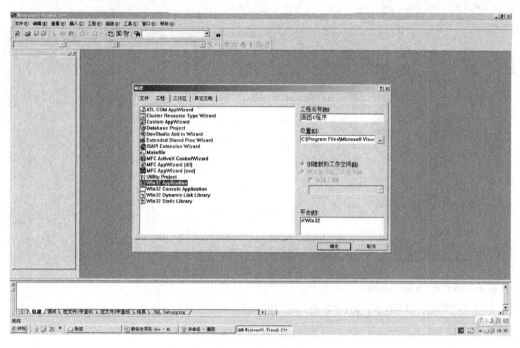

图 11-7　创建工程(1)

第九步：输入完成后点击"确定"，在弹出的窗口中选择"一个空工程"，再单击"完成"，如图 11-8 所示。

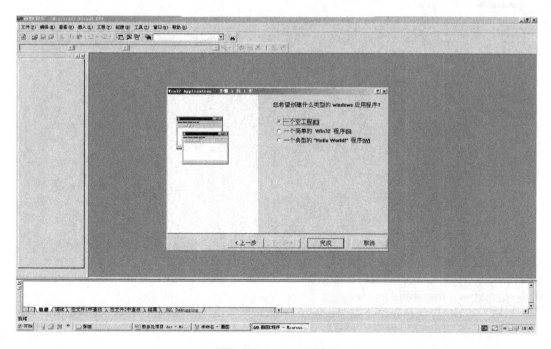

图 11-8　创建工程(2)

第十步：在弹出的窗口中单击"确定"，创建一个新的工程，如图 11-9 所示。

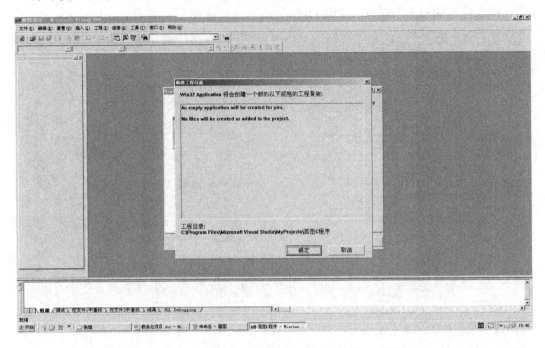

图 11-9　创建工程(3)

第十一步：在该工程下，再单击"文件"菜单中的"新建"命令，如图 11-10 所示。

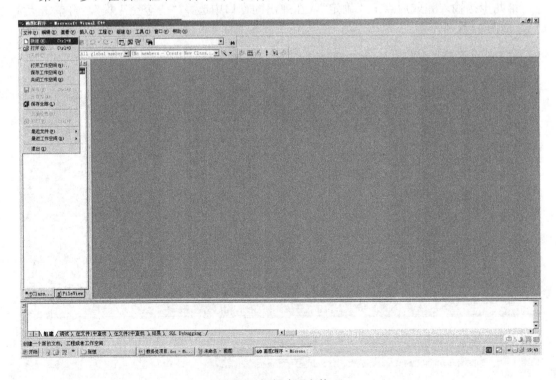

图 11-10　创建源文件(1)

第十二步：在"新建"对话框中选择"文件"选项卡，然后选择"C++ Source File"，在"文件名"处输入文件名，单击"确定"，如图 11-11 所示。

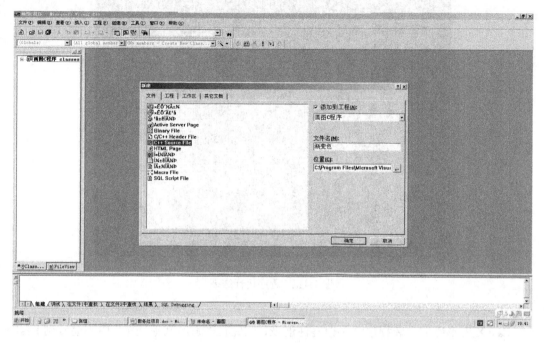

图 11-11　创建源文件(2)

第十三步：这时会出现程序编辑界面，在中间空白区域输入如下的简单绘图程序并运行，结果如图 11-12 所示。

| 01 | #include <graphics.h> | /*绘图库头文件，绘图语句需要*/ |
|----|----|----|
| 02 | #include <conio.h> | /*控制台输入输出头文件，getch()语句需要*/ |
| 03 | void main() | |
| 04 | { | |
| 05 | initgraph(640, 480); | /*初始化 640 × 480 的绘图屏幕*/ |
| 06 | line(200, 240, 440, 240); | /*画线(200,240) - (440,240)*/ |
| 07 | line(320, 120, 320, 360); | /*画线(320,120) - (320,360)*/ |
| 08 | getch(); | /*按任意键*/ |
| 09 | closegraph(); | /*关闭绘图屏幕*/ |
| 10 | } | |

　　创建的绘图屏幕大小为 640 × 480，表示横向有 640 个点，纵向有 480 个点。左上角是原点(0,0)，也就是说，这里的 y 轴和通常数学上的 y 轴方向是相反的。getch 函数可使程序在运行时暂停，当按任意键后程序继续执行。否则，程序会立刻执行 closegraph 以至于看不到绘制的内容。

图 11-12　程序运行结果

3) 卸载

EasyX 图形库的安装程序并不改写注册表，因此在"添加删除程序"中不会看到 EasyX 的卸载项。如需卸载，请执行相应版本的 Setup.hta，并根据提示卸载。也可以手动将相关的 .h 和 .lib 删除，系统中不会残留任何垃圾信息。

3. 函数介绍

Easy X 函数共分为七大类。函数的详细说明见附录 4。

## 二、实训技能

1. 控制语句绘图

【例 11.1】　使用循环语句画 10 条直线。

```
#include <graphics.h>
#include <conio.h>
void main()
{
    initgraph(640, 480);
    for(int y=100; y<200; y+=10)
            line(100, y, 300, y);
    getch();
    closegraph();
}
```

程序运行结果如图 11-13 所示。

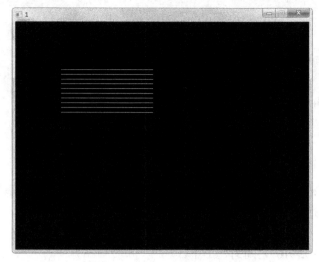

图 11-13　例 11.1 程序运行结果

【例 11.2】　使用循环语句画渐变色。

```
#include <graphics.h>
#include <conio.h>
void main()
{
    initgraph(640, 480);
    for(int y=0; y<256; y++)
    {
        setcolor(RGB(0,0,y));
        line(100, y, 300, y);
    }
    getch();
    closegraph();
}
```

【例 11.3】　使用判断语句实现红色、蓝色交替画线。

```
#include <graphics.h>
#include <conio.h>
void main()
{
    initgraph(640, 480);
    for(int y=100; y<200; y+=10)
    {
        if ( y/10 % 2 == 1)      /*判断奇数行偶数行*/
            setcolor(RGB(255,0,0));
        else
```

```
                setcolor(RGB(0,0,255));

            line(100, y, 300, y);
        }
        getch();
        closegraph();
    }
```

## 2．随机函数

游戏中许多情况都是随机发生的，还有一些图案程序例如屏保也是随机运动的。这就需要用随机函数。随机函数只有一个：

rand()

该函数返回 0～32 767 之间的一个整数。

【例 11.4】 输出 0～32 767 之间的 10 个随机数字。

```
#include <stdio.h>
#include <stdlib.h>
void main()
{
    int r;
    for(int i=0; i<10; i++)
    {
        r = rand();
        printf("%d\n", r);
    }
}
```

注意：rand()函数在头文件<stdlib.h>中，使用前需要引用。

程序运行结果如图 11-14 所示。

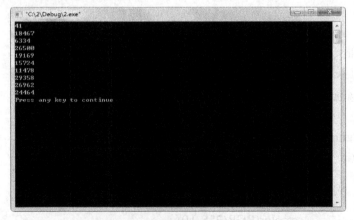

图 11-14　例 11.4 程序运行结果

【例 11.5】 输出 1～100 之间的 10 个随机数字。

```
#include <stdio.h>
#include <stdlib.h>
void main()
{
    int r;
    for(int i=0; i<100; i=i+10)
    {
        r = rand()%100+1;
        printf("%d\n", r);
    }
}
```

程序运行结果如图 11-15 所示。

图 11-15　例 11.5 程序运行结果

实际中经常要产生指定范围的随机函数，通常采用求余数的办法。例如，产生 0～9 之间的随机数，只需要将任意产生的随机数除以 10 求余数即可。求余数的运算符号是%，我们可以这样做：

```
r = rand() % 10              /*产生[0,10)之间的随机数*/
r = rand() % 6 + 1           /*产生[1,6]之间的随机数*/
```

【例 11.6】　在屏幕上任意位置画任意颜色的点(按任意键退出)。

```
#include <graphics.h>
#include <stdlib.h>
#include <conio.h>
#include <time.h>
void main()
{
    srand( (unsigned)time( NULL ) );
    initgraph(640, 480);
```

```
        int x, y, c;
        while(!kbhit())
        {
            x = rand() % 640;
            y = rand() % 480;
            c = RGB(rand() % 256, rand() % 256, rand() % 256);
            putpixel(x, y, c);
        }
        closegraph();
    }
```

做了多次试验后，我们会发现一个问题：虽然产生的数字是随机的，但每次产生的数字序列都一样。为了解决这个问题，我们需要用"随机种子"。随机函数的产生原理简单来说，就是前一个随机函数的值，决定下一个随机函数的值。根据这个原理可以知道：只要第一个随机函数的值确定了，那么后面数字序列就是确定的。如果想得到不同的数字序列，需要确定第一个随机函数的值，第一个随机函数的值的设置，叫做设置"随机种子"，随机种子设置一次即可。

        srand(种子);

通常用当前时间作为随机种子：

        srand( (unsigned)time( NULL ) );

因为使用 time 函数，所以需要引用<time.h>。程序运行结果如图 11-16 所示。

图 11-16   例 11.6 程序运行结果

### 3. 数组批量处理

【例 11.7】 绘制一个从屏幕上边任意位置往下落的白色点。

```
        #include <graphics.h>
        #include <stdlib.h>
        #include <conio.h>
```

```
#include <time.h>
void main()
{
    srand( (unsigned)time(NULL) );
    initgraph(640, 480);
    int x = rand() % 640;          /*点的 x 坐标*/
    int y = 0;                     /*点的 y 坐标*/
    while(!kbhit())
    {
        putpixel(x, y, BLACK);     /*擦掉前一个点*/
        y+=3;                      /*计算新坐标*/
        if (y >= 480) break;
        putpixel(x, y, WHITE);     /*绘制新点*/
        Sleep(10);
    }
    closegraph();
}
```

程序运行结果如图 11-17 所示。

图 11-17　例 11.7 程序运行结果

【例 11.8】 产生 100 个随机下落的点，每个点落到底部后，就回到顶部重新往下落。

```
#include <graphics.h>
#include <stdlib.h>
#include <conio.h>
#include <time.h>
void main()
{
```

```
srand( (unsigned)time(NULL) );
initgraph(640, 480);
/*定义点的坐标数组
int x[100];                        /*点的 x 坐标*/
int y[100];                        /*点的 y 坐标*/
int i;
 for (i=0; i<100; i++)                       /*初始化点的初始坐标*/
{
    x[i] = rand() % 640;
    y[i] = rand() % 480;
}
while(!kbhit())
{
    for(i=0; i<100; i++)
    {
        putpixel(x[i], y[i], BLACK);        /*擦掉前一个点*/
        y[i]+=3;                            /*计算新坐标*/
         if (y[i] >= 480) y[i] = 0;
        putpixel(x[i], y[i], WHITE);        /*绘制新点*/
    }
    Sleep(10);
}
closegraph();
}
```

程序运行结果如图 11-18 所示。

图 11-18　例 11.8 程序运行结果

【例 11.9】 屏幕上有 16×8 的方格，按随机顺序将 1～128 的数字写到每个格子上。

思路：我们需要记录这些格子哪些写过数字，哪些未写数字。定义 bool cell[16][8]，写过数字后，将相应数组的值设置为 true。

```
#include <graphics.h>
#include <stdlib.h>
#include <conio.h>
#include <stdio.h>
#include <time.h>
void main()
{
    int x, y;
    char num[4];
    srand( (unsigned)time(NULL) );
    initgraph(640, 480);
    for (x=0; x<=480; x+=30)                /*画格子*/
        for (y=0; y<=240; y+=30)
        {
            line(x, 0, x, 240);
            line(0, y, 480, y);
        }
    bool cell[16][8];                       /*定义二维数组*/
    for (x=0; x<16; x++)                     /*初始化二维数组*/
        for (y=0; y<8; y++)
            cell[x][y] = false;
    for (int i=1; i<=128; i++)               /*在每个格子上写数字*/
    {

        do                                  /*找到一个没有写数字的随机格子*/
        {
            x = rand() % 16;
            y = rand() % 8;
        }while(cell[x][y] == true);
        cell[x][y] = true;                  /*标记该格子已用*/
        sprintf(num, "%d", i);              /*在格子上写数字*/
        outtextxy(x * 30, y * 30, num);
    }
    getch();
    closegraph();
}
```

程序运行结果如图 11-19 所示。

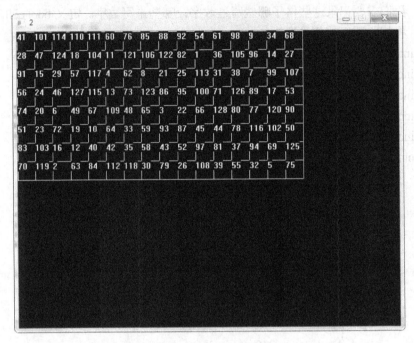

图 11-19　例 11.9 程序运行结果

### 4．实现动画

【例 11.10】　实现一条直线从上往下移动。

思路：所谓动画，其实是连续显示一系列图形而已。结合到程序上，需要以下几个步骤：(1) 绘制图像；(2) 延时；(3) 擦掉图像。循环以上步骤即可实现动画。

```
#include <graphics.h>
#include <conio.h>
void main()
{
    initgraph(640, 480);
    for(int y=0; y<480; y++)
    {
        setlinecolor(GREEN);    /*绘制绿色直线*/
        line(0, y, 639, y);
        Sleep(100);                 /*延时*/
        setlinecolor(BLACK);    /*绘制黑色直线(即擦掉之前画的绿线) */
        line(0, y, 639, y);
    }
    closegraph();
}
```

程序运行结果如图 11-20 所示。

图 11-20　例 11.10 程序运行结果

【例 11.11】 实现一个圆从左往右跳动。

```c
#include <graphics.h>
#include <conio.h>
void main()
{
    initgraph(640, 480);
    for(int x=100; x<540; x+=20)
    {
        setlinecolor(YELLOW);          /*绘制黄线、绿色填充的圆*/
        setfillcolor(GREEN);
        fillcircle(x, 100, 20);
        Sleep(500);                    /*延时*/
        setlinecolor(BLACK);           /*绘制黑线、黑色填充的圆*/
        setfillcolor(BLACK);
        fillcircle(x, 100, 20);
    }
    closegraph();
}
```

程序运行结果如图 11-21 所示。

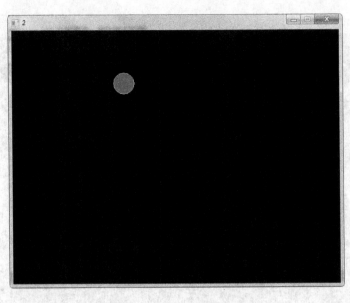

图 11-21　例 11.11 程序运行结果

### 5．函数简化相同图案的制作

【例 11.12】　绘制 5 个三角形，位于不同的位置。

思路：对于类似的图案，如果——一单独绘制太麻烦，我们需要一个公用的绘制过程，就是函数。可以将绘制单个三角形的过程写成函数，函数内是一个独立的程序段，这个绘制过程很简单。然后，在需要绘制的时候，调用这个函数即可。可以通过参数来解决细微差异(图案的坐标、颜色等)。

```c
#include <graphics.h>
#include <conio.h>
void sanjiaoxing(int x, int y, int c)        /*在坐标(x,y)处，用颜色 c 绘制三角形*/
{
    setlinecolor(c);                          /*设置画线颜色*/
    line(x, y, x+50, y);                      /*画三角形的三条边*/
    line(x, y, x, y+50);
    line(x+50, y, x, y+50);
}

void main()
{
    initgraph(640, 480);                      /*初始化图形窗口*/
    sanjiaoxing(100, 100, RED);
    sanjiaoxing(120, 160, BLUE);
    sanjiaoxing(140, 220, GREEN);
    sanjiaoxing(160, 120, BLUE);
```

```
        sanjiaoxing(160, 160, GREEN);
        sanjiaoxing(220, 140, GREEN);
        getch();                          /*按任意键继续*/
        closegraph();                     /*关闭图形窗口*/
    }
```
程序运行结果如图 11-22 所示。

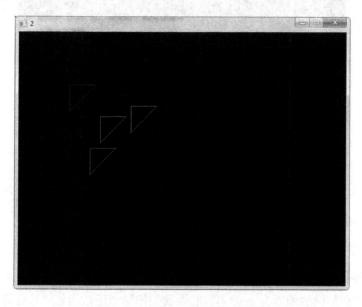

图 11-22　例 11.12 程序运行结果

【例 11.13】　结合循环等控制条件，绘制更复杂的三角形图案。

```
    #include <graphics.h>
    #include <conio.h>
    void sanjiaoxing(int x, int y, int color)
    {
        setlinecolor(color);              /*设置画线颜色*/
        line(x, y, x+10, y);              /*画三角形的三条边*/
        line(x, y, x, y+10);
        line(x+10, y, x, y+10);
    }
    void main()
    {
        initgraph(640, 480);              /*初始化图形窗口*/
        for(int x=0; x<640; x+=10)
            for(int y=0; y<480; y+= 10)
                sanjiaoxing(x, y, RGB(x*255/640, y*255/480, 0));
        getch();                          /*按任意键继续*/
```

```
        closegraph();                              /*关闭图形窗口*/
    }
程序运行结果如图 11-23 所示。
```

图 11-23　例 11.13 程序运行结果

### 6．捕获按键，实现动画的简单控制

最常用的捕获按键的函数为 getch()。前面我们把这个函数当做"按任意键继续"来用，现在我们用变量保存这个按键：

```
        char c = getch();
```

然后再做判断即可。

【例 11.14】　实现 a、d 键控制圆的左右移动。

注意：程序执行到 getch()时会阻塞，直到用户有按键才能继续执行。但是程序中总不能因为等待按键而停止程序执行，所以，要有一个函数 kbhit()，判断是否有用户按键，这个函数返回当前是否有用户按键，如果有，再用 getch()获取即可，这样是不会阻塞的。

```
        char c;
        if (kbhit())
        c = getch();
```

本例程序代码如下：

```
        #include <graphics.h>
        #include <conio.h>
        void main()
        {
            initgraph(640, 480);
            int x = 320;
            setlinecolor(YELLOW);                    /*画初始图形*/
```

```
        setfillcolor(GREEN);
        fillcircle(x, 240, 20);
        char c = 0;
        while(c != 27)
        {
            c = getch();                    /*获取按键*/
            setlinecolor(BLACK);            /*先擦掉上次显示的旧图形*/
            setfillcolor(BLACK);
            fillcircle(x, 240, 20);
            switch(c)                       /*根据输入，计算新的坐标*/
            {
                case 'a': x-=2; break;
                case 'd': x+=2; break;
                case 27: break;
            }
            setlinecolor(YELLOW);           /*绘制新的图形*/
            setfillcolor(GREEN);
            fillcircle(x, 240, 20);
            Sleep(10);                      /*延时*/
        }
        closegraph();
    }
```

程序运行结果如图 11-24 所示。

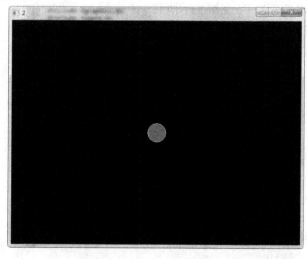

图 11-24　例 11.14 程序运行结果

## 7．用鼠标控制程序

捕获鼠标消息就像捕获按键消息一样简单。对于按键，通常我们会先检查是否有按键，然后定义一个变量保存按键，再然后根据该按键的值，执行相应的程序。对于鼠标，道理是一样的。下面我们先写一个代码对比一下：

获取按键：　　　　　　　　　　　　　　获取鼠标：

char c;　　　　　　　　　　　　　　　　MOUSEMSG m;

if (kbhit())　　　　　　　　　　　　　　if (MouseHit())

c = getch();　　　　　　　　　　　　　　m = GetMouseMsg();

由于鼠标消息的内容太多，不像按键那么简单，因此需要用一个结构体来保存。通过该结构体，我们可以获取鼠标的如下信息：

```
struct MOUSEMSG
{
    UINT uMsg;          /*当前鼠标消息*/
    bool mkCtrl;        /*Ctrl 键是否按下*/
    bool mkShift;       /*Shift 键是否按下*/
    bool mkLButton;     /*鼠标左键是否按下*/
    bool mkMButton;     /*鼠标中键是否按下*/
    bool mkRButton;     /*鼠标右键是否按下*/
    int x;              /*当前鼠标 x 坐标*/
    int y;              /*当前鼠标 y 坐标*/
    int wheel;          /*鼠标滚轮滚动值*/
};
```

其中，"当前鼠标消息"可以是以下值：

- WM_MOUSEMOVE　鼠标移动消息
- WM_MOUSEWHEEL　鼠标滚轮拨动消息
- WM_LBUTTONDOWN　左键按下消息
- WM_LBUTTONUP　左键弹起消息
- WM_LBUTTONDBLCLK　左键双击消息
- WM_MBUTTONDOWN　中键按下消息
- WM_MBUTTONUP　中键弹起消息
- WM_MBUTTONDBLCLK　中键双击消息
- WM_RBUTTONDOWN　右键按下消息
- WM_RBUTTONUP　右键弹起消息
- WM_RBUTTONDBLCLK　右键双击消息

例如，判断获取的消息是否是鼠标左键按下，可以用：

```
if (m.uMsg == WM_LBUTTONDOWN)
```

【例 11.15】用红色的点标出鼠标移动的轨迹，按左键画一个小方块，按 Ctrl + 左键画一个大方块，按右键退出。

```
#include <graphics.h>
#include <conio.h>
void main()
```

```
    {
        initgraph(640, 480);                  /*初始化图形窗口*/
        MOUSEMSG m;                           /*定义鼠标消息*/
        while(true)
        {
            m = GetMouseMsg();                /*获取一条鼠标消息*/
            switch(m.uMsg)
            {
                case WM_MOUSEMOVE:            /*鼠标移动的时候画红色的小点*/
                    putpixel(m.x, m.y, RED);
                    break;
                case WM_LBUTTONDOWN:          /*如果点左键的同时按下了 Ctrl 键*/
                    if (m.mkCtrl)             /*画一个大方块*/
                        rectangle(m.x-10, m.y-10, m.x+10, m.y+10);
                    else                      /*画一个小方块*/
                        rectangle(m.x-5, m.y-5, m.x+5, m.y+5);
                    break;
                case WM_RBUTTONUP:
                    return;                   /*按鼠标右键退出程序*/
            }
        }
        /*关闭图形窗口*/
        closegraph();
    }
```

程序运行结果如图 11-25 所示。

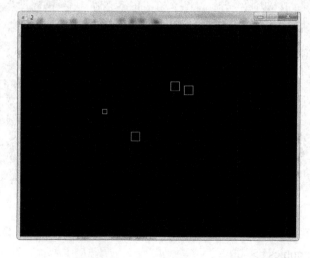

图 11-25　例 11.15 程序运行结果

### 8．加载图片

getimage()、putimage()、loadimage()函数和 IMAGE 对象可以实现图像处理的相关功能，实现加载图片主要分三步：

第一步：定义 IMAGE 对象。

第二步：读取图片至 IMAGE 对象。

第三步：显示 IMAGE 对象到需要的位置。

【例 11.16】 在屏幕上加载指定的图片。

```c
#include <graphics.h>
#include <conio.h>
void main()
{
    initgraph(640, 480);
    IMAGE img;                          /*定义 IMAGE 对象*/
    loadimage(&img, "C:\\test.jpg");    /*读取图片到 img 对象中*/
    putimage(0, 0, &img);               /*在坐标(0, 0)位置显示 IMAGE 对象*/
    getch();
    closegraph();
}
```

程序运行结果如图 11-26 所示。

图 11-26　例 11.16 程序运行结果

【例 11.17】 在屏幕上截取指定区域的图片，然后加载到屏幕的指定位置。

```c
#include <graphics.h>
#include <conio.h>
```

```
    void main()
    {
        initgraph(640, 480);
        IMAGE img;                              /*定义 IMAGE 对象*/
        circle(100, 100, 20);                   /*绘制内容*/
        line(70, 100, 130, 100);
        line(100, 70, 100, 130);
        getimage(&img, 70, 70, 60, 60);         /*保存区域至 img 对象*/
        putimage(200, 200, &img);               /*将 img 对象显示在屏幕的某个位置*/
        getch();
        closegraph();
    }
```
程序运行结果如图 11-27 所示。

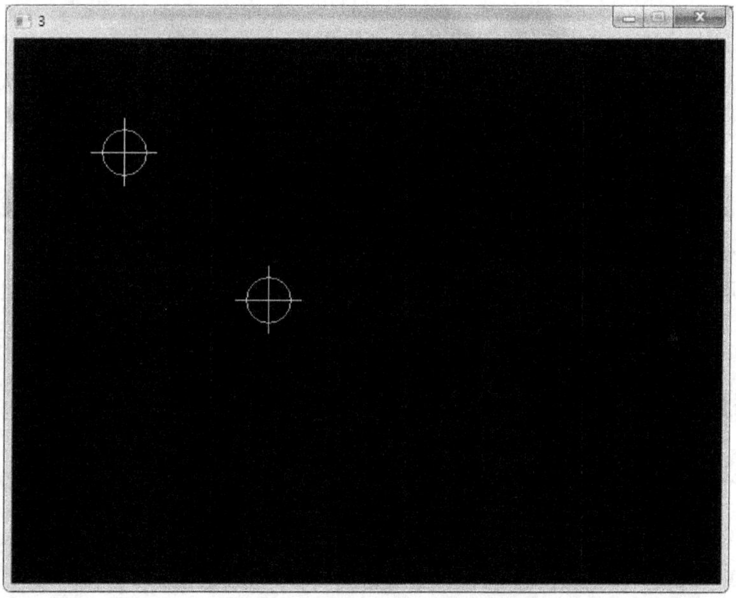

图 11-27    例 11.17 程序运行结果

### 9. 播放音乐

mciSendString() 函数用来播放 MP3 格式的音乐。

【例 11.18】 在程序中播放指定音乐。

```
    #include <graphics.h>
    #include <conio.h>
    #pragma comment(lib,"Winmm.lib")           /*引用 Windows Multimedia API*/
    void main()
    {
        initgraph(640, 480);
```

```
            mciSendString("open background.mp3 alias mymusic", NULL, 0, NULL);
                                                            /*打开音乐*/
            outtextxy(0, 0, "按任意键开始播放");
            getch();
            mciSendString("play mymusic", NULL, 0, NULL);      /*播放音乐*/
            outtextxy(0, 0, "按任意键停止播放");
            getch();
            mciSendString("stop mymusic", NULL, 0, NULL);      /*停止播放并关闭音乐*/
            mciSendString("close mymusic", NULL, 0, NULL);
            outtextxy(0, 0, "按任意键退出程序");
            getch();
            closegraph();
        }
```

**注意:**

(1) 一定要引用 Winmm.lib 库文件,这个范例中是通过#pragma comment 命令引用的。

(2) mciSendString 函数的功能很强大,甚至可以播放视频,我们平时只需要用到第一个参数,将另外三个参数置为 NULL、0、NULL 即可。

(3) 本程序先要通过 open 命令打开 background.mp3,并用 alias 指定了别名为"mymusic",这样在之后的代码中就可以方便地通过"mymusic"这个别名访问该音乐了。当然,并不是必须要指定别名,每次通过文件名访问也是可以的。

(4) open 后面的 mp3 用绝对路径或相对路径都可以。必须把 background.mp3 和编译的 exe 放在一起,然后发布。

## 三、综合实训

### 综合实训一　打字母游戏

```c
#include <graphics.h>
#include <conio.h>
#include <time.h>
void welcome()                    /*欢迎界面*/
{
    cleardevice();                /*输出屏幕提示*/
    setcolor(YELLOW);
    setfont(64, 0, "黑体");
    outtextxy(160, 50, "打字母游戏");
    setcolor(WHITE);
    setfont(16, 0, "宋体");
    outtextxy(100, 200, "就是很传统的那个掉字母然后按相应键就消失的游戏");
    outtextxy(100, 240, "只是做了一个简单的实现");
```

```
        outtextxy(100, 280, "功能并不很完善，比如生命数、分数等都没有写");
        outtextxy(100, 320, "感兴趣的自己加进去吧");
        int c=255;                          /*实现闪烁的"按任意键继续"*/
        while(!kbhit())
        {
            setcolor(RGB(c, 0, 0));
            outtextxy(280, 400, "按任意键继续");
            c -= 8;
            if (c < 0) c = 255;
            Sleep(20);
        }
        getch();
        cleardevice();
    }
    void goodbye()                          /*退出界面*/
    {
        cleardevice();
        setcolor(YELLOW);
        setfont(48, 0, "黑体");
        outtextxy(104, 180, "多写程序    不老青春");
        getch();
    }

    void main()                             /*主函数*/
    {
        initgraph(640, 480);                /*初始化屏幕为 640×480*/
        welcome();                          /*显示欢迎界面*/
        srand(time(NULL));                  /*设置随机种子*/
        setfont(16, 0, "Arial");            /*设置字母的字体和大小*/
        setfillstyle(BLACK);                /*设置清除字母的填充区域颜色*/
        char target;                        /*目标字母*/
        char key;                           /*用户的按键*/
        int x, y;                           /*字母的位置*/
        while(true)                         /*主循环*/
        {
            target = 65 + rand() % 26;      /*产生任意大写字母*/
            x = rand() % 620;               /*产生任意下落位置*/
            for (y=0; y<460; y++)
            {
```

```
                setcolor(WHITE);              /*设置字母的颜色*/
                outtextxy(x, y, target);    /*显示字母*/

                if(kbhit())
                {
                    key = getch();                      /*获取用户按键*/
                    if((key == target) || (key == target + 32))
                    {
                        bar(x, y, x + 16, y + 16);  /*按键正确，"击落"字母(画黑色
                                                       方块擦除) */
                        break;                          /*跳出循环，进行下一个字母*/
                    }
                    else if (key == 27)
                    {
                        goto EXIT;                      /*如果按 ESC，退出游戏主循环*/
                    }
                }
                Sleep(10);                              /*延时，并清除字母*/
                bar(x, y, x + 16, y + 16);
            }
        }

    EXIT:
        goodbye();                                      /*退出部分*/
        closegraph();                                   /*关闭图形界面*/
    }
```
程序运行结果如图 11-28、图 11-29、图 11-30 所示。

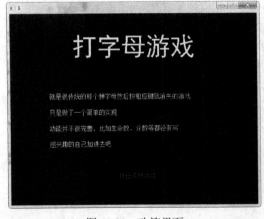

图 11-28　欢迎界面

图 11-29　游戏界面

图 11-30 退出界面

综合实训二 接小球

```c
#include <graphics.h>
#include <conio.h>
#include <time.h>
#include <stdio.h>
#define NUM 10                          /*定义常量*/
#define   CMD_LEFT      1
#define   CMD_RIGHT     2
#define   CMD_QUIT      4
int box_x = 10;
int box_y = 420;
struct Ball                             /*定义球的结构体*/
{
    int x, y, v;
};
int GetCommand()                        /*获取用户控制*/
{
    int c = 0;
    if (GetAsyncKeyState(VK_LEFT) & 0x8000)    c |= CMD_LEFT;
    if (GetAsyncKeyState(VK_RIGHT) & 0x8000)   c |= CMD_RIGHT;
    if (GetAsyncKeyState(VK_ESCAPE) & 0x8000) c |= CMD_QUIT;
    return c;
}
int Time(int t)                         /*倒计时*/
{
```

```
        char strsec[10];
        int sec = 20 - (GetTickCount() - t) / 1000;
        itoa(sec, strsec, 10);
        outtextxy(570, 110, "           ");
        outtextxy(570, 110, strcat(strsec, "s"));
        return sec;
    }
    void menu()                              /*介绍*/
    {
        line(449, 0, 449, 480);
        char runTime[] = "游戏倒计时        : ",
            receiveBallNum[] = "接到的球的数量:", copyRight[] = "版权所有:SS",
            finishWorkDate[] = "完成日期:2018 年 4 月 10 日",
            introductiona[] = "按方向键控制盒子移动接住", introductionb[] = "小球,
倒计时为 0 时游戏结束";
        settextcolor(GREEN);
        outtextxy(450, 10, introductiona);
        outtextxy(450, 30, introductionb);
        outtextxy(450, 110, runTime);
        outtextxy(450, 210, receiveBallNum);
        outtextxy(450, 310, copyRight);
        outtextxy(450, 410, finishWorkDate);
    }
    void ballRandom(Ball ball[], int i)          /*产生随机球*/
    {
        ball[i].x = 16 + 45 * i;
        ball[i].y = 8 + rand() % 32;
        ball[i].v = 1 + rand() % 5;
    }
    void calculateScore(Ball ball[], int &score)   /*画球，并计算得分*/
    {
        for(int i = 0; i < NUM; i++)
        {
            fillcircle(ball[i].x, ball[i].y, 8);
            if(ball[i].y >= 472)
            {
                ballRandom(ball, i);
                continue;
            }
```

```
        if(box_x + 8 <= ball[i].x && ball[i].x <= box_x + 72 && ball[i].y >= 412)
        {
            score++;
            ballRandom(ball, i);
        }
    }
}

int main()                                      /*主函数*/
{
    /*初始化*/
    initgraph(640, 480);
    srand(time(NULL));
    BeginBatchDraw();
    setlinecolor(GREEN);
    setfillcolor(WHITE);
    menu();
    Ball ball[NUM];
    int dx, i, c, score = 0;
    bool flag = true;
    for(i=0; i<NUM; i++)
    {
        ballRandom(ball, i);
    }
    int t = GetTickCount();
    char strScore[10], str[] = "your score:";
        while(flag)                             /*游戏主循环*/
    {
        dx = 0;
        char strScore[10];                      /*显示得分*/
        itoa(score, strScore, 10);
        outtextxy(570, 210, strScore);
        calculateScore(ball, score);            /*画球，并计算得分*/
        fillrectangle(box_x, box_y, box_x+80, box_y+60);    /*画盒子*/
        FlushBatchDraw();
        c = GetCommand();                       /*获取用户控制命令*/
        if (c & CMD_LEFT)    dx = -10;
        if (c & CMD_RIGHT)   dx = 10;
        if (c & CMD_QUIT)    flag = false;
```

```
        if (!Time(t)) flag = false;
        Sleep(25);                                  /*延时*/
        clearrectangle(0, 0, 448, 480);             /*擦除游戏区*/
        for(i = 0; i < NUM; i++)                     /*计算球的新坐标*/
        {
            ball[i].y += ball[i].v;
        }
        box_x += dx;                                 /*移动盒子*/
        if(box_x < 0)     box_x = 0;
        if(box_x > 368) box_x = 368;
    }
    /*清空键盘缓冲区*/
    FlushConsoleInputBuffer(GetStdHandle(STD_INPUT_HANDLE));
    itoa(score, strScore, 10);                       /*输出游戏结果*/
    outtextxy(222, 240, strcat(str, strScore));
    outtextxy(220, 300, "按任意键退出");
    EndBatchDraw();
    getch();                                         /*按任意键退出*/
    closegraph();
    return 0;
}
```

程序运行结果如图 11-31、图 11-32 所示。

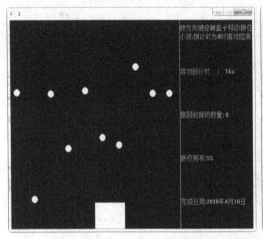

图 11-31　综合实训二运行结果(1)　　　图 11.32　综合实训二运行结果(2)

综合实训三　贪吃蛇

```
#include <graphics.h>
#include <string.h>
#include <time.h>
```

```
#define NUM_R 10                    /*半径*/
#define NUM_X 25                    /*横向个数*/
#define NUM_Y 25                    /*纵向个数*/
#define NUM 30                      /*所需节点个数*/
void exe(int x,int y,int f);
int    GetCommand();
void eat(int x,int y);
void clear();
void set();
void flush();
void over(bool a);
struct pos                          /*建立链表储存每个关节的位置*/
{
    int x;
    int y;
    struct pos*next;
};
struct pos*head=(pos*)malloc(sizeof(pos));    /*建立头指针*/
int n=0;                            /*记录节点个数*/
void main()                         /*初始化游戏*/
{
    int x,y,f;                      /*储存初始化点的位置方向*/
    srand((unsigned) time(NULL));   /*初始化随机库*/
    do
    {
        x=rand()%NUM_X*NUM_R*2+NUM_R;
        y=rand()%NUM_Y*NUM_R*2+NUM_R;
    } while(x<4*NUM_R || y<4*NUM_R || 2*NUM_R*(NUM_X-2)<x ||
      2*NUM_R*(NUM_Y-2)<y);         /*产生不在矩形边缘的初始点*/
    f=rand()%4;                     /*随机方向*/
    struct pos*a=(pos*)malloc(sizeof(pos)),*p=head;  /*建立链表第一个节点*/
    a->x=x;                         /*指针 a 储存第一个点数据*/
    a->y=y;
    head->next=a;                   /*接链*/
    a->next=NULL;                   /*结尾*/
    initgraph(2*NUM_R*NUM_X,2*NUM_R*NUM_Y+50);  /*初始绘图窗口*/
    setcolor(WHITE);
    line(0,2*NUM_R*NUM_Y+1,2*NUM_R*NUM_X,2*NUM_R*NUM_Y+1);
    setcolor(getbkcolor());         /*取消圆的边缘*/
```

```
        setfillcolor(YELLOW);                    /*设置填充颜色*/
        fillcircle(x,y,NUM_R);                   /*绘出初始点*/
        set();                                   /*产生食物*/
        exe(x,y,f);                              /*进入控制函数*/
}
void exe(int x,int y,int f)                      /*操作游戏*/
{
        int xf,yf,c,i;
        while(1)                                 /*进入循环*/
        {
                c=0;                             /*初始化方向*/
                for(i=0;i<5;i++)                 /*循环 5 次获取命令*/
                {
                        Sleep(100-50*n/NUM);     /*等待*/
                        if(c==0)                 /*若没获取到命令就进行获取*/
                        {
                                c=GetCommand();
                                if(c==4)         /*返回 4 时退出循环等待*/
                                        break;
                        }
                }
                f=f+c;                           /*改变方向*/
                if(f>3)                          /*溢出处理*/
                        f=f-4;
                xf=yf=0;                         /*初始化方向参数*/
                switch(f)
                {
                case 0:xf=1;break;               /*方向向右时 x 坐标增加*/
                case 1:yf=1;break;               /*方向向右时 y 坐标增加*/
                case 2:xf=-1;break;              /*方向向右时 x 坐标减少*/
                case 3:yf=-1;break;              /*方向向右时 y 坐标减少*/
                }
                x=x+2*NUM_R*xf;                  /*x 坐标变化*/
                y=y+2*NUM_R*yf;                  /*y 坐标变化*/
                if(getpixel(x,y)==RED || x<0 || y<0 || 2*NUM_X*NUM_R<x ||
                        2*NUM_Y*NUM_R<y)         /*判断是否遇到自身或碰到边界*/
                        over(0);                 /*结束游戏*/
                else                             /*不结束进行下步运算*/
                {
```

```c
        if(getpixel(x,y)==GREEN)      /*判断前方是否为食物*/
            set();                    /*产生新食物*/
        else
            clear();                  /*清除尾节点*/
        eat(x,y);                     /*在前方生成新节点*/
        if(n>NUM-1)                   /*判断胜利条件*/
            over(1);                  /*结束游戏*/
        }
    }
}


int GetCommand()                      /*获取方向*/
{
    int c=0;                          /*初始化方向变量*/
    if(GetAsyncKeyState(VK_RIGHT) & 0x8000)   c = 1;    /*右转为 1*/
    if(GetAsyncKeyState(VK_LEFT) & 0x8000)    c = 3;    /*左转为 3*/
    if(GetAsyncKeyState(VK_UP) & 0x8000)  c = 4;        /*按上为 4 快进*/
    if(GetAsyncKeyState(VK_DOWN) & 0x8000)    system("pause");/*按下则暂停*/
    return c;
}
void eat(int x,int y)                 /*增加新节点*/
{
    struct pos*a=(pos*)malloc(sizeof(pos)),*p=head;     /*声明指针变量*/
    while(p->next!=NULL)              /*寻找链表尾节点*/
        p=p->next;
    a->x=x;                           /*把数据储存到节点*/
    a->y=y;
    p->next=a;                        /*指针 a 接到尾节点后*/
    a->next=NULL;                     /*结尾*/
    setcolor(getbkcolor());           /*取消圆的边缘*/
    setfillcolor(RED);                /*设置填充颜色*/
    fillcircle(p->x,p->y,NUM_R);      /*绘制新节点*/
    setfillcolor(YELLOW);             /*设置填充颜色*/
    fillcircle(x,y,NUM_R);            /*绘制新节点*/
}
void clear()                          /*清除尾节点*/
{
    setcolor(getbkcolor());           /*取消圆的边缘*/
    setfillcolor(getbkcolor());       /*设置填充颜色*/
```

```
        fillcircle(head->next->x,head->next->y,NUM_R);      /*擦除节点*/
        head->next=head->next->next;              /*删除节点数据*/
}
void set()                                   /*产生食物和胜利判断*/
{
        flush();
        int x,y;                                 /*声明变量*/
        do
        {
            x=rand()%NUM_X*NUM_R*2+NUM_R;
            y=rand()%NUM_Y*NUM_R*2+NUM_R;
        } while (getpixel(x,y)==RED);           /*随机产生食物在非蛇的位置*/
        setcolor(getbkcolor());
        setfillcolor(GREEN);                     /*设置填充颜色*/
        fillcircle(x,y,NUM_R);                   /*产生食物*/
}
void flush()
{
        n++;                                     /*节点计数累加*/
        char strnum[20],string[10]="进度:";
        itoa(n,strnum,10);                       /*转换*/
        strcat(string,strnum);                   /*链接*/
        strcpy(strnum,"/");                      /*赋值*/
        strcat(string,strnum);                   /*链接*/
        itoa(NUM,strnum,10);
        strcat(string,strnum);
        setcolor(WHITE);
        settextstyle(32,0,_T("宋体"));          /*设置字体类型*/
        outtextxy(20,2*NUM_R*NUM_Y+2,"            ");
        outtextxy(20,2*NUM_R*NUM_Y+2,string);
}
void over(bool a)                            /*结束游戏*/
{
        setcolor(WHITE);                         /*设置字体颜色*/
        settextstyle(48,0,_T("宋体"));          /*设置字体类型*/
        if(a)                                    /*判断条件*/
        outtextxy(NUM_X*NUM_R-20,NUM_Y*NUM_R-20,"胜利");   /*输出结果*/
        else
        outtextxy(NUM_X*NUM_R-20,NUM_Y*NUM_R-20,"失败");   /*输出结果*/
```

```
        Sleep(2000);
        system("pause");
        exit(0);
    }
```
程序运行结果如图 11-33 所示。

图 11-33　综合实训三运行结果

综合实训四　俄罗斯方块

```
#include <easyx.h>
#include <conio.h>
#include <time.h>
/*定义常量、枚举量、结构体、全局变量*/
#define   WIDTH   10          /*游戏区宽度*/
#define   HEIGHT  22          /*游戏区高度*/
#define   UNIT    20          /*每个游戏区单位的实际像素*/
enum CMD                      /*定义操作类型*/
{
    CMD_ROTATE,               /*方块旋转*/
    CMD_LEFT, CMD_RIGHT, CMD_DOWN,     /*方块左、右、下移动*/
    CMD_SINK,                 /*方块沉底*/
    CMD_QUIT                  /*退出游戏*/
};
enum DRAW                     /*定义绘制方块的方法*/
{
    SHOW,                     /*显示方块*/
    CLEAR,                    /*擦除方块*/
    FIX                       /*固定方块*/
```

```cpp
};
/*定义七种俄罗斯方块*/
struct BLOCK
{
    WORD dir[4];                /*方块的四个旋转状态*/
    COLORREF color;             /*方块的颜色*/
}   g_Blocks[7] = {    {0x0F00, 0x4444, 0x0F00, 0x4444, RED},        /*I*/
                       {0x0660, 0x0660, 0x0660, 0x0660, BLUE},       /*口*/
                       {0x4460, 0x02E0, 0x0622, 0x0740, MAGENTA},    /*L*/
                       {0x2260, 0x0E20, 0x0644, 0x0470, YELLOW},     /*反L*/
                       {0x0C60, 0x2640, 0x0C60, 0x2640, CYAN},       /*Z*/
                       {0x0360, 0x4620, 0x0360, 0x4620, GREEN},      /*反Z*/
                       {0x4E00, 0x4C40, 0x0E40, 0x4640, BROWN}};     /*T*/
/*定义当前方块、下一个方块的信息*/
struct BLOCKINFO
{
    byte id;                    /*方块 ID*/
    char x, y;                  /*方块在游戏区中的坐标*/
    byte dir:2;                 /*方向*/
}   g_CurBlock, g_NextBlock;


/*定义游戏区*/
BYTE g_World[WIDTH][HEIGHT] = {0};
/*函数声明*/
void Init();                            /*初始化游戏*/
void Quit();                            /*退出游戏*/
void NewGame();                         /*开始新游戏*/
void GameOver();                        /*结束游戏*/
CMD   GetCmd();                         /*获取控制命令*/
void DispatchCmd(CMD _cmd);             /*分发控制命令*/
void NewBlock();                        /*生成新的方块*/
bool CheckBlock(BLOCKINFO _block);      /*检测指定方块是否可以放下*/
void DrawUnit(int x, int y, COLORREF c, DRAW _draw);      /*画单元方块*/
void DrawBlock(BLOCKINFO _block, DRAW _draw = SHOW);      /*画方块*/
void OnRotate();                        /*旋转方块*/
void OnLeft();                          /*左移方块*/
void OnRight();                         /*右移方块*/
void OnDown();                          /*下移方块*/
void OnSink();                          /*沉底方块*/
```

```
/*函数定义*/
void main()                                           /*主函数*/
{
    Init();
    CMD c;
    while(true)
    {
        c = GetCmd();
        DispatchCmd(c);
        if (c == CMD_QUIT)          /*按退出时，显示对话框咨询用户是否退出*/
        {
            HWND wnd = GetHWnd();
            if (MessageBox(wnd, _T("您要退出游戏吗？"), _T("提醒"), MB_
                OKCANCEL | MB_ICONQUESTION) == IDOK)
                Quit();
        }
    }
}
void Init()                         /*初始化游戏*/
{
    initgraph(640, 480);
    srand((unsigned)time(NULL));
    setbkmode(TRANSPARENT);      /*设置图案填充的背景色为透明*/
    /*显示操作说明*/
    settextstyle(14, 0, _T("宋体"));
    outtextxy(20, 330, _T("操作说明"));
    outtextxy(20, 350, _T("上：旋转"));
    outtextxy(20, 370, _T("左：左移"));
    outtextxy(20, 390, _T("右：右移"));
    outtextxy(20, 410, _T("下：下移"));
    outtextxy(20, 430, _T("空格：沉底"));
    outtextxy(20, 450, _T("ESC：退出"));

    setorigin(220, 20);                  /*设置坐标原点*/
    rectangle(-1, -1, WIDTH * UNIT, HEIGHT * UNIT);    /*绘制游戏区边界*/
    rectangle((WIDTH + 1) * UNIT - 1, -1, (WIDTH + 5) * UNIT, 4 * UNIT);
        NewGame();                       /*开始新游戏*/
}
void Quit()                         /*退出游戏*/
```

```
    {
        closegraph();
        exit(0);
    }
    void NewGame()                           /*开始新游戏*/
    {
        /*清空游戏区*/
        setfillcolor(BLACK);
        solidrectangle(0, 0, WIDTH * UNIT - 1, HEIGHT * UNIT - 1);
        ZeroMemory(g_World, WIDTH * HEIGHT);
        /*生成下一个方块*/
        g_NextBlock.id = rand() % 7;
        g_NextBlock.dir = rand() % 4;
        g_NextBlock.x = WIDTH + 1;
        g_NextBlock.y = HEIGHT - 1;
        /*获取新方块*/
        NewBlock();
    }
    void GameOver()                          /*结束游戏*/
    {
        HWND wnd = GetHWnd();
        if (MessageBox(wnd, _T("游戏结束。\n 您想重新来一局吗？"), _T("游戏结束"),
            MB_YESNO | MB_ICONQUESTION) == IDYES)
            NewGame();
        else
            Quit();
    }
    DWORD m_oldtime;                         /*获取控制命令*/
    CMD GetCmd()
    {
        while(true)                          /*获取控制值*/
        {
            /*如果超时，自动下落一格*/
            DWORD newtime = GetTickCount();
            if (newtime - m_oldtime >= 500)
            {
                m_oldtime = newtime;
                return CMD_DOWN;
            }
```

```c
        if (kbhit())                    /*如果有按键，返回按键对应的功能*/
        {
            switch(getch())
            {
                case 'w':
                case 'W': return CMD_ROTATE;
                case 'a':
                case 'A': return CMD_LEFT;
                case 'd':
                case 'D': return CMD_RIGHT;
                case 's':
                case 'S': return CMD_DOWN;
                case 27: return CMD_QUIT;
                case ' ':   return CMD_SINK;
                case 0:
                case 0xE0:
                    switch(getch())
                    {
                        case 72:  return CMD_ROTATE;
                        case 75:  return CMD_LEFT;
                        case 77:  return CMD_RIGHT;
                        case 80:  return CMD_DOWN;
                    }
            }
        }
        Sleep(20);                       /*延时(降低 CPU 占用率) */
    }
}
void DispatchCmd(CMD _cmd)              /*分发控制命令*/
{
    switch(_cmd)
    {
        case CMD_ROTATE:     OnRotate();    break;
        case CMD_LEFT:       OnLeft();      break;
        case CMD_RIGHT:      OnRight();     break;
        case CMD_DOWN:       OnDown();      break;
        case CMD_SINK:       OnSink();      break;
        case CMD_QUIT:       break;
    }
```

```
    }
void NewBlock()                        /*生成新的方块*/
{
    g_CurBlock.id = g_NextBlock.id,  g_NextBlock.id = rand() % 7;
    g_CurBlock.dir = g_NextBlock.dir,g_NextBlock.dir = rand() % 4;
    g_CurBlock.x = (WIDTH - 4) / 2;
    g_CurBlock.y = HEIGHT + 2;
    /*下移新方块直到有局部显示*/
    WORD c = g_Blocks[g_CurBlock.id].dir[g_CurBlock.dir];
    while((c & 0xF) == 0)
    {
        g_CurBlock.y--;
        c >>= 4;
    }
    DrawBlock(g_CurBlock);            /*绘制新方块*/
    setfillcolor(BLACK);             /*绘制下一个方块*/
    solidrectangle((WIDTH + 1) * UNIT, 0, (WIDTH + 5) * UNIT - 1, 4 * UNIT - 1);
    DrawBlock(g_NextBlock);
    m_oldtime = GetTickCount();       /*设置计时器，用于判断自动下落*/
}
/*画单元方块*/
void DrawUnit(int x, int y, COLORREF c, DRAW _draw)
{
    /*计算单元方块对应的屏幕坐标*/
    int left = x * UNIT;
    int top = (HEIGHT - y - 1) * UNIT;
    int right = (x + 1) * UNIT - 1;
    int bottom = (HEIGHT - y) * UNIT - 1;
    switch(_draw)                    /*画单元方块*/
    {
        case SHOW:                   /*画普通方块*/
            setlinecolor(0x006060);
            roundrect(left + 1, top + 1, right - 1, bottom - 1, 5, 5);
            setlinecolor(0x003030);
            roundrect(left, top, right, bottom, 8, 8);
            setfillcolor(c);
            setlinecolor(LIGHTGRAY);
            fillrectangle(left + 2, top + 2, right - 2, bottom - 2);
            break;
```

```
            case FIX:                /*画固定的方块*/
                setfillcolor(RGB(GetRValue(c) * 2 / 3, GetGValue(c) * 2 / 3,
                    GetBValue(c) * 2 / 3));
                setlinecolor(DARKGRAY);
                fillrectangle(left + 1, top + 1, right - 1, bottom - 1);
                break;
            case CLEAR:               /*擦除方块*/
                setfillcolor(BLACK);
                solidrectangle(x * UNIT, (HEIGHT - y - 1) * UNIT, (x + 1) * UNIT - 1,
                    (HEIGHT - y) * UNIT - 1);
                break;
        }
}
void DrawBlock(BLOCKINFO _block, DRAW _draw)        /*画方块*/
{
    WORD b = g_Blocks[_block.id].dir[_block.dir];
    int x, y;
    for(int i = 0; i < 16; i++, b <<= 1)
        if (b & 0x8000)
        {
            x = _block.x + i % 4;
            y = _block.y - i / 4;
            if (y < HEIGHT)
                DrawUnit(x, y, g_Blocks[_block.id].color, _draw);
        }
}
bool CheckBlock(BLOCKINFO _block)      /*检测指定方块是否可以放下*/
{
    WORD b = g_Blocks[_block.id].dir[_block.dir];
    int x, y;
    for(int i = 0; i < 16; i++, b <<= 1)
        if (b & 0x8000)
        {
            x = _block.x + i % 4;
            y = _block.y - i / 4;
            if ((x < 0) || (x >= WIDTH) || (y < 0))
                return false;
            if ((y < HEIGHT) && (g_World[x][y]))
                return false;
```

```
            }
        return true;
    }
    void OnRotate()                      /*旋转方块*/
    {
        /*获取可以旋转的 x 偏移量*/
        int dx;
        BLOCKINFO tmp = g_CurBlock;
        tmp.dir++;                       if (CheckBlock(tmp)){dx = 0;      goto rotate;}
        tmp.x = g_CurBlock.x - 1;   if (CheckBlock(tmp)){dx = -1;    goto rotate;}
        tmp.x = g_CurBlock.x + 1;   if (CheckBlock(tmp)){dx = 1;     goto rotate;}
        tmp.x = g_CurBlock.x - 2;   if (CheckBlock(tmp)){dx = -2;    goto rotate;}
        tmp.x = g_CurBlock.x + 2;   if (CheckBlock(tmp)){dx = 2;     goto rotate;}
        return;
rotate:                              /*旋转*/
        DrawBlock(g_CurBlock, CLEAR);
        g_CurBlock.dir++;
        g_CurBlock.x += dx;
        DrawBlock(g_CurBlock);
    }
    void OnLeft()                        /*左移方块*/
    {
        BLOCKINFO tmp = g_CurBlock;
        tmp.x--;
        if (CheckBlock(tmp))
        {
            DrawBlock(g_CurBlock, CLEAR);
            g_CurBlock.x--;
            DrawBlock(g_CurBlock);
        }
    }
    void OnRight()                       /*右移方块*/
    {
        BLOCKINFO tmp = g_CurBlock;
        tmp.x++;
        if (CheckBlock(tmp))
        {
            DrawBlock(g_CurBlock, CLEAR);
            g_CurBlock.x++;
```

```
            DrawBlock(g_CurBlock);
        }
    }
    void OnDown()                    /*下移方块*/
    {
        BLOCKINFO tmp = g_CurBlock;
        tmp.y--;
        if (CheckBlock(tmp))
        {
            DrawBlock(g_CurBlock, CLEAR);
            g_CurBlock.y--;
            DrawBlock(g_CurBlock);
        }
        else
            OnSink();                /*不可下移时，执行"沉底方块"操作*/
    }
    void OnSink()                    /*沉底方块*/
    {
        int i, x, y;
        DrawBlock(g_CurBlock, CLEAR);      /*连续下移方块*/
        BLOCKINFO tmp = g_CurBlock;
        tmp.y--;
        while (CheckBlock(tmp))
        {
            g_CurBlock.y--;
            tmp.y--;
        }
        DrawBlock(g_CurBlock, FIX);
        /*固定方块在游戏区*/
        WORD b = g_Blocks[g_CurBlock.id].dir[g_CurBlock.dir];
        for(i = 0; i < 16; i++, b <<= 1)
            if (b & 0x8000)
            {
                if (g_CurBlock.y - i / 4 >= HEIGHT)
                {   /*如果方块的固定位置超出高度，结束游戏*/
                    GameOver();
                    return;
                }
                else
```

```
                g_World[g_CurBlock.x + i % 4][g_CurBlock.y - i / 4] = 1;
        }
/*检查是否需要消掉行，并标记*/
BYTE remove = 0;          /*低 4 位用来标记方块涉及的 4 行是否有消除行为*/
for(y = g_CurBlock.y; y >= max(g_CurBlock.y - 3, 0); y--)
{
        i = 0;
        for(x = 0; x < WIDTH; x++)
            if (g_World[x][y] == 1)
                    i++;
        if (i == WIDTH)
        {
            remove |= (1 << (g_CurBlock.y - y));
            setfillcolor(LIGHTGREEN);
            setlinecolor(LIGHTGREEN);
            setfillstyle(BS_HATCHED, HS_DIAGCROSS);
            fillrectangle(0, (HEIGHT - y - 1) * UNIT + UNIT / 2 - 5, WIDTH *
                UNIT - 1, (HEIGHT - y - 1) * UNIT + UNIT / 2 + 5);
            setfillstyle(BS_SOLID);
        }
}
if (remove)                          /*如果产生整行消除*/
{
        Sleep(300);                  /*延时 300 毫秒*/
        IMAGE img;                   /*擦掉刚才标记的行*/
        for(i = 0; i < 4; i++, remove >>= 1)
        {
            if (remove & 1)
            {
                for(y = g_CurBlock.y - i + 1; y < HEIGHT; y++)
                    for(x = 0; x < WIDTH; x++)
                    {
                        g_World[x][y - 1] = g_World[x][y];
                        g_World[x][y] = 0;
                    }
                getimage(&img, 0, 0, WIDTH * UNIT, (HEIGHT - (g_CurBlock.y -
                        i + 1)) * UNIT);
                putimage(0, UNIT, &img);
            }
```

```
        }
    }
    NewBlock();                    /*产生新方块*/
}
```
程序运行结果如图 11-34 所示。

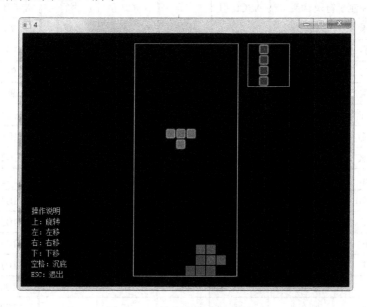

图 11-34　综合实训四运行结果

# 附录 1 常用字符与 ASCII 代码对照表

| ASCII 值 | 控制字符及含义 | | ASCII 值 | 字符 | ASCII 值 | 字符 | ASCII 值 | 字符 |
|---|---|---|---|---|---|---|---|---|
| 0 | NUL | 空 | 32 | 空格 | 64 | @ | 96 | ' |
| 1 | SOH | 标题开始 | 33 | ! | 65 | A | 97 | a |
| 2 | STX | 正文开始 | 34 | " | 66 | B | 98 | b |
| 3 | ETX | 正文结束 | 35 | # | 67 | C | 99 | c |
| 4 | EOT | 传输结束 | 36 | $ | 68 | D | 100 | d |
| 5 | ENQ | 询问 | 37 | % | 69 | E | 101 | e |
| 6 | ACK | 响应 | 38 | & | 70 | F | 102 | f |
| 7 | BEL | 响铃 | 39 | ' | 71 | G | 103 | g |
| 8 | BS | 退格 | 40 | ( | 72 | H | 104 | h |
| 9 | HT | 横向制表 | 41 | ) | 73 | I | 105 | i |
| 10 | LF | 换行 | 42 | * | 74 | J | 106 | j |
| 11 | VT | 纵向制表 | 43 | + | 75 | K | 107 | k |
| 12 | FF | 换页 | 44 | , | 76 | L | 108 | l |
| 13 | CR | 回车 | 45 | - | 77 | M | 109 | m |
| 14 | SO | 移出 | 46 | . | 78 | N | 110 | n |
| 15 | SI | 移入 | 47 | / | 79 | O | 111 | o |
| 16 | DLE | 数据链转义 | 48 | 0 | 80 | P | 112 | p |
| 17 | DC1 | 设备控制 1 | 49 | 1 | 81 | Q | 113 | q |
| 18 | DC2 | 设备控制 2 | 50 | 2 | 82 | R | 114 | r |
| 19 | DC3 | 设备控制 3 | 51 | 3 | 83 | S | 115 | s |
| 20 | DC4 | 设备控制 4 | 52 | 4 | 84 | T | 116 | t |
| 21 | NAK | 否认 | 53 | 5 | 85 | U | 117 | u |
| 22 | SYN | 同步空转 | 54 | 6 | 86 | V | 118 | v |
| 23 | ETB | 组传输结束 | 55 | 7 | 87 | W | 119 | w |
| 24 | CAN | 作废 | 56 | 8 | 88 | X | 120 | x |
| 25 | EM | 媒体结束 | 57 | 9 | 89 | Y | 121 | y |
| 26 | SUM | 取代 | 58 | : | 90 | Z | 122 | z |
| 27 | ESC | 转义 | 59 | ; | 91 | [ | 123 | { |
| 28 | FS | 文卷分隔 | 60 | < | 92 | \ | 124 | \| |
| 29 | GS | 群分隔 | 61 | = | 93 | ] | 125 | } |
| 30 | RS | 记录分隔 | 62 | > | 94 | ^ | 126 | ~ |
| 31 | US | 单元分隔 | 63 | ? | 95 | _ | 127 | DEL |

# 附录2　C语言运算符的优先级和结合性

| 优先级 | 运 算 符 | 含 义 | 运算符类型 | 结合方向 |
|---|---|---|---|---|
| 1 | () | 圆括号 | 单目 | 自左至右 |
| | [] | 下标运算符 | | |
| | -> | 指向结构体成员运算符 | | |
| | . | 结构体成员访问运算符 | | |
| 2 | ! | 逻辑非运算符 | 单目 | 自右至左 |
| | ~ | 按位取反运算符 | | |
| | ++ | 自增运算符 | | |
| | -- | 自减运算符 | | |
| | - | 负号运算符 | | |
| | (类型) | 类型转换运算符 | | |
| | * | 指针运算符 | | |
| | & | 地址运算符 | | |
| | sizeof | 长度运算符 | | |
| 3 | * | 乘法运算符 | 双目 | 自左至右 |
| | / | 除法运算符 | | |
| | % | 求余运算符 | | |
| 4 | + | 加法运算符 | 双目 | 自左至右 |
| | - | 减法运算符 | | |
| 5 | << | 左移运算符 | 双目 | 自左至右 |
| | >> | 右移运算符 | | |
| 6 | <、<=、>、>= | 关系运算符 | 双目 | 自左至右 |
| 7 | == | 等于运算符 | 双目 | 自左至右 |
| | != | 不等于运算符 | | |
| 8 | & | 按位与运算符 | 双目 | 自左至右 |
| 9 | ^ | 按位异或运算符 | 双目 | 自左至右 |
| 10 | \| | 按位或运算符 | 双目 | 自左至右 |
| 11 | && | 逻辑与运算符 | 双目 | 自左至右 |
| 12 | \|\| | 逻辑或运算符 | 双目 | 自左至右 |
| 13 | ?: | 条件运算符 | 三目 | 自右至左 |
| 14 | =、+=、-=、*=、/=、%=、>>=、<<=、&=、^=、\|= | 赋值运算符 | 双目 | 自右至左 |
| 15 | , | 逗号运算符 | | 自左至右 |

# 附录 3　Turbo C 常用库函数

　　本附录列出了一些 Turbo C 常用的库函数。如果需要更多的库函数可以查阅《C 库函数集》，也可以到互联网上下载 "C 库函数查询器" 软件进行查询。

## 一、输入/输出函数

　　使用下列库函数要求在源文件中包含头文件 "stdio.h"。

| 函数名 | 函数与形参类型 | 功　　能 | 说明 |
|---|---|---|---|
| clearerr | void clearerr(FILE *fp); | 清除文件指针错误 | |
| close | int close(FILE *fp); | 关闭文件指针 fp 指向的文件。若成功，则返回 0，不成功，返回−1 | 非 ANSI 标准 |
| creat | int creat(char filename,int mode); | 以 mode 所指定的方式建立文件。若成功，则返回正数，否则返回−1 | 非 ANSI 标准 |
| eof | int eof(int fd); | 检查文件是否结束。若遇文件结束，则返回 1，否则返回 0 | 非 ANSI 标准 |
| fclose | int fclose(FILE *fp); | 关闭文件指针 fp 所指向的文件，释放缓冲区。若有错误，则返回非 0，否则返回 0 | |
| feof | int feof(FILE *fp); | 检查文件是否结束。若遇文件结束符，则返回非零值，否则返回 0 | |
| fgetc | int fgetc(FILE *fp); | 从 fp 所指定的文件中取得下一个字符。若成功返回所得到的字符。若读入出错，则返回 EOF | |
| fgets | char *fgets(char *buf,int n,FILE *fp); | 从 fp 指向的文件中读取一个长度为(n−1)的字符串，存入起始地址为 buf 的空间。若成功返回地址 buf，若遇文件结束或出错，则返回 NULL | |
| fopen | FILE *fopen(char *filename,char *mode); | 以 mode 指定的方式打开名为 filename 的文件。成功时返回一个文件指针，否则返回 NULL | |
| fprintf | int fprintf(FILE *fp,char *format,args,…); | 把 args 的值以 format 指定的格式输出到 fp 指向的文件中 | |
| fputc | int fputc(char ch,FILE *fp); | 将字符 ch 输出到 fp 指向的文件中。若成功，则返回该字符，否则返回 EOF | |

| 函数名 | 函数与形参类型 | 功　能 | 说明 |
|---|---|---|---|
| fputs | int fputs(char *str,FILE *fp); | 将 str 指向的字符串输出到 fp 指向的文件中。若成功，则返回 0，否则返回非 0 | |
| fread | int fread(char *pt,unsigned size, unsigned n,FILE *fp); | 从 fp 指向的文件中读取长度为 size 的 n 个数据项，存到 pt 指向的内存区。若成功，则返回所读的数据项个数，否则返回 0 | |
| fscanf | int fscanf(FILE *fp,char format, args, …); | 从 fp 指向的文件中按 format 给定的格式将输入数据送到 args 所指向的内存单元 | |
| fseek | int fseek(FILE *fp,long offset, int base); | 将 fp 指向的文件的位置指针移到以 base 所指出的位置为基准、以 offset 为位移量的位置。若成功，则返回当前位置，否则返回-1 | |
| ftell | long ftell(FILE *fp); | 返回 fp 所指向的文件中的当前读写位置 | |
| fwrite | int fwrite(char *ptr,unsigned size, unsigned n, FILE *fp); | 将 ptr 所指向的 n*size 个字节输出到 fp 所指向的文件中。返回写到 fp 文件中的数据项个数 | |
| getc | int getc(FILE *fp); | 从 fp 所指向的文件中读入一个字符。若成功返回所读的字符，若文件结束或出错，则返回 EOF | |
| getchar | int getchar(void); | 从标准输入设备读取下一个字符。若成功返回所读字符，若文件结束或出错，则返回-1 | |
| gets | char *gets(char *str); | 从标准输入设备读取字符串,存放由 str 指向的字符数组中。返回字符数组起始地址 | |
| getw | int getw(FILE *fp); | 从 fp 指向的文件读取下一个字(整数)。若成功返回输入的整数，若遇文件结束或出错，则返回-1 | 非 ANSI 标准函数 |
| open | int open(char *filename,int mode); | 以 mode 指出的方式打开已存在的名为 filename 的文件。若成功返回文件号(正数)，若打开失败，则返回-1 | 非 ANSI 标准函数 |

| 函数名 | 函数与形参类型 | 功　　能 | 说明 |
|---|---|---|---|
| printf | int printf(char *format,args,…); | 按 format 指向的格式字符串所规定的格式，将输出表列 args 的值输出到标准输出设备。若成功返回输出字符的个数，若出错，则返回负数 | format 是一个字符串或字符数组的起始地址 |
| putc | int putc(int ch,FILE *fp); | 将一个字符 ch 输出到 fp 所指的文件中。若成功返回输出的字符 ch，若出错，则返回 EOF | |
| putchar | int putchar(char ch); | 将字符 ch 输出到标准输出设备。若成功返回输出的字符 ch，若出错，则返回 EOF | |
| puts | int puts(char *str); | 把 str 指向的字符串输出到标准输出设备，将 '\0' 转换为回车换行。若成功返回换行符，失败返回 EOF | |
| putw | int putw(int w,FILE *fp); | 将一个整数 w(即一个字)写入 fp 指向的文件中。若成功返回输出的整数，若出错，则返回 EOF | 非 ANSI 标准函数 |
| read | int read(int fd,char *buf,unsigned count); | 从文件号 fd 所指示的文件中读 count 个字节到由 buf 指示的缓冲区中。返回真正读入的字节个数。若遇文件结束，则返回 0，出错则返回−1 | 非 ANSI 标准函数 |
| rename | int rename(char *oldname,char *newname); | 把由 oldname 所指的文件名改为由 newname 所指的文件名。成功时返回 0，出错则返回−1 | |
| rewind | void rewind(FILE *fp); | 将 fp 指向的文件中的位置指针移到文件开头位置，并清除文件结束标志和错误标志 | |
| scanf | int scanf(char *format,args,…); | 从标准输入设备按 format 指向的格式字符串规定的格式，输入数据给 args 所指向的单元。成功时返回赋给 args 的数据个数，出错时返回 0 | args 为指针 |
| write | int write(int fd,char *buf,unsigned count); | 从 buf 指示的缓冲区输出 count 个字符到 fd 所标志的文件中。若成功返回实际输出的字节数，若出错则返回−1 | 非 ANSI 标准函数 |

## 二、数学函数

使用下列库函数要求在源文件中包含头文件"math.h"。

| 函数名 | 函数与形参类型 | 功　　能 | 说　明 |
|---|---|---|---|
| abs | int abs(int x); | 计算并返回整数 x 的绝对值 | |
| acos | double acos(double x); | 计算并返回 arccos(x)的值 | 要求 x 在 1 和–1 之间 |
| asin | double asin(double x); | 计算并返回 arcsin(x)的值 | 要求 x 在 1 和–1 之间 |
| atan | double atan(double x); | 计算并返回 arctan(x)的值 | |
| atan2 | double atan2(double x,double y); | 计算并返回 arctan(x/y)的值 | |
| atof | double atof(char *nptr); | 将字符串转化为浮点数 | |
| atoi | int atoi(char *nptr); | 将字符串转化为整数 | |
| atol | long atoi(char *nptr); | 将字符串转化为长整型数 | |
| cos | double cos(double x); | 计算 cos(x)的值 | x 为单位弧度 |
| cosh | double cosh(double x); | 计算双曲余弦 cosh(x)的值 | |
| exp | double exp(double x); | 计算 $e^x$ 的值 | |
| fabs | double fabs(double x); | 计算 x 的绝对值 | x 为双精度数 |
| floor | double floor(double x); | 求不大于 x 的最大双精度整数 | |
| fmod | double fmod(double x,double y); | 计算 x/y 后的余数 | |
| frexp | double frexp(double val,double *eptr); | 将 val 分解为尾数 x 和以 2 为底的指数 n，即 val=x*2$^n$，n 存放到 eptr 所指向的变量中 | 返回尾数 x，x 在 0.5 与 1 之间 |
| labs | long labs(long x); | 计算并返回长整型数 x 的绝对值 | |
| log | double log(double x); | 计算并返回自然对数值 ln(x) | x>0 |
| log10 | double log10(double x); | 计算并返回常用对数值 lg(x) | x>0 |
| modf | double modf(double val,double *iptr); | 将双精度数分解为整数部分和小数部分。小数部分作为函数值返回；整数部分存放在 iptr 指向的双精度型变量中 | |
| pow | double pow(double x,double y); | 计算并返回 $x^y$ 的值 | |
| pow10 | double pow10(int x); | 计算并返回 $10^x$ 的值 | |
| rand | int rand(void); | 产生–90～32 767 间的随机整数 | rand()%100 就是返回 100 以内的整数 |
| random | int random(int x); | 在 0～x 范围内随机产生一个整数 | 使用前必须用 randomize 函数 |

| 函数名 | 函数与形参类型 | 功　能 | 说　明 |
|---|---|---|---|
| randomize | void randomize(void); | 初始化随机数发生器 | |
| sin | double sin(double x); | 计算并返回正弦函数 sin(x) 的值 | x 为单位弧度 |
| sinh | double sinh(double x); | 计算并返回双曲正弦函数 sinh(x)的值 | |
| sqrt | double sqrt(double x); | 计算并返回 x 的平方根 | x 要大于等于 0 |
| tan | double tan(double x); | 计算并返回正切值 tan(x) | x 为单位弧度 |
| tanh | double tanh(double x); | 计算并返回双正切值 tanh(x) | |

### 三、字符判别和转换函数

使用下列库函数要求在源文件中包含头文件"ctype.h"。

| 函数名 | 函数与形参类型 | 功　能 | 说　明 |
|---|---|---|---|
| isalnum | int isalnum(int ch); | 检查 ch 是否为字母或数字 | 是，返回 1，否则返回 0 |
| isalpha | int isalpha(int ch); | 检查 ch 是否为字母 | 是，返回 1，否则返回 0 |
| isascii | int isascii(int ch); | 检查 ch 是否为 ASCII 字符 | 是，返回 1，否则返回 0 |
| iscntrl | int iscntrl(int ch); | 检查 ch 是否为控制字符 | 是，返回 1，否则返回 0 |
| isdigit | int isdigit(int ch); | 检查 ch 是否为数字 | 是，返回 1，否则返回 0 |
| isgraph | int isgraph(int ch); | 检查 ch 是否为可打印字符，即不包括控制字符和空格 | 是，返回 1，否则返回 0 |
| islower | int islower(int ch); | 检查 ch 是否为小写字母 | 是，返回 1，否则返回 0 |
| isprint | int isprint(int ch); | 检查 ch 是否为可打印字符(含空格) | 是，返回 1，否则返回 0 |
| ispunch | int ispunch(int ch); | 检查 ch 是否为标点符号 | 是，返回 1，否则返回 0 |
| isspace | int isspace(int ch); | 检查 ch 是否为空格水平制表符('\t')、回车符('\r')、走纸换行符('\f')、垂直制表符('\v')、换行符('\n') | 是，返回 1，否则返回 0 |
| isupper | int isupper(int ch); | 检查 ch 是否为大写字母 | 是，返回 1，否则返回 0 |
| isxdigit | int isxdigit(int ch); | 检查 ch 是否为十六进制数字 | 是，返回 1，否则返回 0 |
| tolower | int tolower(int ch); | 将 ch 中的字母转换为小写字母 | 返回小写字母 |
| toupper | int toupper(int ch); | 将 ch 中的字母转换为大写字母 | 返回大写字母 |
| atof | double atof(const char *nptr); | 将字符串转换成浮点数 | 返回浮点数(double 型) |
| atoi | int atoi(const char *nptr) | 将字符串转换成整型数 | 返回整数 |
| atol | long atol(const char *nptr); | 将字符串转换成长整型数 | 返回长整型数 |

## 四、字符串函数

使用下列库函数要求在源文件中包含头文件"string.h"。

| 函数名 | 函数与形参类型 | 功　能 | 说　明 |
|---|---|---|---|
| strcat | char *strcat(char *str1,const char *str2); | 将字符串 str2 连接到 str1 后面 | 返回 str1 的地址 |
| strchr | char *strchr(const char *str,int ch); | 找出 ch 字符在字符串 str 中第一次出现的位置 | 返回 ch 的地址,若找不到返回 NULL |
| strcmp | int strcmp(const char *str1,const char *str2); | 比较字符串 str1 和 str2 | str1<str2,返回负数<br>str1=str2,返回 0<br>str1>str2,返回正数 |
| strcpy | char *strcpy(char *str1,const char *str2); | 将字符串 str2 复制到 str1 中 | 返回 str1 的地址 |
| strlen | int strlen(const char *str); | 求字符串 str 的长度 | 返回 str1 包含的字符数(不含'\0') |
| strlwr | char *strlwr(char *str); | 将字符串 str 中的字母转换为小写字母 | 返回 str 的地址 |
| strncat | char *strncat(char *str1,const char *str2,size_t count); | 将字符串 str2 中的前 count 个字符连接到 str1 后面 | 返回 str1 的地址 |
| strncpy | char *strncpy(char *dest,const char *source,size_t count); | 将字符串 str2 中的前 count 个字符复制到 str1 中 | 返回 str1 的地址 |
| strstr | char *strstr(const char *str1,const char *str2); | 找出字符串 str2 的字符串 str 中第一次出现的位置 | 返回 str2 的地址,找不到返回 NULL |
| strupr | char *strupr(char *str); | 将字符串 str 中的字母转换为大写字母 | 返回 str 的地址 |

## 五、动态分配存储空间函数

使用下列库函数要求在源文件中包含头文件"stdlib.h"。

| 函数名 | 函数与形参类型 | 功　能 | 说　明 |
|---|---|---|---|
| calloc | void *calloc(size_t num, size_t size); | 为 num 个数据项分配内存,每个数据项大小为 size 个字节 | 返回分配的内存空间起始地址,分配不成功返回 0 |
| free | void *free(void *ptr); | 释放 ptr 指向的内存单元 | |
| malloc | void *malloc(size_t size); | 分配 size 个字节的内存 | 返回分配的内存空间起始地址,分配不成功返回 0 |

| 函数名 | 函数与形参类型 | 功　能 | 说　明 |
|---|---|---|---|
| realloc | void *realloc(void ptr,size_t newsize); | 将 ptr 指向的内存空间改为 newsize 字节 | 返回新分配的内存空间起始地址，分配不成功返回 0 |
| ecvt | char ecvt(double value,int ndigit,int *decpt,int *sign); | 将一个浮点数转换为字符串 | |
| fcvt | char *fcvt(double value,int ndigit,int *decpt,int *sign); | 将一个浮点数转换为字符串 | |
| gcvt | char *gcvt(double value,int ndigit,char *buf); | 将浮点数转换成字符串 | |
| itoa | char *itoa(int value,char *string,int radix); | 将一整型数转换为字符串 | |
| strtod | double strtod(char *str,char **endptr); | 将字符串转换为 double 型 | |
| strtol | long strtol(char *str,char **endptr,int base); | 将字符串转换为长整型数 | |
| ultoa | char *ultoa(unsigned long value,char *string,int radix); | 将无符号长整型数转换为字符串 | |

# 附录 4 Easy X 函数说明

## 1. 图形绘制相关函数

| 函数或数据 | 功 能 描 述 | 函数或数据 | 功 能 描 述 |
|---|---|---|---|
| arc | 画椭圆弧 | getx | 获取当前 x 坐标 |
| circle | 画圆 | gety | 获取当前 y 坐标 |
| clearcircle | 清空圆形区域 | line | 画直线 |
| clearellipse | 清空椭圆区域 | linerel | 画直线 |
| clearpie | 清空椭圆扇形区域 | lineto | 画直线 |
| clearpolygon | 清空多边形区域 | moverel | 移动当前点 |
| clearrectangle | 清空矩形区域 | moveto | 移动当前点 |
| clearroundrect | 清空圆角矩形区域 | pie | 画椭圆扇形 |
| ellipse | 画椭圆 | polyline | 画多条连续的线 |
| fillcircle | 画填充圆(有边框) | polygon | 画多边形 |
| fillellipse | 画填充椭圆(有边框) | putpixel | 画点 |
| fillpie | 画填充椭圆扇形(有边框) | rectangle | 画空心矩形 |
| fillpolygon | 画填充多边形(有边框) | roundrect | 画空心圆角矩形 |
| fillrectangle | 画填充矩形(有边框) | solidcircle | 画填充圆(无边框) |
| fillroundrect | 画填充圆角矩形(有边框) | solidellipse | 画填充椭圆(无边框) |
| floodfill | 填充区域 | solidpie | 画填充椭圆扇形(无边框) |
| getheight | 获取绘图区的高度 | solidpolygon | 画填充多边形(无边框) |
| getpixel | 获取点的颜色 | solidrectangle | 画填充矩形(无边框) |
| getwidth | 获取绘图区的宽度 | solidroundrect | 画填充圆角矩形(无边框) |

## 2. 颜色模型相关函数

| 函数或数据 | 功 能 描 述 | 函数或数据 | 功 能 描 述 |
|---|---|---|---|
| GetBValue | 返回指定颜色中的蓝色值 | RGB | 通过红、绿、蓝颜色分量合成颜色 |
| GetGValue | 返回指定颜色中的绿色值 | RGBtoGRAY | 转换 RGB 颜色为灰度颜色 |
| GetRValue | 返回指定颜色中的红色值 | RGBtoHSL | 转换 RGB 颜色为 HSL 颜色 |
| HSLtoRGB | 转换 HSL 颜色为 RGB 颜色 | RGBtoHSV | 转换 RGB 颜色为 HSV 颜色 |
| HSVtoRGB | 转换 HSV 颜色为 RGB 颜色 | BGR | 交换颜色中的红色和蓝色 |

### 3. 图形颜色及样式设置相关函数

| 函数或数据 | 功 能 描 述 | 函数或数据 | 功 能 描 述 |
|---|---|---|---|
| FILLSTYLE | 填充样式对象 | LINESTYLE | 画线样式对象 |
| getbkcolor | 获取当前绘图背景色 | setbkcolor | 设置当前绘图背景色 |
| getbkmode | 获取图案填充和文字输出时的背景模式 | setbkmode | 设置图案填充和文字输出时的背景模式 |
| getfillcolor | 获取当前填充颜色 | setfillcolor | 设置当前填充颜色 |
| getfillstyle | 获取当前填充样式 | setfillstyle | 设置当前填充样式 |
| getlinecolor | 获取当前画线颜色 | setlinecolor | 设置当前画线颜色 |
| getlinestyle | 获取当前画线样式 | setlinestyle | 设置当前画线样式 |
| getpolyfillmode | 获取当前多边形填充模式 | setpolyfillmode | 设置当前多边形填充模式 |
| getrop2 | 获取前景的二元光栅操作模式 | setrop2 | 设置前景的二元光栅操作模式 |

### 4. 文字输出相关函数

| 函数或数据 | 功 能 描 述 | 函数或数据 | 功 能 描 述 |
|---|---|---|---|
| gettextcolor | 获取当前字体颜色 | drawtext | 在指定区域内以指定格式输出字符串 |
| gettextstyle | 获取当前字体样式 | settextcolor | 设置当前字体颜色 |
| LOGFONT | 保存字体样式的结构体 | settextstyle | 设置当前字体样式 |
| outtext | 在当前位置输出字符串 | textheight | 获取字符串实际占用的像素高度 |
| outtextxy | 在指定位置输出字符串 | textwidth | 获取字符串实际占用的像素宽度 |

### 5. 图像处理相关函数

| 函数或数据 | 功 能 描 述 | 函数或数据 | 功 能 描 述 |
|---|---|---|---|
| IMAGE | 保存图像的对象 | rotateimage | 旋转 IMAGE 中的绘图内容 |
| loadimage | 读取图片文件 | SetWorkingImage | 设定当前绘图设备 |
| saveimage | 保存绘图内容至图片文件 | Resize | 调整指定绘图设备的尺寸 |
| getimage | 从当前绘图设备中获取图像 | GetImageBuffer | 获取绘图设备的显存指针 |
| putimage | 在当前绘图设备上绘制指定图像 | GetImageHDC | 获取绘图设备句柄 |
| GetWorkingImage | 获取指向当前绘图设备的指针 | | |

### 6. 鼠标相关函数

| 函数或数据 | 功 能 描 述 |
|---|---|
| FlushMouseMsgBuffer | 清空鼠标消息缓冲区 |
| GetMouseMsg | 获取一个鼠标消息。如果当前鼠标消息队列中没有，就一直等待 |
| MouseHit | 检测当前是否有鼠标消息 |
| MOUSEMSG | 保存鼠标消息的结构体 |

## 7．其他函数

| 函数或数据 | 功 能 描 述 |
|---|---|
| BeginBatchDraw | 开始批量绘图 |
| EndBatchDraw | 结束批量绘制，并执行未完成的绘制任务 |
| FlushBatchDraw | 执行未完成的绘制任务 |
| GetEasyXVer | 获取当前 EasyX 库的版本信息 |
| GetHWnd | 获取绘图窗口句柄 |
| InputBox | 以对话框形式获取用户输入 |

# 参 考 文 献

[1]  谭浩强. C 程序设计[M]. 3 版. 北京：清华大学出版社，2005.

[2]  谭浩强. C 程序设计习题与上机指导[M]. 3 版. 北京：清华大学出版社，2005.

[3]  谭浩强. C++ 程序设计[M]. 北京：清华大学出版社，2004.

[4]  田淑清. 全国计算机等级考试(二级教程)：C 语言程序设计[M]. 北京：高等教育出版社，2006.

[5]  王成瑞. C 语言程序设计[M]. 北京：中国水利水电出版社，2006.

[6]  姜灵芝，余健. C 语言课程设计案例精选[M]. 北京：清华大学出版社，2008.